"十二五"普通高等教育本科国家级规划教材

量子力学教程

（第三版）

周世勋　陈　灏　原著
肖　江　修订

中国教育出版传媒集团
高等教育出版社·北京

内容提要

本书是在第二版的基础上修订而成的。这次修订保持了原书简明扼要、叙述清晰的特色，适当增加了若干基本内容和例题，更新了一些内容和数据，提高了教学适用性和可读性。全书包括绪论、波函数和薛定谔方程、量子力学中的力学量、态和力学量的表象、微扰理论、散射、自旋、全同粒子、量子力学若干进展九章。

书中常用物理常量表数值取自国际科学联合会理事会科学技术数据委员会 2018 年推荐的最新结果。每章均附有习题。

本书可作为高等学校物理学类专业的量子力学教材，也可供感兴趣的读者参考。

图书在版编目(CIP)数据

量子力学教程/周世勋，陈灏原著；肖江修订.--3 版.--北京：高等教育出版社，2022.7（2023.8重印）
ISBN 978-7-04-058067-9

Ⅰ.①量… Ⅱ.①周… ②陈… ③肖… Ⅲ.①量子力学-高等学校-教材 Ⅳ.①O413.1

中国版本图书馆 CIP 数据核字(2022)第 019314 号

LIANGZI LIXUE JIAOCHENG

策划编辑 王 硕　　责任编辑 王 硕　　封面设计 赵 阳　　版式设计 李彩丽
插图绘制 黄云燕　　责任校对 高 歌　　责任印制 朱 琦

出版发行 高等教育出版社
社 址 北京市西城区德外大街 4 号
邮政编码 100120
印 刷 北京宏伟双华印刷有限公司
开 本 787mm×1092mm 1/16
印 张 13.75
字 数 320 千字
购书热线 010-58581118
咨询电话 400-810-0598
网 址 http://www.hep.edu.cn
http://www.hep.com.cn
网上订购 http://www.hepmall.com.cn
http://www.hepmall.com
http://www.hepmall.cn
版 次 1961 年 9 月第 1 版
2022 年 7 月第 3 版
印 次 2023 年 8 月第 4 次印刷
定 价 33.80 元

物 料 号 58067-00

第三版前言

周世勋先生所著《量子力学教程》第一版发行于 1979 年,是国内第一本量子力学教材,许多物理学类专业和非物理学类专业学生都使用过该教材。近三十年后,复旦大学物理学系陈灏教授于 2008 年对该书进行了一次修订,第二版发行于 2009 年。自此,又十余年过去了,为了让本书更契合当代教学需求以及更好地服务读者,笔者再次对本书进行修订。今年恰逢周世勋先生 100 周年诞辰,笔者虽未曾有幸与周世勋先生谋面,但仍希望借本书的修订向先生致敬。

本次修订部分主要包括以下几个方面:(1) 对部分文字表述和插图进行了修改和增补,同时对部分非必要的讨论拓展内容进行了适当删减,以此让读者能够集中精力在掌握量子力学的核心概念上。(2) 原书中 CGS 单位制公式是第一版中为了帮助从 CGS 单位制到国际单位制过渡而特意保留的,本次修订删除了所有 CGS 单位制形式的公式,统一采用国际单位制。(3) 每个章节末尾的例题按照其讨论内容调整至其相关主题的正文处。(4) 将第二版中的第七章(自旋与全同粒子)拆分为自旋和全同粒子两章。(5) 对 5.1 节中简谐振子受外电场微扰的例题解法进行简化,修订为占据数表象中的产生湮没算符解法,避免了使用特殊函数。

本次修订受到了复旦大学物理学系分管本科教学的杨中芹教授的大力支持。

肖　江

2021 年春于复旦大学

第二版前言

周世勋先生是新中国成立后,国内高校编写量子力学教材的先行者。他的《量子力学》(上海科学技术出版社,1961)是第一本国内出版的量子力学教材。后来,遵循 1978 年苏州物理教材会议对量子力学课程的要求,他又编写了这本精简的《量子力学教程》(高等教育出版社,1979)。近三十年来,《量子力学教程》因其简明扼要、叙述清楚的特色而经久不衰,深受读者喜爱,一直是国内发行量最大的量子力学教材之一。

最近受高等教育出版社和复旦大学物理学系的委托,作为周先生的学生,我担当了对本书的修订工作,以期能继续为读者提供一本简明的、反映时代发展的量子力学教程,给青年学者涉足奇妙的量子世界搭建一个入门的阶梯。

本书修订部分主要体现在以下几个方面:(1) 为弥补原书写作时对精简要求过严的不足,修订版增加了若干基本内容,帮助读者提高对量子力学的理解和应用能力;所增加的材料多采用例题形式出现,以减轻读者学习负担。(2) 对原书中几处较艰难的推导,换用更容易的方法,便于读者完全掌握(如采用递推公式计算谐振子矩阵元,氢原子径向波函数改用合流超几何函数解法,狄拉克符号公式推导,电偶极跃迁矩阵元积分计算等)。(3) 对一些量子力学的基本概念如波函数性质、光学定理的物理意义等问题稍加评注,以引起读者的兴趣和关注。(4) 新增加第八章,介绍量子力学的若干新进展,以开阔读者的视野,感受新鲜的学术空气。(5) 书的末尾处更新了基本物理常量简表,数据取自美国国家科学技术标准局网站和有关学术期刊。表中所列的简要表述与 § 3.9 等处例题计算相配合,介绍一种微观量计算的有效方法。

特别感谢陶瑞宝院士和孙鑫教授对本书修订提的宝贵意见。尽管本书的修订参考了不少热心读者的意见,囿于本人水平,不到之处尚望广大读者不吝指教。希望通过修订版问世,延续《量子力学教程》一书的学术生命,继续为读者服务,并以此纪念已故导师周世勋先生。

陈　灏

2008 年夏于复旦大学

序

本书是参照1978年苏州物理教材会议对量子力学课程的要求写的。全书包含绪论、波函数和薛定谔方程,量子力学中的力学量、态和力学量的表象、微扰理论、散射,以及自旋与全同粒子等七章。与1961年上海科学技术出版社出版的《量子力学》比较,省掉了多体问题方法和相对论波动方程等较深部分。这是考虑到一般专业在基础课程阶段的学时不大可能讲授这些内容,而专攻理论物理的学生则还有更高一级的课程就这类课题进行深入的讨论。此外,为了使本书更易于为初学者所接受,在次序安排上有些变动,绝大部分经过改写。

鉴于物理学中采用的单位正在向国际单位制过渡中,而目前文献中厘米克秒制仍流行,为了读者的便利,本书采用这两种单位制并存的办法。对于在两种单位制中形式不同的公式,书中把两种形式都列出来,而在两种单位制中具有同一形式的公式,则只列出一个式子而不加说明,习题中只采用国际单位制。

本书在编写过程中承南京大学(主审)、北京大学、中国科技大学、兰州大学、武汉大学、北京师范大学、上海师范大学、杭州大学、黑龙江大学的同志们以及复旦大学物理教研组的同志们审阅稿件并提出许多宝贵意见,复旦大学龚少明同志在整理稿件中给予我很多帮助,人民教育出版社对本书的出版给予大力协助,在此一并表示深切的谢意。

周世勋

1979年2月14日

目　录

第一章　绪　　论

量子力学是反映微观粒子(分子、原子、原子核、基本粒子等)运动规律的理论,它是20世纪初在总结大量实验事实和旧量子论的基础上建立起来的.随着量子力学的出现,人类对于物质微观结构的认识日益深入,从而能较深刻地掌握物质的物理性质和化学性质及其变化的规律,为利用这些规律于实际开辟了广阔的途径.原子核、固体等的性质都能在以量子力学为基础的现代理论中得到阐明.量子力学不仅是物理学的基础理论之一,而且在化学、材料学、生物学和宇宙学等有关学科和许多近代技术中也得到了广泛的应用.

在叙述量子力学内容前,我们先简单介绍一下量子力学产生的过程.

§1.1　经典物理学的困难

19世纪末期,物理学理论在当时看来已发展到相当完善的阶段.那时,一般的物理现象都可以从相应的理论中得到说明:物体的机械运动遵循牛顿力学的规律;电磁现象的规律被总结为麦克斯韦方程;光的波动理论描述了光的现象,该理论最后也归结到麦克斯韦方程;关于热现象的理论有热力学以及由玻耳兹曼、吉布斯等人建立的统计物理学.在这种情况下,当时有许多人认为物理现象的基本规律已完全被揭露,剩下的工作只是把这些基本规律应用到各种具体问题上,进行一些计算而已.

这种把当时物理学的理论认作"最终理论"的看法显然是错误的.就在物理学的经典理论取得上述重大成就的同时,人们发现了一些新的物理现象,例如黑体辐射、光电效应、原子的光谱线系,以及固体在低温下的比热容等,都是经典物理理论所无法解释的.这些现象揭露了经典物理学的局限性,突出了经典物理学与微观世界规律性的矛盾,从而为发现微观世界的规律打下基础.黑体辐射和光电效应等现象使人们发现了光的波粒二象性;玻尔(Bohr)为解释原子的光谱线系而提出了原子结构的量子论.由于这个理论只是在经典理论的基础上加进一些新的假设,因而未能反映微观世界的本质,全面揭示微观粒子的运动规律是当时一批物理学家的研究方向.直到20世纪20年代,人们在光的波粒二象性的启示下,开始认识到微观粒子也具有波粒二象性,才开辟了建立量子力学的途径.

量子力学的诞生和发展写就了近代科学史中最精彩、最奇妙的一章,至今仍给予我们不少启迪.虽然本书中不能详细叙述这个过程,但在下面扼要复习光学和原子物理学中所学过的这些新现象及其理论解释之前,我们想着重地提一下:尽管这些新现象在19世纪末就陆续被发现,而量子力学的诞生却在20世纪20年代.其间科学先驱们所走过的探索、发现、迷惑的曲折历程和他们的创新精神一直鼓舞着后人去开拓未知世界.

§1.2　光的波粒二象性

光的波动性早在 17 世纪就已被发现,光的干涉和衍射现象以及光的电磁理论从实验和理论两方面充分肯定了光的波动性.但 20 世纪初所发现的黑体辐射、光电效应等现象却揭示了把光看作波动的局限性.

黑体辐射问题所研究的是辐射与周围物体处于平衡状态时的能量按波长(或频率)的分布.我们知道,所有物体都发出热辐射,这种辐射是一定波长范围内的电磁波.对于外来的辐射,物体有反射或吸收的作用.如果一个物体能全部吸收投射在它上面的辐射而无反射,这种物体就称为**绝对黑体**,简称**黑体**.如图 1.1 所示,一个空腔上的小开孔可以近似看成黑体.任何照射到小孔的外来辐射都将被小孔吸收,没有反射.实验得出的平衡时辐射能量密度按波长分布的曲线的形状只与黑体的绝对温度有关,而与空腔的形状及组成的物质无关.许多人试图用经典物理学来说明这种能量分布的规律,推导与实验结果符合的能量分布公式,但都未能成功.维恩(Wien)由热力学出发,总结实验数据,得出经验公式——维恩公式.这个公式在图 1.2 所示的短波部分与实验结果(图 1.2中圆圈代表实验值)还符合,而在长波部分则显著不一致.瑞利(Rayleigh)和金斯(Jeans)根据经典电动力学和统计物理学也得出黑体辐射能量分布公式,他们得出的公式在长波部分与实验结果较符合,而在短波部分则完全不符(图 1.2).

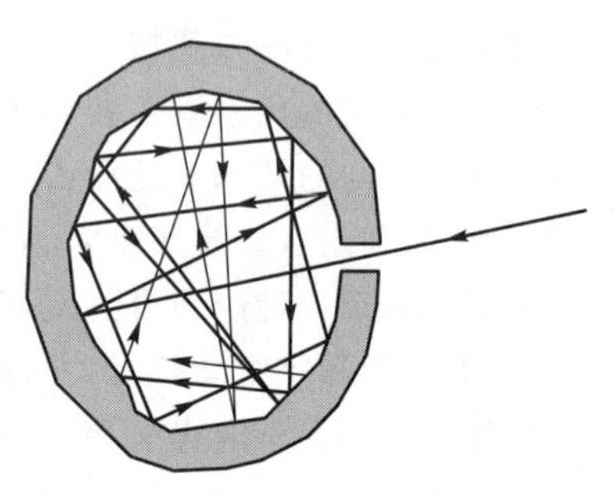

图 1.1　空腔上的小孔可看成黑体

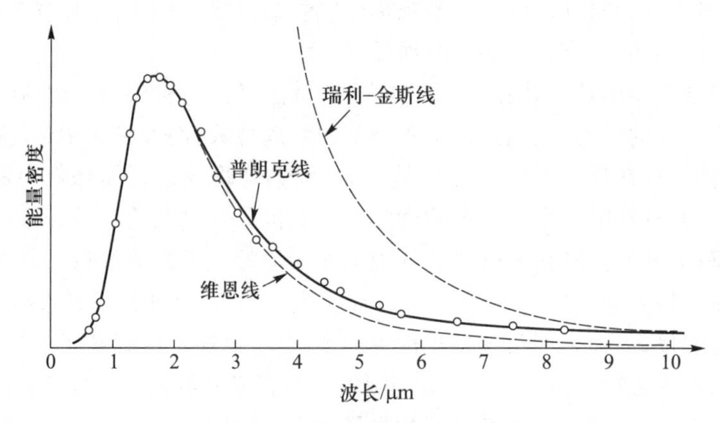

图 1.2　黑体辐射能量分布曲线

黑体辐射的问题是普朗克(Planck)在 1900 年引进量子概念后才得到解决的.普朗克假定,黑体以 $h\nu$ 为能量单位不连续地发射和吸收频率为 ν 的辐射,而不是像经典理论所要求的那样可以连续地发射和吸收辐射能量.能量单位 $h\nu$ 称为**能量子**,h 是**普朗克常量**,$h=6.626\ 070\ 15\times$

10^{-34} J·s.基于这个假定，普朗克得到了与实验结果符合得很好的黑体辐射公式：

$$\rho_\nu \mathrm{d}\nu = \frac{8\pi h\nu^3}{c^3} \cdot \frac{1}{\mathrm{e}^{\frac{h\nu}{k_B T}} - 1} \mathrm{d}\nu, \tag{1.2.1}$$

式中，ρ_ν 是黑体内频率在 ν 到 $\nu+\mathrm{d}\nu$ 之间的辐射能量密度，c 是光速，k_B 是玻耳兹曼常量，T 是黑体的热力学温度.普朗克的理论突破了经典物理学在微观领域内的束缚，打开了认识光的微粒性的途径.

第一个完全肯定光除波动性之外还具有微粒性的是爱因斯坦（Einstein）。在 1905 年发表的著名论文中，他指出电磁辐射不仅在被发射和吸收时以能量为 $h\nu$ 的微粒形式出现，而且以这种形式以速度 c 在空间运动.这种粒子叫做**光量子**或**光子**.用这个观点，爱因斯坦成功地解释了光电效应.

光电效应是当光照射到金属上时，有电子从金属中逸出.这种电子称为**光电子**.实验证明，只有当光的频率大于一定值时，才有光电子发射出来；如果光的频率低于这个值，则不论光的强度多大，照射时间多长，都没有光电子产生；光电子能量只与光的频率有关，而与光的强度无关，光的频率越高，光电子的能量就越大.光的强度只影响光电子的数目，强度增大，光电子的数目就增多.光电效应的这些规律是经典理论无法解释的.按照光的电磁理论，光的能量只取决于光的强度，而与光的频率无关.

按照爱因斯坦的观点，当光射到金属表面上时，能量为 $h\nu$ 的光子被电子所吸收.电子把这能量的一部分用来克服金属表面对它的吸力，另一部分就是电子离开金属表面后的动能.这个能量关系可以写为

$$\frac{1}{2} m_e v_m^2 = h\nu - W_0, \tag{1.2.2}$$

式中，m_e 是电子的质量，v_m 是电子脱出金属表面后的速度，W_0 是金属对电子的束缚能.如果电子所吸收的光子的能量 $h\nu$ 小于 W_0，则电子不能脱出金属表面，因而没有光电子产生.光的频率决定光子的能量，光的强度只决定光子的数目，光子多，产生的光电子也多.这样，经典理论所不能解释的光电效应就得到了说明.

光子不但具有确定的能量，而且具有动量.由相对论我们知道，以速度 v 运动的粒子的能量是

$$E = \frac{m_0 c^2}{\sqrt{1 - \frac{v^2}{c^2}}},$$

式中，m_0 是粒子的静止质量，对于光子，$v = c$，所以由上式可知光子的静止质量为零.再由相对论中能量动量关系式

$$E^2 = m_0^2 c^4 + c^2 p^2,$$

得到光子能量 E 和动量 p 之间的关系是

$$E = cp,$$

所以光子的能量和动量是

$$E = h\nu = \hbar\omega, \tag{1.2.3}$$

$$\boldsymbol{p} = \frac{h\nu}{c}\boldsymbol{e}_k = \frac{h}{\lambda}\boldsymbol{e}_k = \hbar\boldsymbol{k}, \tag{1.2.4}$$

式中,$\boldsymbol{e}_k$ 表示沿光子运动方向的单位矢量,$\omega = 2\pi\nu$ 表示角频率(有时也称为频率),λ 是波长,

$$\boldsymbol{k} = \frac{2\pi\nu}{c}\boldsymbol{e}_k = \frac{2\pi}{\lambda}\boldsymbol{e}_k \tag{1.2.5}$$

称为波矢,$\hbar = \frac{h}{2\pi} = 1.054\ 571\ 817\cdots\times10^{-34}\ \text{J}\cdot\text{s}$ 是量子力学中常用的符号.关系式(1.2.3)和(1.2.4)把光的两重性质——波动性和粒子性联系起来,等式左边的动量和能量是描写粒子的,而等式右边的频率和波长则是波的特性.普朗克和爱因斯坦的光量子理论直到 1924 年被康普顿(Compton)效应证实之后,才被物理学界所接受.

康普顿效应的发现,从实验上证实了光具有粒子性.实验证明,高频率的 X 射线被轻元素中的电子散射后,波长随散射角的增加而增大.按照经典电动力学,电磁波被散射后波长不应改变.如果把这个过程看成光子与电子碰撞的过程,则康普顿效应就可以得到完满的解释.

以 $\hbar\omega$ 和 $\hbar\omega'$表示光子在碰撞前和碰撞后的能量,m_0 表示电子的静止质量.如图 1.3 所示,设碰撞前光子沿 OA 方向运动,动量为 $\hbar\omega/c$;碰撞后沿 OB 方向运动,动量为 $\hbar\omega'/c$.碰撞前电子静止于 O 点,动量为零;碰撞后电子沿 OC 以速度 v 运动.根据相对论,电子在碰撞后动能为

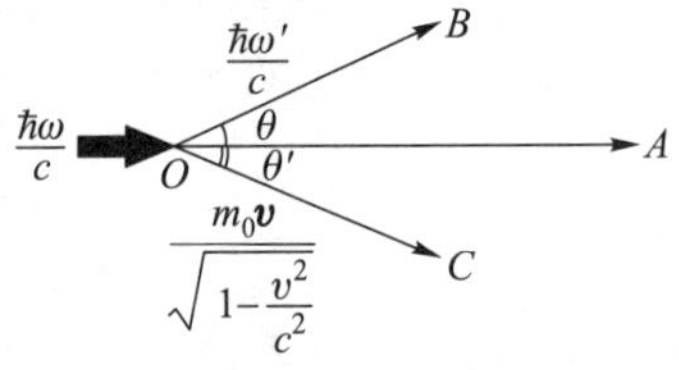

$$\frac{m_0c^2}{\sqrt{1 - v^2/c^2}} - m_0c^2,$$

图 1.3 康普顿散射

动量为

$$\frac{m_0v}{\sqrt{1 - \frac{v^2}{c^2}}}.$$

由于碰撞前后能量守恒,因而有

$$\hbar\omega = \hbar\omega' + m_0c^2\left[\frac{1}{\sqrt{1 - \beta^2}} - 1\right], \tag{1.2.6}$$

式中,$\beta = v/c$.以 θ 表示 OB 与 OA 的夹角(散射角),θ'表示 OC 与 OA 的夹角,那么动量守恒沿 OA 方向和垂直于 OA 方向的表示式为

$$\frac{\hbar\omega}{c} = \frac{\hbar\omega'}{c}\cos\theta + \frac{m_0v}{\sqrt{1 - \beta^2}}\cos\theta', \tag{1.2.7}$$

$$0=\frac{\hbar\omega'}{c}\sin\theta-\frac{m_0v}{\sqrt{1-\beta^2}}\sin\theta'. \tag{1.2.8}$$

由(1.2.8)式取平方得出 $\cos^2\theta'$代入(1.2.7)式取平方之后的式子,消去 $\cos\theta'$后得

$$\frac{\hbar^2\omega^2}{c^2}+\frac{\hbar^2\omega'^2}{c^2}-\frac{2\hbar^2\omega\omega'}{c^2}\cos\theta=\frac{m_0^2v^2c^2}{c^2-v^2},$$

再把上式与(1.2.6)式取平方后的式子联立,消去 v,就得到

$$\omega-\omega'=\frac{\hbar\omega\omega'}{m_0c^2}(1-\cos\theta)=\frac{2\hbar}{m_0c^2}\omega\omega'\sin^2\frac{\theta}{2}.$$

把角频率和波长的关系式 $\omega=\frac{2\pi c}{\lambda},\omega'=\frac{2\pi c}{\lambda'}$代入上式后,我们得到波长的变化是

$$\Delta\lambda=\lambda'-\lambda=\frac{4\pi\hbar}{m_0c}\sin^2\frac{\theta}{2}. \tag{1.2.9}$$

这公式由康普顿首先得出,由康普顿和吴有训用实验证实.

由关系式(1.2.3)和(1.2.4)可以看出普朗克常量 h 在微观现象中所占的重要地位.能量和动量的量子化通过 h 这个不为零的常量表示出来.在宏观现象中,h 和其他物理量相比较可以略去,因而辐射的能量可以连续变化.因此,凡是 h 在其中起重要作用的现象都可以称为**量子现象**.

普朗克和爱因斯坦的理论揭示出光的微粒性,但这并不否定光的波动性,因为光的波动理论早已被干涉、衍射等现象所完全证实.这样,光就具有微粒和波动的双重性质,这种性质称为**波粒二象性**.光子是一个全新的概念,为了便于理解其性质,人们用两个经典的概念——波和粒子来描述它,即波粒二象性.实际上光子既不是经典波,也不是经典粒子.

§ 1.3 原子结构的玻尔理论

经典理论在原子结构问题上也遇到不可克服的困难.

氢原子的光谱由许多分立的谱线组成,这是很早就发现了的.氢原子光谱中谱线频率的经验公式是

$$\nu=R_\infty c\left(\frac{1}{n'^2}-\frac{1}{n^2}\right),\left(\begin{matrix}n'=1,2,3,\cdots\\ n=2,3,4,\cdots\end{matrix}\right)\ (n>n'), \tag{1.3.1}$$

这公式称为巴耳末(Balmer)公式,R_∞ 是氢的里德伯(Rydberg)常量(下标∞表示氢原子核不动).最新确定的 R_∞ 值为(可见实验与理论符合精度之高)

$$R_\infty=10\ 973\ 731.568\ 160(21)\,\mathrm{m}^{-1}.$$

由巴耳末公式可以看出,如果光谱中有频率为 ν_1 和 ν_2 的两条谱线,则常常还有频率为 $\nu_1+\nu_2$ 或 $|\nu_1-\nu_2|$ 的谱线,这原则称为**并合原则**.经典理论无法从氢原子的结构来解释氢原子光谱

的这些规律性.首先,经典理论不能建立一个稳定的原子模型.根据经典电动力学,电子环绕原子核的运动是加速运动,因而不断以辐射的方式发射出能量,电子运动轨道的曲率半径也就不断减小,电子最后将落到原子核中去.此外,加速电子所产生的辐射,其频率是连续分布的,这与原子光谱是分立的谱线不符.按照经典理论,如果一个体系发射出频率为 ν 的波,则它也可能发射出各种频率是 ν 的整数倍的谐波,这也不符合光谱实验结果.实验证明,谱线频率分布所遵从的是并合原则.

玻尔在前人工作的基础上,在 1913 年对原子光谱线系的巴耳末公式(1.3.1)作出理论解释.当时已有的原子模型是电子绕原子核运转,正如行星绕太阳运转一样.玻尔在这基础上进一步假设:电子在原子中不可能沿着经典理论所允许的每一个轨道运动,而只能沿着其中一组特殊的轨道运动.玻尔假设沿这一组特殊轨道运动的电子处于稳定状态(简称定态).当电子保持在这种状态时,它们不吸收也不发出辐射.只有当电子由一个定态跃迁到另一个定态时,才产生辐射的吸收或发射现象.电子由能量为 E_m 的定态跃迁到能量为 E_n 的定态时所吸收或发射的辐射频率 ν,满足下面的关系:

$$\nu = \frac{|E_n - E_m|}{h}. \tag{1.3.2}$$

为了确定电子运动的可能轨道,玻尔提出量子化条件:在量子理论中,角动量必须是 h 的整数倍.

按照玻尔的这些假设,从经典力学可以推出巴耳末公式:

$$\nu = R_\infty c\left(\frac{1}{n'^2} - \frac{1}{n^2}\right),$$

并且得出 $R_\infty = \frac{m_e e^4}{8\varepsilon_0^2 h^3 c}$,$e$ 是电子电荷的绝对值(电子电荷为 $-e$),介电常量的值为 $\varepsilon_0 = 8.854\ 187\ 812\ 8(13)\times 10^{-12}\ \mathrm{F/m}$.

玻尔的理论开始时只考虑了电子的圆周轨道,即电子只具有一个自由度.后来索末菲(Sommerfeld)等人将玻尔的量子化条件推广为

$$\oint p\mathrm{d}q = \left(n + \frac{1}{2}\right)h, \tag{1.3.3}$$

q 是电子的一个广义坐标,p 是对应的广义动量,回路积分是沿运动轨道积一圈,n 是非负整数,称为量子数.这个推广后的量子化条件可以应用于多自由度的情况.这样就不仅能解释氢原子光谱,而且对于只有一个价电子的一些原子(Li,Na,K 等)的原子光谱也能很好地解释.

玻尔和索末菲的理论虽然取得了一些成就,但也存在着很大的困难.这个理论应用到简单程度仅次于氢原子的氦原子时,结果与实验不符.即使对于氢原子,这个理论也只能求出谱线的频率,而不能求出谱线的强度.

玻尔理论的这些缺陷,主要是由于把微观粒子(电子、原子等)看成经典力学中的质点,从而把经典力学的规律用在微观粒子上.直到 1924 年德布罗意揭示出微观粒子具有根本不同于宏观质点的性质——波粒二象性后,一个较完整的描述微观粒子运动规律的理论——量子力学才逐步建立起来.

例　电子质量为 m_e，带电荷 $-e$，在与均匀磁场 $\boldsymbol{B}$ 垂直的平面内运动.求电子能量的可能值.

解　电子的机械动量 $m_e\boldsymbol{u}$ 与正则动量 $\boldsymbol{p}$ 的关系为 $m_e\boldsymbol{u}=\boldsymbol{p}+e\boldsymbol{A}$，设 $\boldsymbol{B}$ 垂直纸面向外，粒子在纸面做圆周运动，半径为 r.由玻尔量子化条件(1.3.3)式得

$$\oint \boldsymbol{p}\cdot \mathrm{d}\boldsymbol{l}=\oint (m_e\boldsymbol{u}-e\boldsymbol{A})\cdot \mathrm{d}\boldsymbol{l}=\left(n+\frac{1}{2}\right)h,$$

$$\oint \boldsymbol{A}\cdot \mathrm{d}\boldsymbol{l}=\int \nabla\times\boldsymbol{A}\cdot \mathrm{d}\boldsymbol{S}=\int \boldsymbol{B}\cdot \mathrm{d}\boldsymbol{S}=\pi r^2 B,$$

于是

$$m_e u 2\pi r-e\pi r^2 B=\left(n+\frac{1}{2}\right)h, \tag{a}$$

又有洛伦兹力 $\boldsymbol{F}=-e\boldsymbol{u}\times\boldsymbol{B}$，使粒子向心运动：

$$euB=\frac{m_e u^2}{r},$$

故

$$u=\frac{eB}{m_e}r, \tag{b}$$

(b)式代入(a)式，得

$$r^2=\left(n+\frac{1}{2}\right)\frac{2\hbar}{eB},$$

粒子能量的可能值为

$$E_n=\frac{m_e}{2}u^2=\frac{eB\hbar}{m_e}\left(n+\frac{1}{2}\right),\quad n=0,1,\cdots.$$

§ 1.4　微粒的波粒二象性

玻尔理论所遇到的困难说明探索微观粒子运动规律的迫切性. 为了达到这个目的，1924 年德布罗意(de Broglie)在光有波粒二象性的启示下，提出微观粒子也具有波粒二象性的假说.他认为 19 世纪在对光的研究上，重视了光的波动性而忽略了光的微粒性.但在对实体的研究上，则可能发生了相反的情况，即过分重视实体的粒子性而忽略了实体的波动性.因此，他提出了微观粒子也具有波动性的假说.德布罗意把粒子和波通过下面的关系联系起来：粒子的能量 E 和动量 p 与波的频率 ν 和波长 λ 之间的关系，正像光子和光波的关系一样[见(1.2.3)式和(1.2.4)式]：

$$E = h\nu = \hbar\omega, \tag{1.4.1}$$

$$\boldsymbol{p} = \frac{h}{\lambda}\boldsymbol{e}_k = \hbar\boldsymbol{k}, \tag{1.4.2}$$

这公式称为德布罗意公式,或德布罗意关系.

自由粒子的能量和动量都是常量,所以由德布罗意关系可知:与自由粒子联系的波,它的频率和波矢(或波长)都不变,即它是一个平面波.

频率为 ν,波长为 λ,沿 x 方向传播的平面波可用下面的式子表示:

$$\Psi = A\cos\left[2\pi\left(\frac{x}{\lambda} - \nu t\right)\right],$$

如果波沿单位矢量 $\boldsymbol{e}_k$ 的方向传播,则

$$\Psi = A\cos\left[2\pi\left(\frac{\boldsymbol{r}\cdot\boldsymbol{e}_k}{\lambda} - \nu t\right)\right] = A\cos[\boldsymbol{k}\cdot\boldsymbol{r} - \omega t], \tag{1.4.3}$$

最后一步推导用了 $\nu = \frac{\omega}{2\pi}$ 和 $\boldsymbol{k} = \frac{2\pi}{\lambda}\boldsymbol{e}_k$.

把(1.4.3)式改写成复数形式:

$$\Psi = A\mathrm{e}^{\mathrm{i}(\boldsymbol{k}\cdot\boldsymbol{r} - \omega t)},$$

把(1.4.1)式和(1.4.2)式代入上式,我们得到与自由粒子相联系的平面波,或者说,描写自由粒子的平面波:

$$\Psi = A\mathrm{e}^{\frac{\mathrm{i}}{\hbar}(\boldsymbol{p}\cdot\boldsymbol{r} - Et)}, \tag{1.4.4}$$

这种波称为德布罗意波.关于德布罗意波的解释问题留待第二章再讨论.量子力学中描写自由粒子的平面波必须用复数形式(1.4.4)式而不能用实数形式(1.4.3)式,其原因将在 §2.3 中说明.

设自由粒子的动能为 E,粒子的速度远小于光速,则 $E = \frac{p^2}{2m}$.由(1.4.2)式可知,德布罗意波长为

$$\lambda = \frac{h}{p} = \frac{h}{\sqrt{2mE}}, \tag{1.4.5}$$

若加速电子的电势差为 U,则 $E = eU$,e 是电子电荷的大小.将 h, m, e 的值(见书后的常量表)代入后,可得

$$\lambda = \frac{h}{\sqrt{2meU}} \approx \frac{1.226}{\sqrt{U/\mathrm{V}}}\ \mathrm{nm},$$

由此可知,用 150 V 的电势差所加速的电子,德布罗意波长为 0.1 nm,而当 $U = 10\ 000$ V 时,$\lambda = 0.012\ 3$ nm,所以德布罗意波长在数量级上相当于(或略小于)晶体中的原子间距,它比宏

观线度要短得多,这说明了为什么电子的波动性长期未被发现.

德布罗意假说的正确性,在 1927 年为戴维森(Davisson)和革末(Germer)所做的电子衍射实验所证实.戴维森和革末把电子束正入射到镍单晶上,观察散射电子束的强度和散射角之间的关系.所用的实验装置如图 1.4 所示.电子束由电子枪发出,被晶体散射;散射电子束由法拉第圆筒收集,法拉第圆筒可以转动以调节散射角 θ.散射电子束的强度由与法拉第圆筒相连接的电流计读出.戴维森和革末发现,散射电子束的强度随散射角 θ 而改变,当 θ 取某些确定值时,强度有最大值.这现象与 X 射线的衍射现象相同,充分说明电子具有波动性.根据衍射理论,衍射最大值由公式 $n\lambda = d\sin\theta$ 确定,n 是衍射最大值的序数,λ 是衍射射线的波长,d 是晶体光栅常量.戴维森和革末用这公式计算电子的德布罗意波长,得到与(1.4.2)式一致的结果.

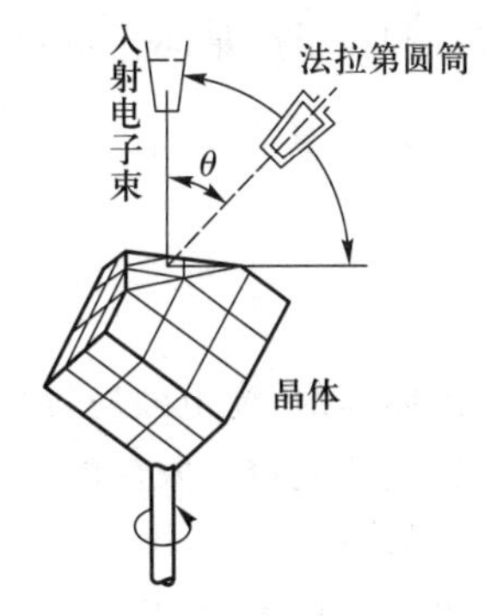

图 1.4　电子在晶体上的衍射

电子束在穿过细晶体粉末或薄金属片后,也像 X 射线一样产生衍射现象(图 1.5).这种实验也证明了(1.4.2)式的正确性.

电子的波动性还可以用与光的双狭缝衍射相当的实验来显示.设想图 1.6 中 S 为电子源,让电子束通过 A 屏上的双狭缝,用计数器在 B 屏上各点接收电子.如果电子具有波动性,以 E_1 和 E_2 分别表示穿过狭缝 S_1 和 S_2 到达 P 点的电子波振幅:

$$E_1 = E_0\cos\omega t, \quad E_2 = E_0\cos\left(\omega t + \frac{2\pi d}{\lambda}\sin\theta\right).$$

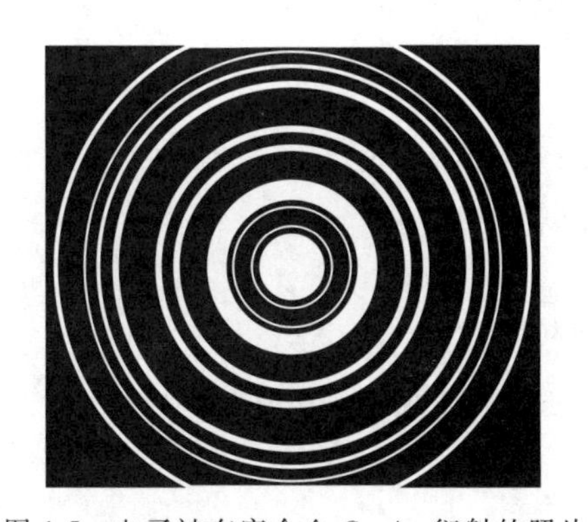
图 1.5　电子被有序合金 Cu_3Au 衍射的照片

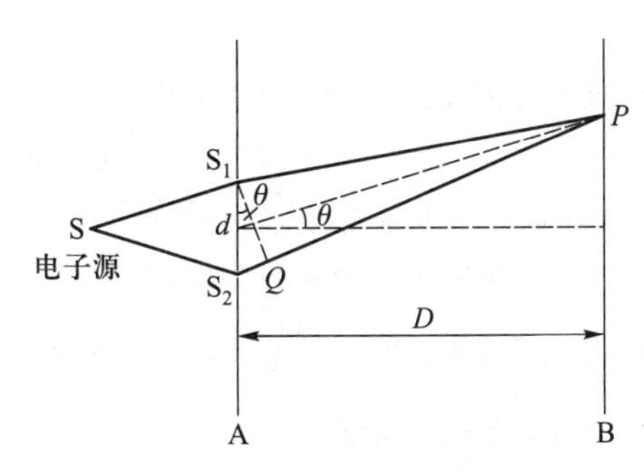

图 1.6　电子的双狭缝衍射

图 1.5 中光程差 $S_2Q = d\sin\theta$.在 P 点,电子波振幅是

$$E = E_1 + E_2 = 2E_0\cos\left(\frac{\pi d}{\lambda}\sin\theta\right)\cos\left(\omega t + \frac{\pi d}{\lambda}\sin\theta\right),$$

可得出在 P 点电子束的强度是

$$I = 4I_0\cos^2\left(\frac{\pi d}{\lambda}\sin\theta\right),$$

在

$$\sin\theta = \frac{n\lambda}{d}, \quad n = 0, 1, 2, \cdots. \tag{1.4.6}$$

处,电子束强度为极大.与这个过分简化的实验完全类似的实验已有人做过,结果证实了(1.4.6)式,其中的 λ 由德布罗意公式给出.

此外,也观察到原子、分子和中子等微观粒子的衍射现象,实验数据的分析都肯定衍射波波长和粒子动量间存在着德布罗意关系.

小 结

黑体辐射、光电效应等现象揭示了光的波粒二象性.

在光的波粒二象性的启示下,为克服玻尔理论的局限性,德布罗意提出微粒具有波粒二象性的假设.

微粒的粒子性(E,p)与波动性(ν,λ 或 ω,k)的关系:

$$E = h\nu = \hbar\omega,$$

$$\boldsymbol{p} = \frac{h}{\lambda}\boldsymbol{e}_k = \hbar\boldsymbol{k}.$$

戴维森、革末等人的实验验证了德布罗意波的存在.

习 题

1.1 由黑体辐射公式导出维恩位移定律:能量密度极大值所对应的波长 λ_m 与温度 T 成反比,即

$$\lambda_m T = b(\text{常量}),$$

并近似计算 b 的数值,精确到两位有效数字.

1.2 在 0 K 附近,钠的价电子动能约为 3 eV,求其德布罗意波长.

1.3 氦原子的动能是 $E=\frac{3}{2}k_B T$(k_B 为玻耳兹曼常量),求 $T=1$ K 时,氦原子的德布罗意波长.

1.4 利用玻尔-索末菲的量子化条件,求:

(1) 一维谐振子的能量;

(2) 在均匀磁场中做圆周运动的电子轨道的可能半径.

已知外磁场 $H=10$ T(特斯拉),玻尔磁子 $\mu_B=9\times10^{-24}$ J/T,试计算动能的量子化间隔 ΔE,并与 $T=4$ K 及 $T=100$ K 的热运动能量相比较.

1.5 两个光子在一定条件下可以转化为正负电子对.如果两光子的能量相等,问:要实现这种转化,光子的波长最大是多少?

第二章　波函数和薛定谔方程

这一章中,我们将以实验所揭示出的微观粒子的波粒二象性为根据,引进描述微观粒子状态的波函数,讨论波函数的性质,建立非相对论量子力学的基本方程——薛定谔(Schrödinger)方程,并把该方程应用到几个比较简单的力学体系中去,求出方程的解并阐明这些解的物理意义.

§2.1　波函数的统计解释

第一章中我们已看到,为了表示微观粒子(以后简称粒子)的波粒二象性,可以用平面波来描写自由粒子,平面波的频率和波长与自由粒子的能量和动量由德布罗意关系(1.4.1)式和(1.4.2)式联系起来.平面波的频率和波矢都是不随时间或位置改变的,这和自由粒子的能量和动量不随时间或位置改变相对应.如果粒子受到随时间或位置变化的力场的作用,它的动量和能量不再是常量,这时粒子就不能用平面波来描写,而必须用较复杂的波来描写.在一般情况下,我们用一个函数表示描写粒子的波,并称这个函数为波函数.它是一个复函数.描写自由粒子的德布罗意平面波是波函数的一个特例.

究竟怎样理解波和它所描写的粒子之间的关系呢?

人们对这个问题曾经有过各种不同的看法.例如,有人认为波是由它所描写的粒子组成的.这种看法是不正确的.我们知道,衍射现象是由波的干涉而产生的,如果波真是由它所描写的粒子所组成,那么粒子流的衍射现象应当是由于组成波的这些粒子相互作用而形成的.但事实证明,在粒子流衍射实验中,照片上所显示出来的衍射图样和入射粒子流强度无关,也就是说和单位体积中粒子的数目无关.若减小入射粒子流强度,同时延长实验的时间,使投射到照片上粒子的总数保持不变,则得到的衍射图样将完全相同.即使把粒子流强度减小到使得粒子一个一个地被衍射,粒子一个个随机地打到屏幕上各处,显示了粒子性.但是,只要经过足够长的时间,所得到的衍射图样也还是一样.这说明每一个粒子被衍射的现象和其他粒子无关,衍射图样不是由粒子之间的相互作用而产生的.

除上面这个看法外,还有其他一些试图解释波函数的尝试,但都因与实验事实不符而被否定.

为人们所普遍接受的对于波函数的解释,是由玻恩(Born)首先提出的.为了说明玻恩的解释,我们仍考察上述粒子衍射实验.若入射电子流的强度很大,即单位时间内有许多电子被晶体反射,则照片上很快就出现衍射图样.如果入射电子流强度很小,电子一个一个地从晶体表面上反射，这时照片上就出现一个一个的点，显示出电子的粒子性.这些点在照片上的位置并不都是重合在一起的.开始时，它们看起来似乎是毫无规则地散布着，随着时间的延长，点的数目逐渐增多，它们在照片上的分布就形成了衍射图样，显示出电子的波动性.由此可见，实验所显示的电子的波动性是许多电子在同一实验中的统计结果，或者是一个电子在许多次相同实验中的统计结果.波函数正是为描写粒子的这种行为而引进的.玻恩在这个基础上，提出了波函数的统计解释，即波函数在空间中某一点的强度（振幅绝对值的平方）和在该点找到粒子的概率成比例.按照这种解释，描写粒子的波乃是概率波.

现在我们根据对波函数的这种统计解释再来看看衍射实验.粒子被晶体反射后，描写粒子的波发生衍射，在照片的衍射图样中，有许多衍射极大和衍射极小.在衍射极大的地方，波的强度大，每个粒子投射到这里的概率也大，因而投射到这里的粒子多；在衍射极小的地方，波的强度很小或等于零，粒子投射到这里的概率也很小或等于零，因而投射到这里的粒子很少或者没有.

知道了描写微观体系（如在晶体上反射后的电子）的波函数后，由波函数振幅绝对值的平方，就可以得出粒子在空间任意一点出现的概率.以后我们将看到，由波函数还可以得出体系的各种性质，因此我们说波函数（也称概率幅）描写体系的量子状态（简称状态或态）.

这种描写状态的方式和经典力学中描写质点（宏观粒子）状态的方式完全不一样，在经典力学中，通常是用质点的坐标和动量（或速度）的值来描写质点的状态.质点的其他力学量，如能量等，是坐标和动量的函数，当坐标和动量确定后，其他力学量也就随之确定了.但是，在量子力学中，不可能同时用粒子坐标和动量的确定值来描写粒子的量子状态，因为微观粒子具有波粒二象性，粒子的坐标和动量不可能同时具有确定值.第三章我们将看到，当粒子处于某一量子状态时，它的力学量（如坐标、动量等）一般有许多可能值，这些可能值各自以一定的概率出现，这些概率都可以由波函数得出.

由于粒子必定要在空间中的某一点出现，所以粒子在空间各点出现的概率总和等于 1，因而粒子在空间各点出现的概率只取决于波函数在空间各点的相对强度，而不取决于强度的绝对大小.如果把波函数在空间各点的振幅同时加大一倍，并不影响粒子在空间各点的概率，换句话说，将波函数乘上一个常数后，所描写的粒子的状态并不改变.量子力学中的波函数的这种性质是其他波动过程（如声波、光波等）所没有的.对于声波、光波等，体系的状态随振幅的大小而改变，如果把各处振幅同时加大为两倍，那么声或光的强度到处都加大为四倍，这就完全是另一个状态了.

下面用数学来表达波函数的这些性质.设波函数 $\Phi(\boldsymbol{r},t)$ 描写粒子的状态，在空间一点 $\boldsymbol{r}=(x,y,z)$ 和时刻 t，波的强度是 $|\Phi|^2=\Phi^*\Phi$，Φ^* 表示 Φ 的共轭复数.以 $\mathrm{d}W(\boldsymbol{r},t)$ 表示在时刻 t、在坐标 x 到 $x+\mathrm{d}x$、y 到 $y+\mathrm{d}y$、z 到 $z+\mathrm{d}z$ 的无限小区域内找到粒子的概率，则 $\mathrm{d}W$ 除了和这个区域的体积 $\mathrm{d}V=\mathrm{d}x\mathrm{d}y\mathrm{d}z$ 成比例外，也和在这个区域内每一点找到粒子的概率成比例.按照波函数的统计解释，在这个区域内一点找到粒子的概率与 $|\Phi(\boldsymbol{r},t)|^2$ 成比例，所以

$$\mathrm{d}W(\boldsymbol{r},t)=C\,|\Phi(\boldsymbol{r},t)|^2\mathrm{d}V, \tag{2.1.1}$$

式中 C 是比例常数.以体积 $\mathrm{d}V$ 除概率 $\mathrm{d}W$，得到在时刻 t、在 $\boldsymbol{r}$ 点附近单位体积内找到粒子的概率，我们称这个概率为概率密度，并以 $w(\boldsymbol{r},t)$ 表示：

$$w(\boldsymbol{r},t)=\frac{\mathrm{d}W(\boldsymbol{r},t)}{\mathrm{d}V}=C\mid\Phi(\boldsymbol{r},t)\mid^{2}. \tag{2.1.2}$$

将(2.1.1)式对整个空间积分,得到粒子在整个空间中出现的概率,由于粒子存在于空间中,这个概率等于1,所以有

$$C\int_{\infty}\mid\Phi(\boldsymbol{r},t)\mid^{2}\mathrm{d}V=1, \tag{2.1.3}$$

式中,积分号下的无限大符号表示对整个空间积分.由(2.1.3)式有

$$C=\frac{1}{\int_{\infty}\mid\Phi\mid^{2}\mathrm{d}V}, \tag{2.1.4}$$

前面曾提到,波函数乘上一个常数后,并不改变在空间各点找到粒子的概率,即不改变波函数所描写的状态.现在把(2.1.4)式所确定的 C 开方后乘 Φ,并以 Ψ 表示所得出的函数:

$$\Psi(\boldsymbol{r},t)=\sqrt{C}\,\Phi(\boldsymbol{r},t),$$

则波函数 Ψ 和 Φ 所描写的是同一个状态.于是,由(2.1.1)式,在 t 时刻、在 (x,y,z) 点附近体积元 $\mathrm{d}V$ 内找到粒子的概率是

$$\mathrm{d}W(\boldsymbol{r},t)=\mid\Psi(\boldsymbol{r},t)\mid^{2}\mathrm{d}V, \tag{2.1.5}$$

概率密度是

$$w(\boldsymbol{r},t)=\mid\Psi(\boldsymbol{r},t)\mid^{2}, \tag{2.1.6}$$

而(2.1.3)式改写为

$$\int_{\infty}\mid\Psi(\boldsymbol{r},t)\mid^{2}\mathrm{d}V=1, \tag{2.1.7}$$

满足(2.1.7)式的波函数称为**归一化波函数**,(2.1.7)式称为**归一化条件**,把 Φ 换成 Ψ 的步骤称为**归一化**,使 Φ 换成 Ψ 的常数 $\sqrt{C}$ 称为**归一化因子**.

波函数在归一化后也还不是完全确定的.我们可以用一个常数 $\mathrm{e}^{\mathrm{i}\delta}$($\delta$ 是实常数)去乘波函数,这样既不影响空间各点找到粒子的概率,也不影响波函数的归一化;因为 $\mid\mathrm{e}^{\mathrm{i}\delta}\mid^{2}=1$,如果 $\mid\Psi\mid^{2}$ 对整个空间积分等于1,则 $\mid\mathrm{e}^{\mathrm{i}\delta}\Psi\mid^{2}$ 对整个空间积分也等于1.$\mathrm{e}^{\mathrm{i}\delta}$ 称为**相因子**.归一化波函数可以含有一任意相因子.

还必须指出,并不是所有的波函数都可以按(2.1.7)式的要求归一化.这种归一化条件要求波函数绝对值平方 $\mid\Phi\mid^{2}$ 在整个空间是可以积分的,即要求 $\int_{\infty}\mid\Phi\mid^{2}\mathrm{d}V$ 为有限.如果这个条件不被满足,即 $\int_{\infty}\mid\Phi\mid^{2}\mathrm{d}V$ 发散,则由公式(2.1.4)得出的归一化因子 $\sqrt{C}$ 等于零,这种归一化显然是没有意义的.自由粒子的波函数

$$\Psi_{p}(\boldsymbol{r},\boldsymbol{t})=A\mathrm{e}^{\frac{\mathrm{i}}{\hbar}(\boldsymbol{p}\cdot\boldsymbol{r}-Et)}$$

就是不满足这个条件的一个例子.至于这种波函数应怎样归一化的问题,将留到第三章中再讨论.在波函数 Φ 不能按(2.1.7)式归一化的情况下,$\mid\Phi\mid^{2}$ 仍然和概率成比例,它被称为**相对概率密度**.

§ 2.2　态叠加原理

由 § 2.1 我们知道量子力学中用波函数描写微观粒子的量子状态.当一粒子处于以波函数 Ψ 所描写的量子状态时,粒子的力学量如坐标、动量等一般可以有许多可能值,每个可能值各自以一定的概率出现,例如粒子处于小体积元 $\mathrm{d}V$[点($\boldsymbol{r}$)在 $\mathrm{d}V$ 内]中的概率是 $\Psi^*(\boldsymbol{r})\Psi(\boldsymbol{r})\mathrm{d}V$.同样,粒子的动量为 p 的概率也可由波函数给出.这就是波函数的统计解释.

量子力学中这样描述微观粒子量子状态的方式和经典力学中同时用坐标和动量的确定值来描述质点的状态完全不同.这种差别来源于微观粒子的波粒二象性.波函数的统计解释是波粒二象性的一个表现,微观粒子的波粒二象性还通过量子力学中关于状态的一个基本原理——态叠加原理表现出来.

在经典物理中,声波和光波都遵从叠加原理:两个可能的波动过程 ϕ_1 和 ϕ_2 线性叠加的结果 $a\phi_1+b\phi_2$ 也是一个可能的波动过程.光学中惠更斯原理就是这样的一个原理,它告诉我们:在空间任意一点 P 的光波强度可以由前一时刻波前上所有各点传播出来的光波在 P 点线性叠加起来而得出.在声学和光学中,利用这个原理可以解释声和光的干涉、衍射现象.

现在我们来介绍量子力学中的态叠加原理.以粒子的双狭缝衍射实验为例.在这个实验中(图 1.6),用 Ψ_1 表示粒子穿过上面狭缝到达屏 B 的状态,用 Ψ_2 表示粒子穿过下面狭缝到达屏 B 的状态,再用 Ψ 表示粒子穿过两个狭缝到达屏 B 的状态.那么 Ψ 可以写为 Ψ_1 和 Ψ_2 的线性叠加,即 $\Psi=c_1\Psi_1+c_2\Psi_2$,式中 c_1 和 c_2 是复数.

对于一般的情况,如果 Ψ_1 和 Ψ_2 是体系的可能状态,那么,它们的线性叠加

$$\Psi = c_1\Psi_1 + c_2\Psi_2 \quad (c_1, c_2 \text{ 是复数}) \tag{2.2.1}$$

也是这个体系的一个可能状态,这就是量子力学中的态叠加原理.

态叠加原理还有下面的含义:当粒子处于态 Ψ_1 和态 Ψ_2 的线性叠加态 Ψ 时,粒子既处在态 Ψ_1,又处在态 Ψ_2.

按照态叠加原理,粒子在屏 B 上一点 P 出现的概率密度是

$$\begin{aligned} |\Psi|^2 &= |c_1\Psi_1 + c_2\Psi_2|^2 = (c_1^*\Psi_1^* + c_2^*\Psi_2^*)(c_1\Psi_1 + c_2\Psi_2) \\ &= |c_1\Psi_1|^2 + |c_2\Psi_2|^2 + c_1^*c_2\Psi_1^*\Psi_2 + c_1c_2^*\Psi_1\Psi_2^*. \end{aligned} \tag{2.2.2}$$

上式右边第一项是粒子穿过上狭缝出现在 P 点的概率密度,第二项是粒子穿过下狭缝出现在 P 点的概率密度,第三、第四项是 Ψ_1 和 Ψ_2 的干涉项.(2.2.2)式告诉我们:粒子穿过双狭缝后在 P 点出现的概率密度 $|\Psi|^2$ 一般不等于粒子穿过上狭缝到达 P 点的概率密度 $|c_1\Psi_1|^2$ 与穿过下狭缝到达 P 点的概率密度 $|c_2\Psi_2|^2$ 之和,而是等于 $|c_1\Psi_1|^2+|c_2\Psi_2|^2$ 再加上干涉项.衍射图样的产生证实了干涉项的存在.

在(2.2.1)式中 Ψ 表示为两个态 Ψ_1 和 Ψ_2 的线性叠加,推广到更一般的情况,态 Ψ 可以表示为许多态 $\Psi_1,\Psi_2,\cdots,\Psi_n,\cdots$的线性叠加,即

$$\Psi = c_1\Psi_1 + c_2\Psi_2 + \cdots + c_n\Psi_n + \cdots = \sum_n c_n\Psi_n, \tag{2.2.3}$$

$c_1, c_2, \cdots, c_n, \cdots$为复数.这时态叠加原理表述如下：当 $\Psi_1, \Psi_2, \cdots, \Psi_n, \cdots$是体系的可能状态时，它们的线性叠加 Ψ[(2.2.3)式]也是体系的一个可能状态；也可以说，当体系处于态 Ψ[(2.2.3)式]时，体系部分地处于态 $\Psi_1, \Psi_2, \cdots, \Psi_n, \cdots$中；相应的概率分别为 $|c_1|^2$, $|c_2|^2, \cdots, |c_n|^2, \cdots$.要注意的是，态叠加原理指的是波函数(概率幅)的线性叠加，而不是概率的叠加.

例如在第一章叙述的电子在晶体上衍射的实验中，粒子在晶体表面上反射后，可能以各种不同的动量 $\boldsymbol{p}$ 运动.以一个确定的动量 $\boldsymbol{p}$ 运动的状态用波函数

$$\Psi_p(\boldsymbol{r}, t) = A\mathrm{e}^{-\frac{\mathrm{i}}{\hbar}(Et - \boldsymbol{p}\cdot\boldsymbol{r})} \tag{2.2.4}$$

描写.按照态叠加原理，在晶体上反射后，粒子的状态 Ψ 可以表示为 $\boldsymbol{p}$ 取各种可能值的平面波的线性叠加：

$$\Psi(\boldsymbol{r}, t) = \sum_{p} c(\boldsymbol{p})\Psi_p(\boldsymbol{r}, t), \tag{2.2.5}$$

粒子经过晶体上反射后所产生的衍射现象，就是这许多平面波 Ψ_p 相互干涉的结果.由于 $\boldsymbol{p}$ 可以连续变化，(2.2.5)式中对 $\boldsymbol{p}$ 求和应该以对 p_x, p_y, p_z 积分来代替.

现在我们来证明：任何一个波函数 $\Psi(\boldsymbol{r}, t)$ 都可以看成各种不同动量的平面波的叠加.换句话说，任何波函数 $\Psi(\boldsymbol{r}, t)$ 都可以写成如下形式：

$$\Psi(\boldsymbol{r}, t) = \iiint_{-\infty}^{\infty} c(\boldsymbol{p}, t)\Psi_p(\boldsymbol{r})\mathrm{d}p_x\mathrm{d}p_y\mathrm{d}p_z, \tag{2.2.6}$$

式中：

$$\Psi_p(\boldsymbol{r}) \equiv \frac{1}{(2\pi\hbar)^{3/2}}\mathrm{e}^{\frac{\mathrm{i}}{\hbar}\boldsymbol{p}\cdot\boldsymbol{r}}, \tag{2.2.7}$$

这里，我们已经取(2.2.4)式中平面波的归一化因子 A 等于$(2\pi\hbar)^{-\frac{3}{2}}$，这一点将在§3.2中详细讨论.

以 $\Psi_{p'}^*(\boldsymbol{r})$乘(2.2.6)式，对 $\boldsymbol{r}$ 在全空间积分得

$$\begin{aligned}\int\Psi_{p'}^*(\boldsymbol{r})\Psi(\boldsymbol{r}, t)\mathrm{d}\boldsymbol{r} &= \int_{-\infty}^{\infty} c(\boldsymbol{p}, t)\left[\int_{-\infty}^{\infty}\Psi_{p'}^*(\boldsymbol{r})\Psi_p(\boldsymbol{r})\mathrm{d}\boldsymbol{r}\right]\mathrm{d}\boldsymbol{p}\\ &= \int_{-\infty}^{\infty} c(\boldsymbol{p}, t)\left[\frac{1}{(2\pi\hbar)^3}\int_{-\infty}^{\infty}\mathrm{e}^{\frac{\mathrm{i}}{\hbar}(\boldsymbol{p}-\boldsymbol{p}')\cdot\boldsymbol{r}}\mathrm{d}\boldsymbol{r}\right]\mathrm{d}\boldsymbol{p}\\ &= \int_{-\infty}^{\infty} c(\boldsymbol{p}, t)\delta(\boldsymbol{p} - \boldsymbol{p}')\mathrm{d}\boldsymbol{p} = c(\boldsymbol{p}', t),\end{aligned}$$

方括号积分利用了 δ 函数的积分表达式和积分性质.即(2.2.6)式中的函数 $c(\boldsymbol{p}, t)$ 由下式给出：

$$c(\boldsymbol{p}, t) = \frac{1}{(2\pi\hbar)^{3/2}}\iiint_{-\infty}^{\infty}\Psi(\boldsymbol{r}, t)\mathrm{e}^{-\frac{\mathrm{i}}{\hbar}\boldsymbol{p}\cdot\boldsymbol{r}}\mathrm{d}x\mathrm{d}y\mathrm{d}z, \tag{2.2.8}$$

把(2.2.7)式代入(2.2.6)式中得到

$$\Psi(\boldsymbol{r}, t) = \frac{1}{(2\pi\hbar)^{3/2}}\iiint_{-\infty}^{\infty} c(\boldsymbol{p}, t)\mathrm{e}^{\frac{\mathrm{i}}{\hbar}\boldsymbol{p}\cdot\boldsymbol{r}}\mathrm{d}p_x\mathrm{d}p_y\mathrm{d}p_z, \tag{2.2.9}$$

(2.2.9)式和(2.2.8)式说明 $\Psi(\boldsymbol{r},t)$ 和 $c(\boldsymbol{p},t)$ 互为傅里叶变换式,因而在一般情况下,它们总是成立的.

从(2.2.8)式和(2.2.9)式可以看出,$\Psi(\boldsymbol{r},t)$ 给定后,$c(\boldsymbol{p},t)$ 就可以由(2.2.8)式完全确定,同样 $c(\boldsymbol{p},t)$ 给定后,$\Psi(\boldsymbol{r},t)$ 就可以由(2.2.9)式完全确定.由此可见,$\Psi(\boldsymbol{r},t)$ 和 $c(\boldsymbol{p},t)$ 是波函数的两种不同的描述方式.$\Psi(\boldsymbol{r},t)$ 是以坐标为自变量的波函数;在 §4.1 中我们将看到 $c(\boldsymbol{p},t)$ 则是以动量为自变量的波函数,$|\Psi(\boldsymbol{r},t)|^2$ 是粒子 t 时刻在 r 处的概率密度,$|c(\boldsymbol{p},t)|^2$ 是粒子 t 时刻具有动量 p 的概率密度.

在一维的情况下,(2.2.8)式和(2.2.9)式写为

$$\Psi(x,t)=\frac{1}{(2\pi\hbar)^{1/2}}\int_{-\infty}^{\infty}c(p,t)\mathrm{e}^{\frac{\mathrm{i}}{\hbar}px}\mathrm{d}p, \tag{2.2.10}$$

$$c(p,t)=\frac{1}{(2\pi\hbar)^{1/2}}\int_{-\infty}^{\infty}\Psi(x,t)\mathrm{e}^{-\frac{\mathrm{i}}{\hbar}px}\mathrm{d}x. \tag{2.2.11}$$

§2.3　薛定谔方程

§2.1 节中,我们讨论了微观粒子在某一时刻 t 的状态,以及描写这个状态的波函数 $\Psi(\boldsymbol{r},t)$ 的性质,但未涉及当时间改变时粒子的状态将怎样随着变化的问题.本节中我们来讨论粒子状态随时间变化所遵从的规律.

在经典力学中,当质点在某一时刻的状态为已知时,由质点的运动方程就可以求出以后任一时刻质点的状态.在量子力学中情况也是这样,当微观粒子在某一时刻的状态为已知时,以后时刻粒子所处的状态也要由一个方程来决定.所不同的是,在经典力学中,质点的状态用质点的坐标和速度来描写,质点的运动方程就是我们所熟知的牛顿运动方程;而在量子力学中,微观粒子的状态则用波函数来描写,决定粒子状态变化的方程不再是牛顿运动方程,而是下面我们要建立的薛定谔方程.

由于我们要建立的是描写波函数随时间变化的方程,因此它必须是波函数应满足的含有对时间微商的微分方程.此外,这方程还应满足下面两个条件:(1) 方程是线性的,即如果 Ψ_1 和 Ψ_2 都是这方程的解,那么 Ψ_1 和 Ψ_2 的线性叠加 $a\Psi_1+b\Psi_2$ 也是方程的解.这是因为根据态叠加原理,如果 Ψ_1 和 Ψ_2 都是粒子可能的状态,那么 $a\Psi_1+b\Psi_2$ 也应是粒子可能的状态;(2) 这个方程的系数不应包含状态的参量,如动量、能量等,因为方程的系数如含有状态的参量,则方程只能被粒子的部分状态所满足,而不能被各种可能的状态所满足.

现在来建立满足上述条件的方程.我们采取的步骤是先对波函数已知的自由粒子得出这种方程,然后把它推广到一般情况中去.用平面波描写自由粒子的波函数:

$$\Psi(\boldsymbol{r},t)=A\mathrm{e}^{\frac{\mathrm{i}}{\hbar}(\boldsymbol{p}\cdot\boldsymbol{r}-Et)}, \tag{2.3.1}$$

它是所要建立的方程的解.将(2.3.1)式对时间求偏微商,得到

$$\frac{\partial\Psi}{\partial t}=-\frac{\mathrm{i}}{\hbar}E\Psi, \tag{2.3.2}$$

但这还不是我们所要求的方程,因为它的系数中还含有能量 E.再把(2.3.1)式对坐标求二次偏微商,得到

$$\frac{\partial^2\Psi}{\partial x^2}=-\frac{Ap_x^2}{\hbar^2}\mathrm{e}^{\frac{\mathrm{i}}{\hbar}(p_xx+p_yy+p_zz-Et)}=-\frac{p_x^2}{\hbar^2}\Psi,$$

同理有

$$\frac{\partial^2\Psi}{\partial y^2}=-\frac{p_y^2}{\hbar^2}\Psi,$$

$$\frac{\partial^2\Psi}{\partial z^2}=-\frac{p_z^2}{\hbar^2}\Psi,$$

将以上三式相加,得

$$\frac{\partial^2\Psi}{\partial x^2}+\frac{\partial^2\Psi}{\partial y^2}+\frac{\partial^2\Psi}{\partial z^2}=\nabla^2\Psi=-\frac{p^2}{\hbar^2}\Psi, \tag{2.3.3}$$

利用自由粒子的能量和动量的关系式:

$$E=\frac{p^2}{2m}, \tag{2.3.4}$$

式中 m 是粒子的质量.比较(2.3.2)式和(2.3.3)式两式,我们得到自由粒子波函数所满足的微分方程:

$$\mathrm{i}\hbar\frac{\partial\Psi}{\partial t}=-\frac{\hbar^2}{2m}\nabla^2\Psi, \tag{2.3.5}$$

它满足前面所述的条件.

(2.3.2)式和(2.3.3)式两式可改写为如下形式:

$$E\Psi=\mathrm{i}\hbar\frac{\partial}{\partial t}\Psi, \tag{2.3.6}$$

$$(\boldsymbol{p}\cdot\boldsymbol{p})\Psi=(-\mathrm{i}\hbar\nabla)\cdot(-\mathrm{i}\hbar\nabla)\Psi, \tag{2.3.7}$$

式中 ∇ 是拉普拉斯算符:

$$\nabla=\boldsymbol{i}\frac{\partial}{\partial x}+\boldsymbol{j}\frac{\partial}{\partial y}+\boldsymbol{k}\frac{\partial}{\partial z},$$

由(2.3.6)式和(2.3.7)式可以看出,粒子能量 E 和动量 $\boldsymbol{p}$ 各与下列作用在波函数上的算符相当:

$$E\to\mathrm{i}\hbar\frac{\partial}{\partial t},\quad \boldsymbol{p}\to-\mathrm{i}\hbar\nabla, \tag{2.3.8}$$

这两个算符依次称为**能量算符**和**动量算符**.把(2.3.4)式两边右乘 Ψ,再以(2.3.8)式代入,即得微分方程(2.3.5)式.

现在利用关系式(2.3.8)来建立在力场中粒子波函数所满足的微分方程.设粒子在力场中的势能为 $U(\boldsymbol{r})$.在这种情况下,粒子的能量和动量的关系式是

$$E=\frac{p^2}{2m}+U(\boldsymbol{r}),\tag{2.3.9}$$

上式两边乘以波函数 $\Psi(\boldsymbol{r},t)$，并以(2.3.8)式代入，便得到 $\Psi(\boldsymbol{r},t)$ 所满足的微分方程

$$\mathrm{i}\hbar\frac{\partial\Psi}{\partial t}=-\frac{\hbar^2}{2m}\nabla^2\Psi+U(\boldsymbol{r})\Psi,\tag{2.3.10}$$

这个方程称为薛定谔波动方程，或薛定谔方程，也常简称为波动方程，它描写在势场 $U(\boldsymbol{r})$ 中粒子状态随时间的变化.必须注意，上面我们只是建立了薛定谔方程，而不是从数学上将它推导出来.这个方程的建立是从描写自由粒子的平面波(2.3.1)式[即(1.4.4)式]出发的.如果我们不从这个复数表示式出发而从平面波的实数表示式(1.4.3)出发，我们就得不出薛定谔方程.读者很容易验证 $A\cos\frac{1}{\hbar}(\boldsymbol{p}\cdot\boldsymbol{r}-Et)$ 不是方程(2.3.5)的解.这就是我们用(1.4.4)式而不用(1.4.3)式作为自由粒子波函数的原因.薛定谔方程可视为量子力学的一个基本假设(见结束语)，它反映了微观粒子的运动规律，它的正确性是由在各种具体情况下从方程得出的结论和实验结果相比较来验证的.前面，我们用平面波(2.3.1)式描述自由粒子的波函数.实际上，自由粒子薛定谔方程(2.3.5)的任何解，都是自由粒子的波函数，它不一定具有确定的动量，例如(2.3.1)式的任意线性叠加.第六章散射问题中的出射球面波也是一种自由粒子波函数.

上面讨论的是一个粒子的情况.我们可以把它推广到多粒子的情况.

如果所讨论的体系不只含一个粒子，而是 N 个粒子($N>1$)，我们就称这体系为多粒子体系.以 $\boldsymbol{r}_1,\boldsymbol{r}_2,\cdots,\boldsymbol{r}_N$ 表示 N 个粒子的坐标，那么描写体系状态的波函数 Ψ 是 $\boldsymbol{r}_1,\boldsymbol{r}_2,\cdots,\boldsymbol{r}_N$ 的函数.体系的能量写成

$$E=\sum_{i=1}^{N}\frac{\boldsymbol{p}_i^2}{2m_i}+U(\boldsymbol{r}_1,\boldsymbol{r}_2,\cdots,\boldsymbol{r}_N),\tag{2.3.11}$$

式中，m_i 是第 i 个粒子的质量，$\boldsymbol{p}_i$ 是第 i 个粒子的动量，$U(\boldsymbol{r}_1,\boldsymbol{r}_2,\cdots,\boldsymbol{r}_N)$ 是体系的势能，它包括体系在外场中的能量和粒子间相互作用能量.用(2.3.11)式两边乘波函数 $\Psi(\boldsymbol{r}_1,\boldsymbol{r}_2,\cdots,\boldsymbol{r}_N,t)$ 并作代换：

$$E\to\mathrm{i}\hbar\frac{\partial}{\partial t},\quad \boldsymbol{p}_i\to-\mathrm{i}\hbar\nabla_i,$$

∇_i 是对第 i 个粒子坐标微商的拉普拉斯算符：

$$\nabla_i=\boldsymbol{i}\frac{\partial}{\partial x_i}+\boldsymbol{j}\frac{\partial}{\partial y_i}+\boldsymbol{k}\frac{\partial}{\partial z_i},$$

于是得到

$$\mathrm{i}\hbar\frac{\partial\Psi}{\partial t}=-\sum_{i=1}^{N}\frac{\hbar^2}{2m_i}\nabla_i^2\Psi+U\Psi,\tag{2.3.12}$$

这就是多粒子体系(非相对论)的薛定谔方程.

§ 2.4 粒子流密度和粒子数守恒定律

在讨论了状态或波函数随时间变化的规律后，我们进一步讨论粒子在一定空间区域内出现的概率将怎样随时间变化.

设描写粒子状态的波函数是 $\Psi(\boldsymbol{r},t)$，则由 § 2.1 得知，在时刻 t 在 $\boldsymbol{r}$ 点周围单位体积内粒子出现的概率（即概率密度）是

$$w(\boldsymbol{r},t)=\Psi^{*}(\boldsymbol{r},t)\Psi(\boldsymbol{r},t), \tag{2.4.1}$$

概率密度随时间的变化率是

$$\frac{\partial w}{\partial t}=\Psi^{*}\frac{\partial \Psi}{\partial t}+\frac{\partial \Psi^{*}}{\partial t}\Psi, \tag{2.4.2}$$

由薛定谔方程(2.3.10)和它的共轭复数方程[注意 $U(\boldsymbol{r})$ 是实数]可得

$$\frac{\partial \Psi}{\partial t}=\frac{\mathrm{i}\hbar}{2m}\nabla^{2}\Psi+\frac{1}{\mathrm{i}\hbar}U(\boldsymbol{r})\Psi$$

及

$$\frac{\partial \Psi^{*}}{\partial t}=-\frac{\mathrm{i}\hbar}{2m}\nabla^{2}\Psi^{*}-\frac{1}{\mathrm{i}\hbar}U(\boldsymbol{r})\Psi^{*},$$

将这两式代入(2.4.2)式中，有

$$\frac{\partial w}{\partial t}=\frac{\mathrm{i}\hbar}{2m}(\Psi^{*}\nabla^{2}\Psi-\Psi\nabla^{2}\Psi^{*})=\frac{\mathrm{i}\hbar}{2m}\nabla\cdot(\Psi^{*}\nabla\Psi-\Psi\nabla\Psi^{*}), \tag{2.4.3}$$

令

$$\boldsymbol{J}\equiv\frac{\mathrm{i}\hbar}{2m}(\Psi\nabla\Psi^{*}-\Psi^{*}\nabla\Psi), \tag{2.4.4}$$

则(2.4.3)式可写为

$$\frac{\partial w}{\partial t}+\nabla\cdot\boldsymbol{J}=0, \tag{2.4.5}$$

这方程是概率（粒子数）守恒定律的微分形式，它具有连续性方程的形式. 为了说明方程(2.4.5)和矢量 $\boldsymbol{J}$ 的意义，将(2.4.5)式对空间任意一个体积 V 求积分：

$$\int_{V}\frac{\partial w}{\partial t}\mathrm{d}V=\frac{\partial}{\partial t}\int_{V}w\mathrm{d}V=-\int_{V}\nabla\cdot\boldsymbol{J}\mathrm{d}V, \tag{2.4.6}$$

应用矢量分析中的高斯（Gauss）定理，把上面等式右边的体积分变为面积分，得到

$$\int_{V}\frac{\partial w}{\partial t}\mathrm{d}V=-\oint_{S}\boldsymbol{J}\cdot\mathrm{d}\boldsymbol{S}=-\oint_{S}J_{\mathrm{n}}\mathrm{d}S, \tag{2.4.7}$$

面积分是对包围体积 V 的封闭面 S 进行的.(2.4.7)式左边表示单位时间内体积 V 中概率的增加，右边是矢量 $\boldsymbol{J}$ 在体积 V 的边界面 S 上法向分量的面积分. 因而很自然地可以把 $\boldsymbol{J}$ 解释为**概率流密度矢量**，它在 S 面上的法向分量表示单位时间内流过 S 面上单位面积的概率.(2.4.7)式说明单位时间内体积 V 中增加的概率，等于从体积 V 外部穿过 V 的边界面 S 而流

进 V 内的概率.如果波函数在无限远处为零,我们可以把积分区域 V 扩展到整个空间,这时(2.4.7)式右边的面积分显然为零.所以有

$$\frac{\mathrm{d}}{\mathrm{d}t}\int_{\infty} w\mathrm{d}V = \frac{\mathrm{d}}{\mathrm{d}t}\int_{\infty} \Psi^* \Psi \mathrm{d}V = 0, \tag{2.4.8}$$

即在整个空间内找到粒子的概率与时间无关.如果波函数 Ψ 是归一的,$\int_{\infty} \Psi^* \Psi \mathrm{d}V = 1$,那么(2.4.8)式告诉我们 Ψ 将保持归一的性质,而不随时间改变.

以粒子质量 m 乘 w 和 $\boldsymbol{J}$,则

$$w_m \equiv mw = m\,|\,\Psi(x,y,z,t)\,|^2$$

是在时刻 t 在点(x,y,z)的质量密度,

$$\boldsymbol{J}_m \equiv m\boldsymbol{J} = \frac{\mathrm{i}\hbar}{2}(\Psi\nabla\Psi^* - \Psi^*\nabla\Psi)$$

是质量流密度.以 m 乘方程(2.4.5),得到 w_m 和 $\boldsymbol{J}_m$ 所满足的方程:

$$\frac{\partial w_m}{\partial t} + \nabla\cdot\boldsymbol{J}_m = 0, \tag{2.4.9}$$

像上面一样,将(2.4.9)式对空间任意体积积分后可以得到下述结论:单位时间内体积 V 内质量的增加,等于穿过 V 的边界面 S 流进的质量.(2.4.9)式是量子力学中的质量守恒定律.

同样,以粒子电荷 q 乘 w 和 $\boldsymbol{J}$ 后,得到 $w_q = qw$ 是电荷密度,$\boldsymbol{J}_q \equiv q\boldsymbol{J}$ 是电流密度,方程

$$\frac{\partial w_q}{\partial t} + \nabla\cdot\boldsymbol{J}_q = 0 \tag{2.4.10}$$

是量子力学中的电荷守恒定律,它说明粒子的电荷总量不随时间改变.

到目前为止,我们只提到粒子的状态可以用波函数来描写,至于怎样的函数才能作为波函数,或者波函数一般应满足哪些条件则未涉及.现在,在建立了薛定谔方程和证明了粒子数守恒定律之后,就可以对这个问题进行讨论了.由于概率密度和概率流密度应当连续,所以 Ψ 必须在变量变化的全部区域内是有限的和连续的,并且有连续的微商(在有限个点上,Ψ 和它的微商在保持积分为可积的条件下可以趋于无限大).此外,由于 $w = \Psi^*\Psi$ 是粒子出现的概率,它应是坐标和时间的单值函数,这样才能使粒子的概率在时刻 t、在 $\boldsymbol{r}$ 点有唯一的确定值.由以上讨论可知,波函数在变量变化的全部区域内通常应满足三个条件:有限性、连续性和导致可测量的单值性.这三个条件称为波函数的标准条件.以后我们将看到,波函数的标准条件在解量子力学问题中占有很重要的地位.

§2.5　定态薛定谔方程

现在我们来讨论薛定谔方程(2.3.10)的解.一般情况下 $U(\boldsymbol{r})$ 也可以是时间的函数,这种情况将在第五章中讨论.目前我们只讨论 $U(\boldsymbol{r})$ 与时间无关的情况.

如果 $U(\boldsymbol{r})$ 不含时间:薛定谔方程(2.3.10)可以用分离变量法进行求解.考虑这方程的一种特解:

$$\Psi(\boldsymbol{r},t)=\psi(\boldsymbol{r})f(t), \tag{2.5.1}$$

方程(2.3.10)的解可以表示为许多这种特解之和.将(2.5.1)式代入方程(2.3.10)中,并把方程两边用 $\psi(\boldsymbol{r})f(t)$ 去除,得到

$$\frac{\mathrm{i}\hbar}{f}\frac{\mathrm{d}f}{\mathrm{d}t}=\frac{1}{\psi}\left[-\frac{\hbar^2}{2m}\nabla^2\psi+U(\boldsymbol{r})\psi\right],$$

因为这个等式的左边只是 t 的函数,右边只是 $\boldsymbol{r}$ 的函数,而 t 和 $\boldsymbol{r}$ 是相互独立的变量,所以只有当两边都等于同一常量时,等式才能被满足.以 E 表示这个常量,则由等式左边等于 E,有

$$\mathrm{i}\hbar\frac{\mathrm{d}f}{\mathrm{d}t}=Ef, \tag{2.5.2}$$

由等式右边等于 E,有

$$-\frac{\hbar^2}{2m}\nabla^2\psi+U(\boldsymbol{r})\psi=E\psi, \tag{2.5.3}$$

方程(2.5.2)的解可以直接得出:

$$f(t)=C\mathrm{e}^{-\frac{\mathrm{i}E}{\hbar}t},$$

C 为任意常数.将这结果代入(2.5.1)式中,并把常数 C 放到 $\psi(\boldsymbol{r})$ 里面去,这样就得到薛定谔方程(2.3.10)的特解:

$$\Psi(\boldsymbol{r},t)=\psi(\boldsymbol{r})\mathrm{e}^{-\frac{\mathrm{i}E}{\hbar}t}, \tag{2.5.4}$$

这个波函数的角频率是确定的 $\omega=\frac{E}{\hbar}$.按照德布罗意关系,E 就是体系处于这个波函数所描写的状态时的能量.由此可见,体系处于(2.5.4)式所描写的状态时,能量具有确定值,所以这种状态称为**定态**.(2.5.4)式称为**定态波函数**.在定态中概率密度和概率流密度都与时间无关.函数 $\psi(\boldsymbol{r})$ 由方程(2.5.3)和在具体问题中波函数应满足的条件得出.方程(2.5.3)称为**定态薛定谔方程**.函数 $\psi(\boldsymbol{r})$ 也称为波函数,因为知道 $\psi(\boldsymbol{r})$ 后,由(2.5.4)式就可以求出 $\Psi(\boldsymbol{r},t)$.

以 $\psi(\boldsymbol{r})$ 乘方程(2.5.2)两边,$\mathrm{e}^{-\frac{\mathrm{i}E}{\hbar}t}$ 乘(2.5.3)式两边,可以看出定态波函数(2.5.4)满足下列两方程:

$$\mathrm{i}\hbar\frac{\partial\Psi}{\partial t}=E\Psi, \tag{2.5.5}$$

$$\left[-\frac{\hbar^2}{2m}\nabla^2+U(\boldsymbol{r})\right]\Psi=E\Psi, \tag{2.5.6}$$

这两个方程的类型相同,它们都是以一个算符$\left(在(2.5.5)式中是\ \mathrm{i}\hbar\frac{\partial}{\partial t},在(2.5.6)式中是\left[-\frac{\hbar^2}{2m}\nabla^2+U(\boldsymbol{r})\right]\right)$作用在波函数 Ψ 上得出一个数量 E 乘 Ψ.算符 $\mathrm{i}\hbar\frac{\partial}{\partial t}$ 和 $-\frac{\hbar^2}{2m}\nabla^2+U(\boldsymbol{r})$ 是完全相当的,这可以由它们作用在定态波函数(2.5.4)上看出.而且从薛定谔方程(2.3.10)中还可以看出,它们作用在体系的任意一个波函数上都是相当的.这两个算符都称为**能量算符**.此

外，由于算符$-\frac{\hbar^2}{2m}\nabla^2+U(\boldsymbol{r})$是在(2.3.9)式中作(2.3.8)式代换而来的，(2.3.9)式在经典力学中称为哈密顿(Hamilton)函数，所以这种算符又称为哈密顿算符，通常以$\hat{H}$表示.于是(2.5.6)式可写为

$$\hat{H}\Psi=E\Psi, \tag{2.5.7}$$

这种类型的方程称为本征值方程，E称为算符$\hat{H}$的本征值，Ψ称为算符$\hat{H}$属于本征值E的本征函数.由上面的讨论可知，当体系处于能量算符本征函数所描写的状态(以后简称能量本征态)时，粒子的能量有确定的数值，这个数值就是与这个本征函数相对应的能量算符的本征值.

讨论定态问题就是要求出体系可能有的定态波函数$\Psi(\boldsymbol{r},t)$和在这些态中的能量E；由于定态波函数$\Psi(\boldsymbol{r},t)$和函数$\psi(\boldsymbol{r})$以公式(2.5.4)联系起来，问题就归结为解定态薛定谔方程(2.5.3)，求出能量的可能值E和波函数$\psi(\boldsymbol{r})$.在本章下面几节中将讨论几个具体的定态问题.

一般来说，本征值方程(2.5.7)有一系列(无穷多个)本征值.以E_n表示体系能量算符的第n个本征值，ψ_n是与E_n相应的本征函数，则体系的第n个定态波函数是

$$\Psi_n(\boldsymbol{r},t)=\psi_n(\boldsymbol{r})\mathrm{e}^{-\frac{\mathrm{i}E_n}{\hbar}t},$$

含时间的薛定谔方程(2.3.10)的一般解，可以写为这些定态波函数的线性叠加：

$$\Psi(\boldsymbol{r},t)=\sum_n c_n\psi_n(\boldsymbol{r})\mathrm{e}^{-\frac{\mathrm{i}E_n}{\hbar}t},$$

式中复数c_n是常系数.

§ 2.6　一维无限深方势阱

考虑在一维空间中运动的粒子，它的势能在一定区域内($-a<x<a$)为零，而在此区域外势能为无限大(图2.1)，即

$$\begin{aligned}U(x)&=0, & |x|&<a,\\ U(x)&=\infty, & |x|&>a.\end{aligned} \tag{2.6.1}$$

这种势称为一维无限深方势阱.在阱内($|x|<a$)，体系所满足的定态薛定谔方程是

$$-\frac{\hbar^2}{2m}\frac{\mathrm{d}^2\psi}{\mathrm{d}x^2}=E\psi,\qquad |x|<a, \tag{2.6.2}$$

在阱外($|x|>a$)，定态薛定谔方程是

$$-\frac{\hbar^2}{2m}\frac{\mathrm{d}^2\psi}{\mathrm{d}x^2}+U_0\psi=E\psi,\qquad |x|>a, \tag{2.6.3}$$

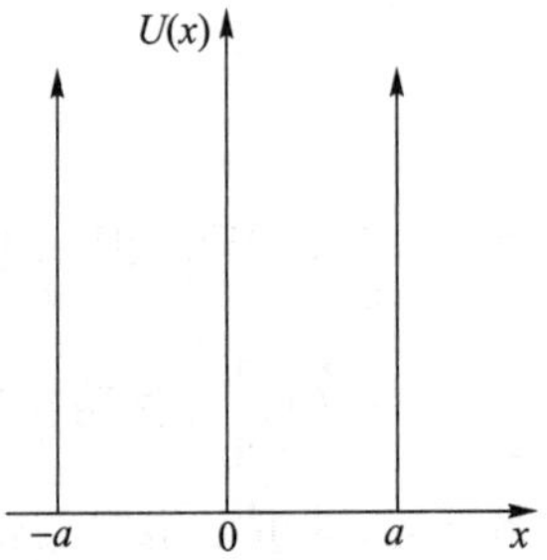

图2.1　一维无限深方势阱

(2.6.3)式中，$U_0\to\infty$.根据波函数应满足的连续性和有限性条

件,只有当 $\psi=0$ 时,(2.6.3)式才能成立①,所以有

$$\psi = 0, \qquad |x| > a, \tag{2.6.4}$$

这是解(2.6.2)式时需要用到的边界条件.

为方便起见,引入符号

$$\alpha = \left(\frac{2mE}{\hbar^2}\right)^{\frac{1}{2}}, \tag{2.6.5}$$

则(2.6.2)式简写为

$$\frac{\mathrm{d}^2\psi}{\mathrm{d}x^2} + \alpha^2\psi = 0, \qquad |x| < a,$$

它的解是

$$\psi = A\sin \alpha x + B\cos \alpha x, \qquad |x| < a, \tag{2.6.6}$$

根据 ψ 的连续性,由(2.6.4)式 $\psi(\pm a)=0$,代入(2.6.6)式,有

$$A\sin \alpha a + B\cos \alpha a = 0,$$

$$-A\sin \alpha a + B\cos \alpha a = 0,$$

由此得到

$$A\sin \alpha a = 0,$$

$$B\cos \alpha a = 0, \tag{2.6.7}$$

A 和 B 不能同时为零,否则 ψ 到处为零,这在物理上是没有意义的.因此,我们得到两组解:

(1) $$A = 0, \qquad \cos \alpha a = 0, \tag{2.6.8}$$

(2) $$B = 0, \qquad \sin \alpha a = 0, \tag{2.6.9}$$

由此可求得

$$\alpha a = \frac{n}{2}\pi, \qquad n = 1,2,3,\cdots, \tag{2.6.10}$$

对于第一组解,n 为奇数;对于第二组解,n 为偶数.$n=0$ 对应于 ψ 恒为零的解,n 等于负整数时解与 n 等于相应正整数解线性相关(仅差一负号),都不取.

由(2.6.5)式和(2.6.10)式,得到体系的能量为

$$E_n = \frac{\pi^2\hbar^2 n^2}{8ma^2}, \qquad n = 1,2,3,\cdots, \tag{2.6.11}$$

对应于量子数 n 的全部可能值,有无限多个能量值,它们组成体系的分立能级.

将(2.6.8)式、(2.6.9)式依次代入(2.6.6)式中,并考虑(2.6.10)式及(2.6.4)式,得到一组解的波函数为

---

① 关于这一点的详细论证,见附录(Ⅰ).

$$\psi_n=\begin{cases}A\sin\dfrac{n\pi}{2a}x, & n\text{ 为正偶数}, & |x|<a\\ 0, & & |x|\geqslant a\end{cases},\tag{2.6.12}$$

另一组解的波函数为

$$\psi_n=\begin{cases}B\cos\dfrac{n\pi}{2a}x, & n\text{ 为正奇数}, & |x|<a\\ 0, & & |x|\geqslant a\end{cases},\tag{2.6.13}$$

(2.6.12)式和(2.6.13)式可以并为一个式子：

$$\psi_n=\begin{cases}A'\sin\dfrac{n\pi}{2a}(x+a), & n\text{ 为正整数}, & |x|<a\\ 0, & & |x|\geqslant a\end{cases},\tag{2.6.14}$$

常系数 A'可由归一化条件

$$\int_{-\infty}^{\infty}|\psi|^2\mathrm{d}x=1$$

求出为 $A'=\dfrac{1}{\sqrt{a}}$,请读者自己验证(见习题 2.4).

一维无限深方势阱中粒子的定态波函数是

$$\begin{aligned}\Psi_n(x,t)&=\Psi_n(x)\mathrm{e}^{-\frac{\mathrm{i}}{\hbar}E_nt}\\&=A'\sin\frac{n\pi}{2a}(x+a)\mathrm{e}^{-\frac{\mathrm{i}}{\hbar}E_nt},\end{aligned}$$

应用公式 $\sin\theta=\dfrac{\mathrm{e}^{\mathrm{i}\theta}-\mathrm{e}^{-\mathrm{i}\theta}}{2\mathrm{i}}$将上式中的正弦函数写成指数函数,有

$$\Psi_n(x,t)=C_1\mathrm{e}^{\frac{\mathrm{i}}{\hbar}\left(\frac{n\pi\hbar}{2a}x-E_nt\right)}+C_2\mathrm{e}^{\frac{\mathrm{i}}{\hbar}\left(-\frac{n\pi\hbar}{2a}x-E_nt\right)}.$$

C_1 和 C_2 是两个常数.由此可知,$\Psi_n(x,t)$是由两个沿相反方向传播的平面波叠加而成的驻波.

波函数(2.6.12)和(2.6.13)在 $|x|\geqslant a$ 时均为零,即粒子被束缚在势阱内部.通常把在无限远处为零的波函数所描写的状态称为**束缚态**.一般地说,束缚态所属的能级是分立的.

体系能量最低的态称为**基态**,基态所具备的能量称为**零点能**.一维无限深方势阱中粒子的基态是 $n=1$ 的本征态;基态能量和波函数分别由(2.6.11)式及(2.6.13)式令 $n=1$ 得出.

当 n 为偶数时,由(2.6.12)式,$\psi_n(-x)=-\psi_n(x)$,ψ_n 是 x 的奇函数.当 n 为奇数时,由(2.6.13)式,$\psi_n(-x)=\psi_n(x)$,ψ_n 是 x 的偶函数.本征函数所具有的这种确定的奇偶性是由势能(2.6.1)式对原点的对称性 $U(x)=U(-x)$而来的.

图 2.2 给出一维无限深方势阱中粒子的前面四个能量本征函数,由图可以看出 ψ_n 与 x 轴相交 $n-1$ 次,即 ψ_n 有 $n-1$ 个节点.图 2.3 给出在这四个态中粒子位置的概率密度分布.

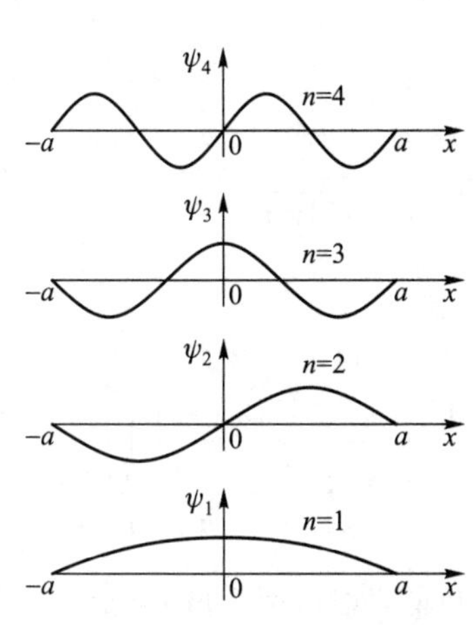

图 2.2 一维无限深方势阱的能量本征函数

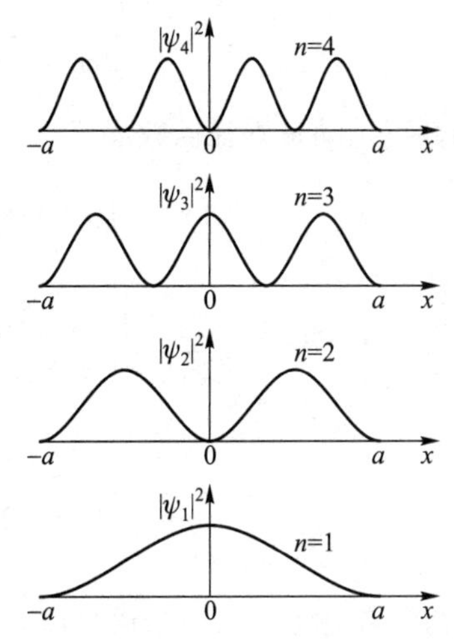

图 2.3 一维无限深方势阱中粒子概率密度分布

例 设一维无限深方势阱宽度为 a.求处于基态的粒子的动量分布.

解

$$\begin{cases} -\dfrac{\hbar^2}{2m}\dfrac{\mathrm{d}^2\psi}{\mathrm{d}x^2}=E\psi(x), & 0<x<a \\ \psi(0)=0, \quad \psi(a)=0 \end{cases} \tag{2.6.15}$$

$$\psi''(x)+k^2\psi(x)=0, \qquad \text{其中 } k\equiv\sqrt{2mE/\hbar^2},$$

解可以写为

$$\psi(x)=A\sin(kx+\delta),$$

其中 A 和 δ 为待定常数.

由边界条件

$$\psi(0)=0, \qquad \psi(0)=A\sin\delta=0,$$

可取

$$\delta=0, \qquad \psi(x)=A\sin kx,$$

$$\psi(a)=A\sin(ka)=0, \quad ka=n\pi, \quad k_n=n\pi/a, \quad n=1,2,\cdots. \tag{2.6.16}$$

$n=0$,得零解,无意义,不取.由于 $\sin kx$ 是奇函数,n 等于负整数的解,与 n 等于正整数的解仅差(−1)因子,为非独立解,不取.

因此,薛定谔方程解为(已归一化)

$$\psi_n(x)=\begin{cases}\sqrt{\dfrac{2}{a}}\sin\left(\dfrac{n\pi x}{a}\right), & 0<x<a \\ 0, & x<0,x>a\end{cases}, \tag{2.6.17}$$

$$E_n = \frac{\hbar^2 k_n^2}{2m} = \frac{1}{2m}\left(\frac{n\pi\hbar}{a}\right)^2, \qquad n = 1,2,\cdots. \tag{2.6.18}$$

上述波函数可用动量本征函数展开：

$$\psi_n(x) = \int C_n(p)\psi_p(x)\,\mathrm{d}p, \qquad \psi_p(x) = \frac{\mathrm{e}^{\mathrm{i}px/\hbar}}{\sqrt{2\pi\hbar}}, \tag{2.6.19}$$

$$C_n(p) = \frac{1}{\sqrt{2\pi\hbar}}\int_0^a \sqrt{\frac{2}{a}}\sin\left(\frac{n\pi x}{a}\right)\mathrm{e}^{-\frac{\mathrm{i}}{\hbar}px}\mathrm{d}x$$

$$= -\frac{1}{\sqrt{2\pi\hbar}}\sqrt{\frac{2}{a}}\,\frac{1}{2}\left\{\frac{\mathrm{e}^{\mathrm{i}\left(n\frac{\pi}{a}-\frac{p}{\hbar}\right)a}-1}{n\frac{\pi}{a}-\frac{p}{\hbar}} + \frac{\mathrm{e}^{-\mathrm{i}\left(n\frac{\pi}{a}+\frac{p}{\hbar}\right)a}-1}{n\frac{\pi}{a}+\frac{p}{\hbar}}\right\}. \tag{2.6.20}$$

注：初学者易犯的一个错误是以为在基态（$n=1$）动量只能取两个值 $p=\pm\hbar k=\pm\frac{\hbar\pi}{a}$，概率各$\frac{1}{2}$.这是经典结果，在量子力学中仅对于体系 $\psi(x)=\sqrt{\frac{2}{a}}\sin\left(\frac{\pi x}{a}\right)$，$-\infty<x<+\infty$ 成立[显然这与(2.6.17)式体系很不相同].对于本题(2.6.17)式体系，基态粒子动量分布 $|C_1(p)|^2$ 是一个 p 的函数，与上述经典的简单结果完全不同.量子体系中基态总是具有最强的量子特性.对于高激发态（$n\gg1$），在经典动量 $p_{\mathrm{cl}}=\pm\frac{n\pi\hbar}{a}$处，动量分布 $|C_n(p_{\mathrm{cl}})|^2$ 各有一个尖锐的峰，其余 p 值处 $|C_n(p)|^2$ 值很小，接近经典结果.

例 一个电子处在宽度 a 的无限深方势阱的基态上，阱的两壁突然反向运动，使阱宽变为 $2a$，试求电子留在基态的概率.

解

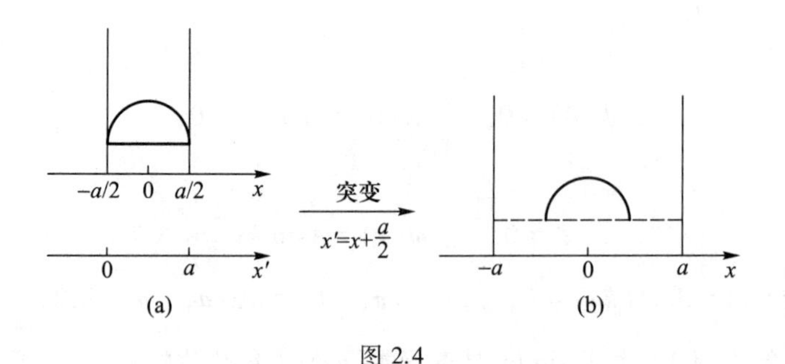

图 2.4

处在基态电子波函数如图 2.4(a)所示，阱两壁突然反向运动，阱宽 $a\to2a$，电子波函数来不及改变，电子在宽 $2a$ 的阱中波函数形状如图 2.4(b)所示，它并不是 $2a$ 阱的本征态，可以由后者展开.

对于宽度为 a 的阱，x 轴坐标原点取在阱中心，x'轴原点在左壁.本征函数可写为

$$\psi_n(x') = \sqrt{\frac{2}{a}}\sin\left(\frac{n\pi}{a}x'\right) = \sqrt{\frac{2}{a}}\sin\left[\frac{n\pi}{a}\left(x+\frac{a}{2}\right)\right]$$

$$= \sqrt{\frac{2}{a}} \sin\left(\frac{n\pi x}{a} + \frac{n\pi}{2}\right),$$

同理,宽度为 $2a$ 的阱的本征函数为

$$\psi'_n(x) = \sqrt{\frac{1}{a}} \sin\left[\frac{n\pi}{2a}(x+a)\right] = \sqrt{\frac{1}{a}} \sin\left(\frac{n\pi x}{2a} + \frac{n\pi}{2}\right).$$

前者的基态波函数用后者本征函数系展开:

$$\psi_1(x) = \sum_n C_n \psi'_n(x),$$

$$C_1 = \int_{-a/2}^{a/2} \psi'_1(x)\psi_1(x)\,\mathrm{d}x = \frac{\sqrt{2}}{a}\int_{-a/2}^{a/2} \sin\left(\frac{\pi x}{2a} + \frac{\pi}{2}\right) \sin\left(\frac{\pi x}{a} + \frac{\pi}{2}\right) \mathrm{d}x$$

$$= \frac{\sqrt{2}}{a}\int_{-a/2}^{a/2} \cos\left(\frac{\pi x}{2a}\right) \cos\left(\frac{\pi x}{a}\right) \mathrm{d}x = \frac{8}{3\pi},$$

电子留在基态的概率为

$$|C_1|^2 = \frac{64}{9\pi^2}.$$

§ 2.7　线性谐振子

如果在一维空间内运动的粒子的势能为抛物线形式:$U(x) = \alpha x^2 (\alpha > 0)$,则这种体系就称为线性谐振子.这个问题的重要性在于许多体系都可以近似地看成线性谐振子.例如,双原子分子中两原子之间的势能 U 是两原子间距离 x 的函数,其形状如图 2.5 所示.在 $x=a$ 处,势能有一极小值,这是一个稳定平衡点.在这点附近,U 可以展成$(x-a)$的幂级数,又因为在 $x=a$处,$\frac{\partial U}{\partial x}=0$,所以 U 可以近似地写成(保留至平方项)

$$U = U_0 + \frac{k}{2}(x-a)^2 + \cdots,$$

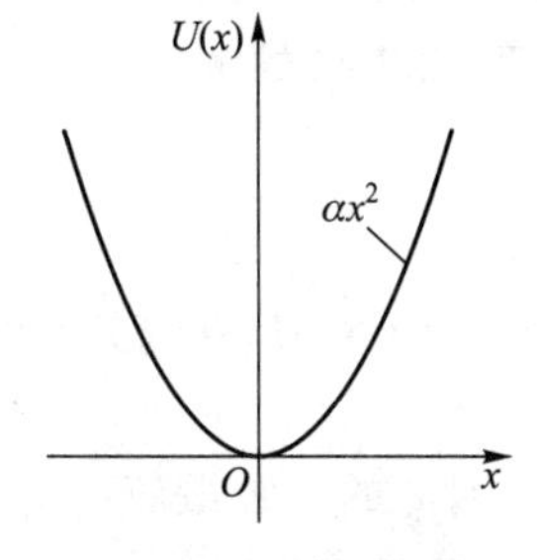

(a) 抛物线形简谐势阱

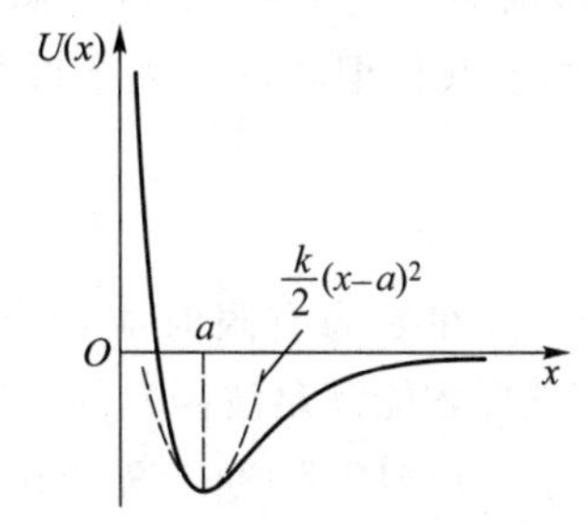

(b) 两原子间的势能曲线

图 2.5

式中 k 和 U_0 都是常量.这正是线性谐振子的势能.一般来说,任何一个体系在稳定平衡点附近都可以近似地用线性谐振子来表示.

在经典力学中,线性谐振子的运动是简谐运动.势能为$\frac{1}{2}m\omega^2x^2$ 的线性谐振子($m\omega^2=k$),其坐标与时间的关系是 $x=a\sin(\omega t+\delta)$,a 是振幅,δ 是初相.

现在我们来解量子力学中的线性谐振子问题,即求该体系的能级和波函数.体系的定态薛定谔方程可写为

$$\frac{\hbar^2}{2m}\frac{\mathrm{d}^2\psi}{\mathrm{d}x^2}+\left(E-\frac{m\omega^2}{2}x^2\right)\psi=0. \tag{2.7.1}$$

为方便起见,引入量纲一变量 ξ 代替 x,它们的关系是

$$\xi\equiv\sqrt{\frac{m\omega}{\hbar}}x\equiv\alpha x,\qquad \alpha=\sqrt{\frac{m\omega}{\hbar}}, \tag{2.7.2}$$

并令

$$\lambda\equiv\frac{2E}{\hbar\omega}, \tag{2.7.3}$$

以$\frac{2}{\hbar\omega}$乘方程(2.7.1),由(2.7.2)式及(2.7.3)式,薛定谔方程可改写为

$$\frac{\mathrm{d}^2\psi}{\mathrm{d}\xi^2}+(\lambda-\xi^2)\psi=0, \tag{2.7.4}$$

这是一个变系数二级常微分方程.为了求这个方程的解,我们先看看 ψ 在 $\xi\to\pm\infty$ 时的渐近行为.当 $|\xi|$ 很大时,λ 与 ξ^2 相比可以略去,因而在 $\xi\to\pm\infty$ 时,方程(2.7.4)可写为

$$\frac{\mathrm{d}^2\psi}{\mathrm{d}\xi^2}=\xi^2\psi,$$

它的解是 $\psi\sim\mathrm{e}^{\pm\frac{\xi^2}{2}}$,因而这就是方程(2.7.4)的渐近解(即 $\xi\to\pm\infty$ 时的解).因为波函数的标准条件要求当 $\xi\to\pm\infty$ 时 ψ 应为有限,所以我们对波函数只取指数上的负号:$\psi\sim\mathrm{e}^{-\frac{\xi^2}{2}}$.

根据上面的讨论,我们把 ψ 写成如下形式来求方程(2.7.4)的解:

$$\psi(\xi)=\mathrm{e}^{-\frac{\xi^2}{2}}H(\xi), \tag{2.7.5}$$

式中待求的函数 $H(\xi)$ 在 ξ 为有限时应为有限,而当 $\xi\to\pm\infty$ 时,$H(\xi)$ 的行为也必须保证 $\psi(\xi)$ 为有限,只有这样才能满足波函数的标准条件.

将(2.7.5)式代入方程(2.7.1)中,先求出(2.7.5)式对 ξ 的二级微商:

$$\frac{\mathrm{d}\psi}{\mathrm{d}\xi}=\left(-\xi H+\frac{\mathrm{d}H}{\mathrm{d}\xi}\right)\mathrm{e}^{-\frac{\xi^2}{2}},$$

$$\frac{\mathrm{d}^2\psi}{\mathrm{d}\xi^2}=\left(-H-2\xi\frac{\mathrm{d}H}{\mathrm{d}\xi}+\xi^2H+\frac{\mathrm{d}^2H}{\mathrm{d}\xi^2}\right)\mathrm{e}^{-\frac{\xi^2}{2}},$$

代入(2.7.4)式后,得到 $H(\xi)$ 所满足的方程:

$$\frac{\mathrm{d}^2H}{\mathrm{d}\xi^2}-2\xi\frac{\mathrm{d}H}{\mathrm{d}\xi}+(\lambda-1)H=0.\tag{2.7.6}$$

用级数解法,把 H 展成 ξ 的幂级数,来求这方程的解.这个级数必须只含有限项,才能在 $\xi\to\pm\infty$ 时使 $\psi(\xi)$ 为有限;而级数只含有限项的条件是 λ 为奇数[见附录(Ⅱ)]:

$$\lambda=2n+1,\quad n=0,1,2,\cdots,\tag{2.7.7}$$

代入(2.7.3)式,可求得线性谐振子的能级为

$$E_n=\hbar\omega\left(n+\frac{1}{2}\right),\quad n=0,1,2,\cdots.\tag{2.7.8}$$

因此,线性谐振子的能量只能取分立值(图 2.6).两相邻能级间的间隔均为 $\hbar\omega$:

$$E_{n+1}-E_n=\hbar\omega,\tag{2.7.9}$$

这和普朗克假设一致.振子的基态($n=0$)能量,即零点能:

$$E_0=\frac{1}{2}\hbar\omega.\tag{2.7.10}$$

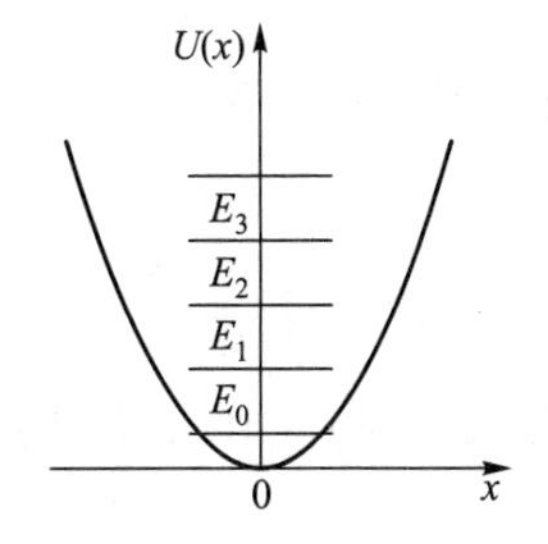

图 2.6 线性谐振子的能级

零点能的存在是量子力学中所特有而在旧量子论中所没有的.

关于零点能的性质,将在§3.7 中作详细的讨论.有关光被晶体散射的实验证明了零点能的存在.光被晶体散射是由于晶体中原子的振动.按照量子力学以前的理论,当温度趋向绝对零度时,原子能量趋近于零,原子趋于静止,这时就不会引起光的散射.实验证明,温度趋向绝对零度时,散射光的强度趋向某一不为零的极限值.这说明即使在绝对零度,原子仍有零点振动.此外,引起表面张力、吸附作用等现象的分子间的范德瓦耳斯(van der Waals)力,也只有用零点能才能得到较好的解释.

对应于(2.7.7)式中不同的 n 或不同的 λ,方程(2.7.6)有不同的解 $\mathrm{H}_n(\xi)$.$\mathrm{H}_n(\xi)$ 称为**厄米(Hermitian)多项式**,它可以用下列式子表示:

$$\mathrm{H}_n(\xi)=(-1)^n\mathrm{e}^{\xi^2}\frac{\mathrm{d}^n}{\mathrm{d}\xi^n}\mathrm{e}^{-\xi^2}.\tag{2.7.11}$$

$\mathrm{H}_n(\xi)$ 的最高次幂是 n,它的系数是 2^n.由(2.7.11)式可以得出 $\mathrm{H}_n(\xi)$ 满足下列递推关系:

$$\frac{\mathrm{dH}_n}{\mathrm{d}\xi}=2n\mathrm{H}_{n-1}(\xi),\tag{2.7.12}$$

$$\mathrm{H}_{n+1}(\xi)-2\xi\mathrm{H}_n(\xi)+2n\mathrm{H}_{n-1}(\xi)=0.\tag{2.7.13}$$

下面列出前面几个厄米多项式：

$$\left.\begin{aligned}&H_0=1, \qquad H_1=2\xi\\&H_2=4\xi^2-2, \quad H_3=8\xi^3-12\xi\\&H_4=16\xi^4-48\xi^2+12\\&H_5=32\xi^5-160\xi^3+120\xi\end{aligned}\right\}. \tag{2.7.14}$$

由(2.7.5)式，对应于能量 E_n 的波函数是

$$\left.\begin{aligned}&\psi_n(\xi)=N_n e^{-\frac{\xi^2}{2}}H_n(\xi)\\ \text{或}\quad&\psi_n(x)=N_n e^{-\frac{\alpha^2}{2}x^2}H_n(\alpha x)\end{aligned}\right\}. \tag{2.7.15}$$

这函数称为**厄米函数**.式中 N_n 是归一化因子，它由正交归一化条件

$$\int_{-\infty}^{\infty}\psi_n^*(x)\psi_{n'}(x)\,dx=\delta_{n,n'} \tag{2.7.16}$$

定出为[见附录(Ⅱ)]：

$$N_n=\left(\frac{\alpha}{\pi^{\frac{1}{2}}2^n n!}\right)^{\frac{1}{2}}. \tag{2.7.17}$$

由(2.7.14)式和(2.7.15)式不难看出

$$\psi_n(-x)=(-1)^n\psi_n(x), \tag{2.7.18}$$

即 $\psi_n(x)$ 的奇偶性由 n 决定，称为 n 宇称.

由(2.7.12)式，(2.7.13)式，(2.7.15)式和(2.7.17)式可得 $\psi_n(\xi)$ 两个重要的递推公式：

$$\xi\psi_n(\xi)=\sqrt{\frac{n}{2}}\psi_{n-1}(\xi)+\sqrt{\frac{n+1}{2}}\psi_{n+1}(\xi), \tag{2.7.19}$$

$$\frac{d}{d\xi}\psi_n(\xi)=\sqrt{\frac{n}{2}}\psi_{n-1}(\xi)-\sqrt{\frac{n+1}{2}}\psi_{n+1}(\xi). \tag{2.7.20}$$

这些递推公式在后面有关谐振子问题的计算中十分有用.

图 2.7 表示线性谐振子的前面六个波函数，图中粗横线表示具有相同能量的经典线性谐振子的振动范围.由图及(2.7.14)式都可看出，$\psi_n(\xi)$ 在有限范围内与 ξ 轴相交 n 次，即 $\psi_n(\xi)=0$ 有 n 个根，或者说 $\psi_n(\xi)$ 有 n 个节点.

图 2.8 中的实线表示线性谐振子不同状态($n=0,1,2,3,4$)的概率密度 $|\psi_n(\xi)|^2$.下面我们把它和经典情况作一比较.

在经典力学中，在 ξ 到 $\xi+d\xi$ 之间的区域内找到质点的概率 $w(\xi)d\xi$ 与质点在此区域内逗留的时间 dt 成比例：

$$w(\xi)d\xi=\frac{dt}{T},$$

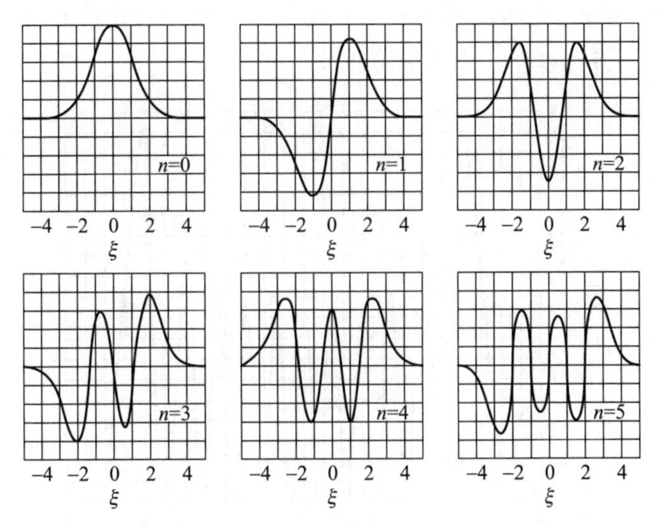

图 2.7 线性谐振子的前六个本征函数 $\psi_n(\xi)$ $(n=0,1,\cdots,5)$

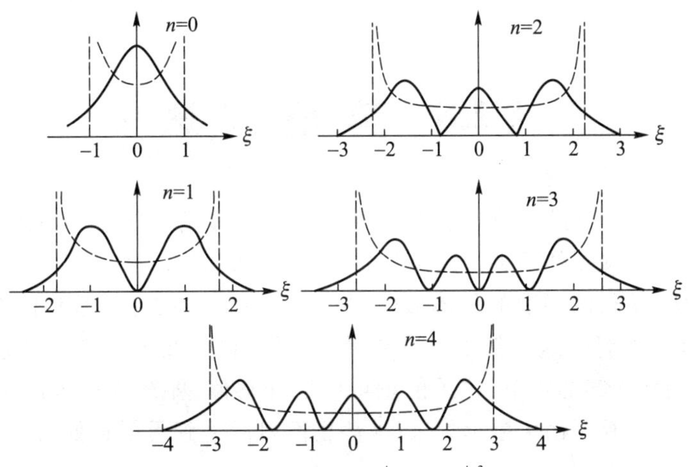

图 2.8 线性谐振子的概率密度 $|\psi_n(\xi)|^2$ $(n=0,1,\cdots,4)$

T 是振动周期.由此有

$$w(\xi)=\frac{1}{T\dfrac{\mathrm{d}\xi}{\mathrm{d}t}}=\frac{1}{vT}$$

即概率密度与质点的速度成反比.对于经典的线性谐振子,$\xi=a\sin(\omega t+\delta)$,在 ξ 点的速度为

$$v=\frac{\mathrm{d}\xi}{\mathrm{d}t}=a\omega\cos(\omega t+\delta)=a\omega\left(1-\frac{\xi^2}{a^2}\right)^{\frac{1}{2}},$$

所以概率密度与$\left(1-\dfrac{\xi^2}{a^2}\right)^{-\frac{1}{2}}$成比例.图 2.8 和图 2.9 中的虚线表示经典线性谐振子的概率密度.由图 2.8 可以看出,当线性谐振子在前几个量子态时,概率密度与经典情况毫无相似之处;

量子数 n 增大,相似性也随之增加.当 $n=10$ 时(图 2.9),量子和经典的两种情况在平均上已相当符合,差别只在于 $|\psi_n(\xi)|^2$ 迅速振荡而已.

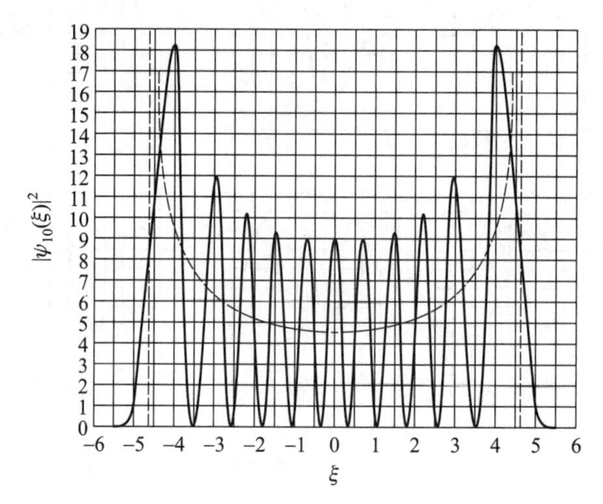

图 2.9　$n=10$ 时线性谐振子的概率密度

§ 2.8　势垒穿透

在 § 2.6、§ 2.7 两节所讨论的问题中,体系的势能在无限远处都是无限大,波函数在无限远处为零,这个条件使得体系的能级是分立的,属于束缚态.上两节中,我们正是利用这个边界条件定出能级,求得波函数的具体形式.本节中,我们将讨论体系势能在无限远处为有限(下面取它为零)的情况,这时粒子可以在无限远处出现,波函数在无限远处不为零.由于没有无限远处波函数为零的约束,体系能量可以取任意值,即组成连续谱.这类问题属于粒子被势场散射的问题,粒子由无限远处来,被势场散射后又到无限远处去.在这类问题中,粒子的能量是预先确定的.

考虑在一维空间运动的粒子,它的势能在有限区域($0<x<a$)内等于常量 U_0($U_0>0$),而在这区域外面等于零,即

$$\begin{aligned} U(x) &= U_0, \quad 0 < x < a, \\ U(x) &= 0, \quad x < 0, x > a. \end{aligned} \tag{2.8.1}$$

我们称这种势场为方形势垒(图 2.10).具有能量 E 的粒子由势垒左方($x<0$)向右方运动.在经典力学中,只有能量 E 大于 U_0 的粒子才能越过势垒运动到 $x>a$ 的区域;能量 E 小于 U_0 的粒子运动到势垒左方边缘($x=0$ 处)时被反射回去,不能透过势垒.在量子力学中,情况却不是这样.下面我们将看到,能量 E 大于 U_0 的粒子有可能越过势垒,但也有可能被反射回来;而能量 E 小于 U_0 的粒子有可能被势垒反射回来,但也有可能穿透势垒而运动到势垒

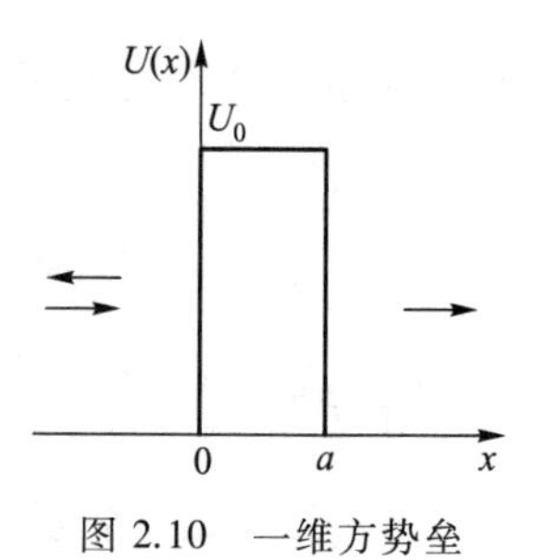

图 2.10　一维方势垒

右边 $x>a$ 的区域中去.

粒子的波函数 ψ 在势垒外和势垒内所满足的定态薛定谔方程分别是

$$\frac{d^2\psi}{dx^2}+\frac{2m}{\hbar^2}E\psi=0\quad(x<0,x>a)\tag{2.8.2}$$

和

$$\frac{d^2\psi}{dx^2}+\frac{2m}{\hbar^2}(E-U_0)\psi=0\quad(0<x<a).\tag{2.8.3}$$

先讨论 $E>U_0$ 的情形.为简便起见,定义势垒外和势垒内的波矢为

$$k_1=\left(\frac{2mE}{\hbar^2}\right)^{\frac{1}{2}},\quad k_2=\left[\frac{2m(E-U_0)}{\hbar^2}\right]^{\frac{1}{2}},\tag{2.8.4}$$

则方程(2.8.2)和(2.8.3)改写为

$$\frac{d^2\psi}{dx^2}+k_1^2\psi=0\quad(x<0,x>a)\tag{2.8.5}$$

和

$$\frac{d^2\psi}{dx^2}+k_2^2\psi=0\quad(0<x<a),\tag{2.8.6}$$

此处 k_1,k_2 都是大于零的实数.

在 $x<0$ 区域内,波函数

$$\psi_1=Ae^{ik_1x}+A'e^{-ik_1x}\tag{2.8.7}$$

是方程(2.8.5)的解.

在 $0<x<a$ 区域内,方程(2.8.6)的解是

$$\psi_2=Be^{ik_2x}+B'e^{-ik_2x}.\tag{2.8.8}$$

在 $x>a$ 区域内,方程(2.8.5)的解是

$$\psi_3=Ce^{ik_1x}+C'e^{-ik_1x}.\tag{2.8.9}$$

按照公式(2.5.4),定态波函数是 ψ_1,ψ_2,ψ_3 再分别乘上一个含时间的因子 $e^{-\frac{i}{\hbar}Et}$.由此很容易看出,(2.8.7)式—(2.8.9)式三式右边第一项是由左向右传播的平面波,第二项是由右向左传播的平面波.(2.8.7)式右边第一项是入射波,第二项是反射波.在 $x>a$ 区域内,没有由右向左运动的粒子,因而只应有向右传播的透射波,不应有向左传播的波,所以在(2.8.9)式中必须令

$$C'=0.\tag{2.8.10}$$

现在利用波函数及其微商在 $x=0$ 和 $x=a$ 连续的条件来确定波函数中的其他系数.由 $(\psi_1)_{x=0}=(\psi_2)_{x=0}$,我们有[$\psi'(x)$ 的连续性是由薛定谔方程决定的,见 § 2.9 例 3]

$$A+A'=B+B',$$

由$\left(\frac{d\psi_1}{dx}\right)_{x=0}=\left(\frac{d\psi_2}{dx}\right)_{x=0}$，有

$$k_1A-k_1A'=k_2B-k_2B',$$

由$(\psi_2)_{x=a}=(\psi_3)_{x=a}$，有

$$Be^{ik_2a}+B'e^{-ik_2a}=Ce^{ik_1a},$$

由$\left(\frac{d\psi_2}{dx}\right)_{x=a}=\left(\frac{d\psi_3}{dx}\right)_{x=a}$，有

$$k_2Be^{ik_2a}-k_2B'e^{-ik_2a}=k_1Ce^{ik_1a}.$$

解这一组方程，可以得出 C,A'和 A 的关系是

$$C=\frac{4k_1k_2e^{-ik_1a}}{(k_1+k_2)^2e^{-ik_2a}-(k_1-k_2)^2e^{ik_2a}}A,\tag{2.8.11}$$

$$A'=\frac{2i(k_1^2-k_2^2)\sin k_2a}{(k_1-k_2)^2e^{ik_2a}-(k_1+k_2)^2e^{-ik_2a}}A,\tag{2.8.12}$$

(2.8.11)式和(2.8.12)式给出透射波和反射波振幅与入射波振幅之间的关系.由这两式可以求出透射波和反射波的概率流密度与入射波概率流密度之比.将入射波 Ae^{ik_1x}，透射波 Ce^{ik_1x} 和反射波 $A'e^{-ik_1x}$依次代换(2.4.4)式中的 Ψ，得到入射波的概率流密度为

$$\begin{aligned}J&=\frac{i\hbar}{2m}\left[Ae^{ik_1x}\frac{d}{dx}(A^*e^{-ik_1x})-A^*e^{-ik_1x}\frac{d}{dx}(Ae^{ik_1x})\right]\\&=\frac{\hbar k_1}{m}|A|^2,\end{aligned}$$

透射波的概率流密度为

$$J_D=\frac{\hbar k_1}{m}|C|^2,$$

反射波的概率流密度为

$$J_R=-\frac{\hbar k_1}{m}|A'|^2.$$

透射波概率流密度与入射波概率流密度之比称为**透射系数**，以 D 表示.这个比值也就是穿透势垒到 $x>a$ 区域的粒子在单位时间内流过垂直于 x 方向的单位面积的数目，与入射粒子(在 $x<0$ 区域)单位时间内流过垂直于 x 方向的单位面积的数目之比.由上面的结果，有

$$D=\frac{J_D}{J}=\frac{|C|^2}{|A|^2}=\frac{4k_1^2k_2^2}{(k_1^2-k_2^2)^2\sin^2k_2a+4k_1^2k_2^2}.\tag{2.8.13}$$

反射波概率流密度与入射波概率流密度之比称为**反射系数**，以 R 表示.由上面的结果，有

$$R=\left|\frac{J_R}{J}\right|=\frac{|A'|^2}{|A|^2}=\frac{(k_1^2-k_2^2)^2\sin^2k_2a}{(k_1^2-k_2^2)^2\sin^2k_2a+4k_1^2k_2^2}=1-D.\tag{2.8.14}$$

由这两式可见,D 和 R 都小于 1,D 与 R 之和等于 1.这说明入射粒子一部分穿透势垒到 $x>a$ 区域,另一部分被势垒反射回去(图 2.11).

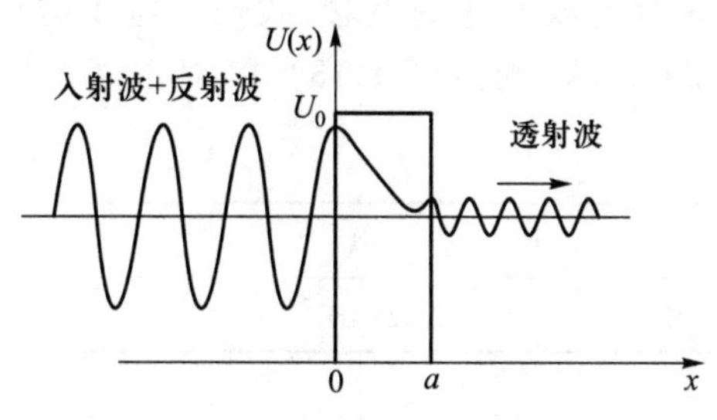

图 2.11　势垒穿透示意图

现在再讨论 $E<U_0$ 的情形.这时 k_2 是虚数,令

$$k_2 = \mathrm{i}k_3,$$

则 k_3 是实数.由(2.8.4)式,得

$$k_3 = \left[\frac{2m(U_0 - E)}{\hbar^2}\right]^{\frac{1}{2}}. \tag{2.8.15}$$

把 k_2 换为 $\mathrm{i}k_3$,前面的计算仍然成立.经过简单计算后,(2.8.11)式可改写为

$$C = \frac{2\mathrm{i}k_1k_3\mathrm{e}^{-\mathrm{i}k_1a}}{(k_1^2 - k_3^2)\sinh k_3a + 2\mathrm{i}k_1k_3\cosh k_3a}A, \tag{2.8.16}$$

式中 sinh 和 cosh 依次是双曲正弦函数和双曲余弦函数,其值为

$$\sinh x = \frac{\mathrm{e}^x - \mathrm{e}^{-x}}{2},\quad \cosh x = \frac{\mathrm{e}^x + \mathrm{e}^{-x}}{2},$$

透射系数 D 的公式(2.8.13)可改写为

$$D = \frac{4k_1^2k_3^2}{(k_1^2 + k_3^2)^2\sinh^2 k_3a + 4k_1^2k_3^2}. \tag{2.8.17}$$

如果粒子的能量 E 很小,以致 $k_3a\gg1$,则 $\mathrm{e}^{k_3a}\gg\mathrm{e}^{-k_3a}$,$\sinh^2k_3a$ 可以近似地用$\frac{1}{4}\mathrm{e}^{2k_3a}$代替:

$$\sinh^2k_3a = \left(\frac{\mathrm{e}^{k_3a} - \mathrm{e}^{-k_3a}}{2}\right)^2 \approx \frac{1}{4}\mathrm{e}^{2k_3a},$$

于是,(2.8.17)式可写为

$$D = \frac{4}{\frac{1}{4}\left(\frac{k_1}{k_3} + \frac{k_3}{k_1}\right)^2\mathrm{e}^{2k_3a} + 4},$$

因为 k_1 和 k_3 同数量级,$k_3a\gg1$ 时,$\mathrm{e}^{2k_3a}\gg4$,所以上式可写为

$$D = D_0\mathrm{e}^{-2k_3a} = D_0\mathrm{e}^{-\frac{2}{\hbar}\sqrt{2m(U_0-E)}\,a}, \tag{2.8.18}$$

式中 D_0 是系数，它的数量级接近于 1. 由此式很容易看出，透射系数随势垒的加宽或加高或粒子质量加大而急剧减小，因而宏观条件下一般观察不到隧道效应.

为了对透射系数的数量级有较具体的概念，我们对电子进行计算：$m_e = 0.511\ \mathrm{eV}/c^2$，$\hbar c = 1\ 973\ \mathrm{eV}\cdot\text{Å}$①，令 $U_0 - E = 5\ \mathrm{eV}$，则由 (2.8.18) 式，对不同的势垒宽度，透射系数的数量级为：

a/nm	1.0	2.0	5.0	10.0
D	0.101	1.02×10^{-2}	1.06×10^{-5}	1.12×10^{-10}

由此可以看出，当势垒宽度 a 为 1 nm（原子的线度）时，透射系数相当大；而当 $a = 10$ nm 时，透射系数就非常微小了.

如果势垒不是方形，而是任意形状 $U(x)$，如图 2.12 所示. 在这种情况下，我们可以把这个势垒看成是许多方形势垒组成的，每个方形势垒宽为 dx，高为 $U(x)$. 能量为 E 的粒子在 $x = a$ 处射入势垒 $U(x)$，在 $x = b$ 处射出，即 $U(a) = U(b) = E$. 由 (2.8.18) 式，粒子穿透每个方形势垒的透射系数为

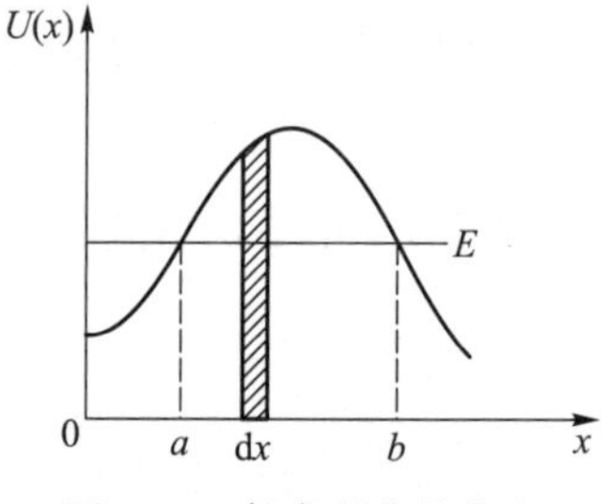

图 2.12　任意形状的势垒

$$D = D_0 e^{-\frac{2}{\hbar}\sqrt{2m[U(x)-E]}\mathrm{d}x},$$

穿透势垒 $U(x)$ 的透射系数应等于穿透所有这些方形势垒的透射系数之积，即

$$D = D_0 e^{-\frac{2}{\hbar}\int_a^b \sqrt{2m[U(x)-E]}\mathrm{d}x}. \tag{2.8.19}$$

这个公式的推导是不够严格的，但是它和用更严格方法得出的结果一致②.

粒子在能量 E 小于势垒高度时仍能穿透势垒的现象，称为**隧道效应**（图 2.11）. 金属电子冷发射和 α 衰变等现象都是由隧道效应产生的. 隧道二极管具有隧道效应的特性. 1981 年国际商业机器（IBM）公司在瑞士苏黎世实验室的宾尼希（G.Binnig）和罗雷尔（H.Rohrer）发明了基于量子隧道效应的扫描隧穿显微镜（scanning tunnelling microscope，简称 STM），极大地推动了众多领域科学研究的发展.

隧道效应用经典力学无法解释，它完全是由于微观粒子具有波动的性质而来的. 从经典力学来看，粒子能量等于动能与势能之和：

$$E = \frac{p^2}{2m} + U(x), \tag{2.8.20}$$

在 $E < U(x)$ 的区域内，粒子的动能变为负数，这是没有意义的. 但是，在量子力学中，这样的结论不能成立，这问题留到 § 3.7 中再讨论.

例　一维 δ 势垒散射

设 $x = a$ 处有一维 δ 势垒

① 1 Å = 0.1 nm. 现此单位已不推荐使用.

② 参看：周世勋. 量子力学. 上海：上海科学技术出版社，1961，§ 46.

$$U(x)=A\delta(x-a)\quad (A>0),$$

能量为 E 的粒子从左方入射(图 2.13),求透射系数.

解 由薛定谔方程

$$-\frac{\hbar^2}{2m}\frac{\mathrm{d}^2}{\mathrm{d}x^2}\psi(x)+A\delta(x-a)\psi(x)=E\psi(x),\quad (2.8.21)$$

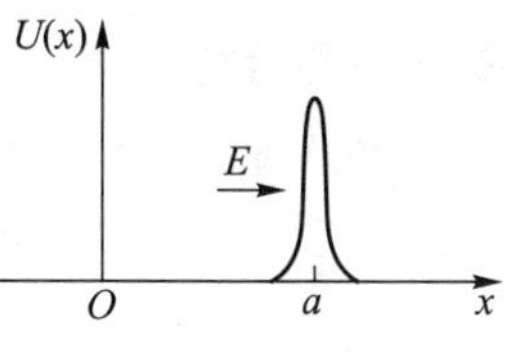

图 2.13 一维 δ 势垒

显然 $\frac{\mathrm{d}^2}{\mathrm{d}x^2}\psi(x)$ 在 $x=a$ 处发散,这意味着 ψ' 在 $x=a$ 处不连续.对方程在区间 $[a-\epsilon,a+\epsilon]$ 积分:

$$-\frac{\hbar^2}{2m}[\psi'(a+\epsilon)-\psi'(a-\epsilon)]+A\psi(a)=E\int_{a-\epsilon}^{a+\epsilon}\psi(x)\,\mathrm{d}x\xrightarrow{\epsilon\to 0}0,$$

得

$$\psi'(a+\epsilon)-\psi'(a-\epsilon)=\frac{2mA}{\hbar^2}\psi(a).\qquad(2.8.22)$$

可见 $\psi'(a)$ 不连续,但是这个问题中粒子概率连续,故 $\psi(a)$ 连续.波函数可写为

$$\psi(x)=\begin{cases}\mathrm{e}^{\mathrm{i}k(x-a)}+R\mathrm{e}^{-\mathrm{i}k(x-a)}, & x<a\\ S\mathrm{e}^{\mathrm{i}k(x-a)}, & x>a\end{cases},\qquad(2.8.23)$$

其中波矢 $k=\sqrt{2mE/\hbar^2}$.

(2.8.23)式代入连接条件(2.8.22)式:

$$\mathrm{i}k(S-1+R)=\frac{2mA}{\hbar^2}S,\qquad(2.8.24)$$

由 $\psi(a)$ 连续,

$$1+R=S,\qquad(2.8.25)$$

消去 R 得透射系数:

$$T=|S|^2=\left(1+\frac{m^2A^2}{\hbar^4k^2}\right)^{-1}=\left(1+\frac{mA^2}{2\hbar^2E}\right)^{-1}.\qquad(2.8.26)$$

波函数(2.8.23)代入概率流密度矢量公式(2.4.4),不难证明 $\boldsymbol{J}(x)$ 在 $x=a$ 处仍然连续.可见,由于 δ 势垒使 $\psi'(a)$ 不连续,是由薛定谔方程导致的,并非来自概率流密度矢量.①

小 结

量子力学中用波函数描写微观体系的状态.

$\Psi^*\Psi\mathrm{d}V$ 是状态用 Ψ 描写的粒子在体积元 $\mathrm{d}V$ 内的概率(设 Ψ 是归一化的).

① 参看:曾谨言.量子力学导论.2 版.北京:北京大学出版社,1998.

态叠加原理：设 $\Psi_1,\Psi_2,\cdots,\Psi_n,\cdots$是体系的可能状态，那么，这些态的线性叠加

$$\Psi=\sum_n c_n\Psi_n,$$

也是体系的可能状态.

波函数随时间变化的规律是薛定谔方程：

$$\mathrm{i}\hbar\frac{\partial\Psi}{\partial t}=-\frac{\hbar^2}{2m}\nabla^2\Psi+U\Psi.$$

如果势能 U 与时间无关，则有定态波函数 $\Psi(\boldsymbol{r},t)=\psi(\boldsymbol{r})\mathrm{e}^{-\frac{\mathrm{i}}{\hbar}Et}$存在，$\psi(\boldsymbol{r})$满足定态薛定谔方程：

$$\hat{H}\psi=\left(-\frac{\hbar^2}{2m}\nabla^2+U\right)\psi=E\psi,$$

$\hat{H}$是体系哈密顿量.

波函数应满足三个基本条件：连续性，有限性，单值性.

概率流密度 $\boldsymbol{J}\equiv\frac{\mathrm{i}\hbar}{2m}(\Psi\nabla\Psi^*-\Psi^*\nabla\Psi)$与概率密度 $w=\Psi^*\Psi$ 满足连续性方程：

$$\frac{\partial w}{\partial t}+\nabla\cdot\boldsymbol{J}=0.$$

定态薛定谔方程求解的例子：

（1）一维无限深方势阱 $U=\begin{cases}0, & |x|\leqslant a\\ \infty, & |x|>a\end{cases}.$

本征值　$E_n=\frac{\pi^2\hbar^2n^2}{8ma^2}$，　n 为正整数.

本征函数　$\psi_n(x)=\begin{cases}\sqrt{\frac{1}{a}}\sin\frac{n\pi}{2a}(x+a), & n\text{ 为正整数}, \quad |x|\leqslant a\\ 0, & |x|>a\end{cases}.$

（2）线性谐振子 $U=\frac{m}{2}\omega^2x^2$.

本征值　$E_n=\hbar\omega\left(n+\frac{1}{2}\right)$，　$n=0,1,\cdots$.

本征函数　$\psi_n(x)=\left(\frac{\alpha}{\pi^{\frac{1}{2}}2^nn!}\right)^{\frac{1}{2}}\mathrm{e}^{-\frac{1}{2}\alpha^2x^2}\mathrm{H}_n(\alpha x)$，　$\alpha=\sqrt{\frac{m\omega}{\hbar}}$.

$$\psi_n(-x)=(-1)^n\psi_n(x).$$

（3）势垒穿透

方形势垒 $U(x)=\begin{cases}U_0, & 0<x<a\\ 0, & x<0,x>a\end{cases}.$

本征值　任何正值.

当 $k_3 a \gg 1$ 时,透射系数为

$$D = D_0 e^{-\frac{2}{\hbar}\sqrt{2m(U_0-E)}\,a}.$$

对任意形状势垒 $U(x)$,透射系数为

$$D = D_0 e^{-\frac{2}{\hbar}\int_a^b \sqrt{2m[U(x)-E]}\,dx}.$$

习　　题

2.1　证明归一化常数与时间无关.

2.2　证明在定态中,概率流密度与时间无关.

2.3　由下列两定态波函数计算概率流密度:

(1) $\psi_1 = \frac{1}{r}e^{ikr}$;　　　(2) $\psi_2 = \frac{1}{r}e^{-ikr}$.

从所得结果说明 ψ_1 表示向外传播的球面波,ψ_2 表示向内(即向原点)传播的球面波.

2.4　一粒子在一维势场

$$U(x) = \begin{cases} \infty, & x < 0 \\ 0, & 0 \leqslant x \leqslant a \\ \infty, & x > a \end{cases}$$

中运动,求粒子的能级和对应的波函数.

2.5　证明(2.6.14)式中的归一化因子是 $A' = \frac{1}{\sqrt{a}}$.

2.6　求一维谐振子处在第一激发态时概率密度最大的位置.

2.7　在一维势场中运动的粒子,势能对原点对称:$U(-x) = U(x)$,证明粒子的定态波函数具有确定的宇称.

2.8　一粒子在一维势阱

$$U(x) = \begin{cases} U_0 > 0, & |x| > a \\ 0, & |x| \leqslant a \end{cases}$$

中运动,求束缚态($0<E<U_0$)的能级所满足的方程.

2.9　分子间的范德瓦耳斯力所产生的势能可以近似地表示为

$$U(x) = \begin{cases} \infty, & x < 0 \\ U_0, & 0 \leqslant x < a \\ -U_1, & a \leqslant x \leqslant b \\ 0, & b < x \end{cases},$$

求束缚态的能级所满足的方程.

第三章　量子力学中的力学量

第二章中我们已经看到,由于微观粒子具有波粒二象性,微观粒子状态的描述方式和经典粒子不同,它需要用波函数来描写.量子力学中微观粒子的力学量(如坐标、动量、角动量、能量等)的性质也不同于经典粒子的力学量.经典粒子在任何状态下的力学量都有确定值,微观粒子由于波粒二象性,首先是坐标和动量就不能同时有确定值.这种差别的存在,使得我们不得不用和经典力学不同的方式,即用算符来表示微观粒子的力学量.本章将讨论力学量怎样用算符来表示,以及引进算符后,量子力学中的一般规律所取的形式.

§3.1　表示力学量的算符

算符是指作用在一个函数上得出另一个函数的运算符号.设某种运算把函数 u 变为 v,用符号表示为

$$\hat{F}u = v, \tag{3.1.1}$$

则表示这种运算的符号 $\hat{F}$ 就称为**算符**.例如$\frac{\mathrm{d}u}{\mathrm{d}x}=v$,$\frac{\mathrm{d}}{\mathrm{d}x}$是微商算符;又如 $xu=v$,x 也是算符,它的作用是与 u 相乘.$\sqrt{u}=v$,$\sqrt{\ }$ 也是算符.

算符具有下述基本性质:

(1) 算符相等

若算符 $\hat{F}$ 和 $\hat{G}$ 分别作用于任意函数 u,且

$$\hat{F}u = \hat{G}u, \tag{3.1.2}$$

则称算符 $\hat{F}$ 和算符 $\hat{G}$ 相等:

$$\hat{F} = \hat{G}. \tag{3.1.3}$$

(2) 单位算符 $\hat{I}$,作用到任意函数 u 上,u 不变:

$$\hat{I}u = u. \tag{3.1.4}$$

(3) 算符之和,对于任意函数 u:

$$(\hat{F} + \hat{G})u = \hat{F}u + \hat{G}u. \tag{3.1.5}$$

交换律

$$\hat{F} + \hat{G} = \hat{G} + \hat{F}. \tag{3.1.6}$$

结合律

$$(\hat{F} + \hat{G}) + \hat{M} = \hat{F} + (\hat{G} + \hat{M}). \tag{3.1.7}$$

(4) 算符乘积

$$(\hat{F}\hat{G})u=\hat{F}(\hat{G}u). \tag{3.1.8}$$

一般来说，$\hat{F}\hat{G}\neq\hat{G}\hat{F}$，称为算符 $\hat{F}$ 与 $\hat{G}$ 不对易.表明 $\hat{F}$ 和 $\hat{G}$ 作用到任意函数 u 上，一般来说，其结果可能与 $\hat{F}$，$\hat{G}$ 作用的次序有关.第四章我们将用矩阵表示算符，矩阵当然一般是不对易的.在某些情况下，

$$(\hat{F}\hat{G})u=(\hat{G}\hat{F})u,\quad u\text{ 为任意函数}\quad\Rightarrow\quad\hat{F}\hat{G}=\hat{G}\hat{H}. \tag{3.1.9}$$

此时，我们称 $\hat{F}$ 和 $\hat{G}$ 对易.例如 $\hat{F}=x$，$\hat{G}=y$.又如 $\hat{F}=\dfrac{\partial}{\partial x}$，$\hat{G}=\dfrac{\partial}{\partial y}$.

应该注意，如果 $\hat{A}$ 与 $\hat{B}$ 对易，$\hat{B}$ 与 $\hat{C}$ 对易，并不能得出 $\hat{A}$ 与 $\hat{C}$ 对易或不对易的结论.例如 $\dfrac{\partial}{\partial x}$ 和 $\dfrac{\partial}{\partial y}$ 对易，$\dfrac{\partial}{\partial y}$ 和 x 对易，但是 $\dfrac{\partial}{\partial x}$ 和 x 不对易.

若算符 $\hat{F}$ 和 $\hat{G}$ 满足：

$$\hat{F}\hat{G}=-\hat{G}\hat{F}, \tag{3.1.10}$$

则称算符 $\hat{F}$ 和 $\hat{G}$ 反对易.

(5) 逆算符

如果

$$\hat{F}\hat{G}=\hat{I}, \tag{3.1.11}$$

则称 $\hat{F}$、$\hat{G}$ 互为逆算符，记 $\hat{G}^{-1}=\hat{F}$，$\hat{F}^{-1}=\hat{G}$.且有

$$\hat{G}\hat{F}=\hat{I}, \tag{3.1.12}$$

不难证明

$$(\hat{F}\hat{G})^{-1}=\hat{G}^{-1}\hat{F}^{-1}. \tag{3.1.13}$$

并非所有算符都存在逆算符，如投影算符(图 3.1)$\hat{P}_x A_i=B$ 不存在逆算符.

(6) 算符的复共轭、转置和厄米共轭

先回忆一下线性代数中两函数的内积(标积).

(a) 内积(标积)

$$(u,v)\equiv\int u^{*}v\mathrm{d}V=\left(\int uv^{*}\mathrm{d}V\right)^{*}=(v,u)^{*} \tag{3.1.14}$$

对体系全部坐标空间积分.

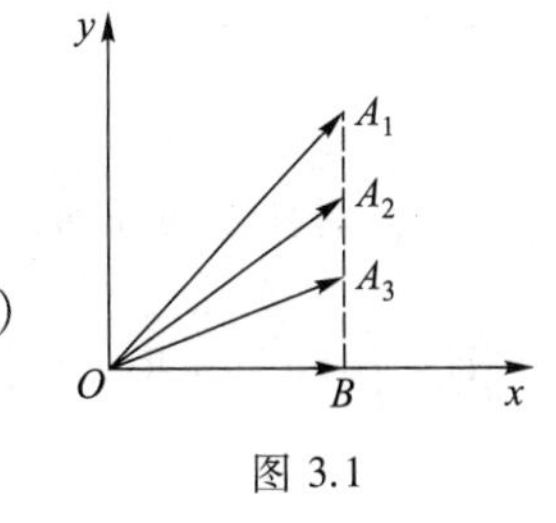

图 3.1

性质：

$$\begin{gathered}(u,u)\geqslant 0,\\(u,v)^{*}=(v,u),\\(u,c_1v_1+c_2v_2)=c_1(u,v_1)+c_2(u,v_2),\\(c_1u_1+c_2u_2,v)=c_1^{*}(u_1,v)+c_2^{*}(u_2,v).\end{gathered} \tag{3.1.15}$$

(b) 算符 $\hat{F}$ 的复共轭算符 $\hat{F}^*$，由 $\hat{F}$ 表式中复量换成共轭复量构成.例如在坐标表象中，动量算符 $\hat{p}_x=\frac{\hbar}{\mathrm{i}}\frac{\partial}{\partial x}$, $\hat{p}_x^*=-\frac{\hbar}{\mathrm{i}}\frac{\partial}{\partial x}=-\hat{p}_x$.矢量表达式为 $\hat{\boldsymbol{p}}^*=-\hat{\boldsymbol{p}}$.

(c) 算符 $\hat{F}$ 的转置算符 $\widetilde{\hat{F}}$

定义 $\int \mathrm{d}Vu^*\widetilde{\hat{F}}v\equiv\int \mathrm{d}Vv\hat{F}u^*$，式中 u,v 为任意函数.即

$$(u,\widetilde{\hat{F}}v)=(v^*,\hat{F}u^*). \tag{3.1.16}$$

性质：

(i) $\widetilde{\frac{\partial}{\partial x}}=-\frac{\partial}{\partial x}$.

对于任意函数 u,v，

$$\int_{-\infty}^{\infty}\mathrm{d}x\left(u^*\widetilde{\frac{\partial}{\partial x}}v\right)=\int_{-\infty}^{\infty}\mathrm{d}x\left(v\frac{\partial}{\partial x}u^*\right)=vu^*\Big|_{-\infty}^{\infty}-\int_{-\infty}^{\infty}\mathrm{d}x\left(u^*\frac{\partial}{\partial x}v\right)$$
$$=-\int_{-\infty}^{\infty}\mathrm{d}xu^*\frac{\partial}{\partial x}v,$$

于是

$$\widetilde{\frac{\partial}{\partial x}}=-\frac{\partial}{\partial x}. \tag{3.1.17}$$

推导中用到 $u,v\to0(x\to\pm\infty)$ 的束缚态条件.

对于 u,v 为非束缚态，(3.1.17)式仍成立，可参见本节末的推导.

(ii)
$$\widetilde{p}_x=\frac{\hbar}{\mathrm{i}}\widetilde{\frac{\partial}{\partial x}}=-\frac{\hbar}{\mathrm{i}}\frac{\partial}{\partial x}=-p_x. \tag{3.1.18}$$

(iii) 对任意算符 $\hat{A},\hat{B}$，$\widetilde{\hat{A}\hat{B}}=\widetilde{\hat{B}}\widetilde{\hat{A}}$. (3.1.19)

证：$\int\mathrm{d}Vu^*(\widetilde{\hat{A}\hat{B}})v=\int\mathrm{d}Vv(\hat{A}\hat{B})u^*=\int\mathrm{d}Vv\hat{A}(\hat{B}u^*)=\int\mathrm{d}V(\hat{B}u^*)\widetilde{\hat{A}}v$

$$=\int\mathrm{d}V(\widetilde{\hat{A}}v)(\hat{B}u^*)=\int\mathrm{d}Vu^*\widetilde{\hat{B}}\widetilde{\hat{A}}v.$$

推导过程中，三次利用了转置的定义(3.1.16)式.

(d) 算符 $\hat{F}$ 的厄米共轭算符 $\hat{F}^\dagger$

定义

$$(u,\hat{F}^\dagger v)\equiv(\hat{F}u,v)\quad 或\quad \int u^*\hat{F}^\dagger v\mathrm{d}V\equiv\int(\hat{F}u)^*v\mathrm{d}V, \tag{3.1.20}$$

$$(u,\hat{F}^{\dagger}v)=(\hat{F}u,v)=(v,\hat{F}u)^{*}=(v^{*},\hat{F}^{*}u^{*})=(u,\widetilde{\hat{F}^{*}}v),$$

最后利用(3.1.16)式,由于 u,v 为任意函数,于是 $\hat{F}$ 的厄米共轭等于 $\hat{F}$ 的共轭再转置:

$$\hat{F}^{\dagger}=\widetilde{\hat{F}^{*}}. \tag{3.1.21}$$

如 $\left(\dfrac{\partial}{\partial x}\right)^{\dagger}=-\dfrac{\partial}{\partial x},\hat{p}_x^{\dagger}=\left(\dfrac{\hbar}{\mathrm{i}}\dfrac{\partial}{\partial x}\right)^{\dagger}=\dfrac{\hbar}{-\mathrm{i}}\left(-\dfrac{\partial}{\partial x}\right)=\hat{p}_x$.

(7) 线性算符

如果算符 $\hat{F}$ 和任意函数 u_1,u_2 满足

$$\hat{F}(c_1u_1+c_2u_2)=c_1\hat{F}u_1+c_2\hat{F}u_2, \tag{3.1.22}$$

式中 c_1,c_2 为任意常数,则称 $\hat{F}$ 为线性算符.显然,$x,\dfrac{\mathrm{d}}{\mathrm{d}x},\dfrac{\partial^2}{\partial x\partial y}$ 等算符都是线性算符,而 $\sqrt{\ }$ 不是线性算符,因为

$$\sqrt{c_1u_1+c_2u_2}\neq c_1\sqrt{u_1}+c_2\sqrt{u_2}.$$

(8) 算符的本征值与本征函数

如果算符 $\hat{F}$ 作用于一个函数 ψ,结果等于 ψ 乘上一个常数 λ:

$$\hat{F}\psi=\lambda\psi, \tag{3.1.23}$$

则称 λ 为 $\hat{F}$ 的本征值,ψ 为属于 λ 的本征函数,方程(3.1.23)称为**算符 $\hat{F}$ 的本征值方程**.

在 § 2.3 中,我们曾说过,当波函数 ψ 表示为坐标 x,y,z 的函数时,动量 $\boldsymbol{p}$ 和动量算符 $-\mathrm{i}\hbar\nabla$ 相对应.引入动量算符的符号 $\hat{\boldsymbol{p}}$:

$$\hat{\boldsymbol{p}}=-\mathrm{i}\hbar\nabla, \tag{3.1.24}$$

它在直角笛卡儿坐标中的三个分量是:

$$\hat{p}_x=-\mathrm{i}\hbar\frac{\partial}{\partial x},\quad \hat{p}_y=-\mathrm{i}\hbar\frac{\partial}{\partial y},\quad \hat{p}_z=-\mathrm{i}\hbar\frac{\partial}{\partial z}.$$

我们把动量和动量算符的对应关系说成是:动量算符表示动量这个力学量.

表示坐标的算符就是坐标自身:

$$\hat{\boldsymbol{r}}=\boldsymbol{r}. \tag{3.1.25}$$

在 § 2.5 中,我们又看到体系的能量和哈密顿算符相对应.引入哈密顿算符的符号 $\hat{H}$:

$$\hat{H}=-\frac{\hbar^2}{2m}\nabla^2+U(\boldsymbol{r}). \tag{3.1.26}$$

我们知道,哈密顿算符 $\hat{H}$ 是在哈密顿函数中将动量 $\boldsymbol{p}$ 换成动量算符 $\hat{\boldsymbol{p}}$ 而得出的.这反映了从力学量的经典表示式得出量子力学中表示该力学量的算符的规则:

如果量子力学中的力学量 F 在经典力学中有相应的力学量,则表示这个力学量的算符 $\hat{F}$ 由经典表示式 $F(\boldsymbol{r},\boldsymbol{p})$ 中将 $\boldsymbol{p}$ 换为算符 $\hat{\boldsymbol{p}}$ 而得出,即

$$\hat{F}=\hat{F}(\hat{\boldsymbol{r}},\hat{\boldsymbol{p}})=\hat{F}(\boldsymbol{r},-\mathrm{i}\hbar\nabla). \tag{3.1.27}$$

在经典力学中,动量为 $\boldsymbol{p}$、位置矢量为 $\boldsymbol{r}$ 的粒子绕坐标原点 O 点的角动量是

$$\boldsymbol{L}=\boldsymbol{r}\times\boldsymbol{p}, \tag{3.1.28}$$

因而,量子力学中,角动量算符是

$$\hat{\boldsymbol{L}}=\hat{\boldsymbol{r}}\times\hat{\boldsymbol{p}}=-\mathrm{i}\hbar\boldsymbol{r}\times\nabla. \tag{3.1.29}$$

至于那些只在量子力学中才有、而在经典力学中所没有的力学量(例如第七章中要讨论的自旋),它们的算符如何引进的问题将另行讨论.

得出力学量算符的一般规则后,很自然地要提出如下的问题:算符和它所表示的力学量之间的关系应当怎样理解呢?阐明这个问题是本章的中心内容.下面我们开始这方面的讨论.

在§2.5中,我们曾看到,体系处于哈密顿算符 $\hat{H}$ 的本征态 ψ 时,能量有确定值,这个值就是 $\hat{H}$ 在 ψ 态中的本征值.下一节中我们将看到,体系处于动量算符 $\hat{\boldsymbol{p}}$ 的本征态 ψ_p 时,动量有确定值,这个值就是 $\hat{\boldsymbol{p}}$ 在 ψ_p 态中的本征值.把这些结果推广到一般的算符,我们提出一个基本假定:

如果算符 $\hat{F}$ 表示力学量 F,那么当体系处于 $\hat{F}$ 的本征态 ϕ 时,力学量 F 有确定值,这个值就是 $\hat{F}$ 在 ϕ 态中的本征值.

我们知道,所有力学量的数值都是实数.既然表示力学量的算符的本征值是这个力学量的可能值,因而表示力学量的算符,它的本征值必须是实数.下面要介绍的厄米算符就具有这个性质,因而量子力学中表示力学量的算符都是厄米算符.

如果对于两任意函数 ψ 和 ϕ,算符 $\hat{F}$ 满足下列等式:

$$\int\psi^{*}\hat{F}\phi\mathrm{d}x=\int(\hat{F}\psi)^{*}\phi\mathrm{d}x,\quad 即\ \hat{F}^{\dagger}=\hat{F}, \tag{3.1.30}$$

则称 $\hat{F}$ 为厄米算符.

由(3.1.30)式很容易证明厄米算符的本征值是实数.以 λ 表示 $\hat{F}$ 的本征值,ψ 表示所属的本征函数,则 $\hat{F}\psi=\lambda\psi$.在(3.1.30)式中,若取 $\phi=\psi$,于是有

$$\lambda\int\psi^{*}\psi\mathrm{d}x=\int\psi^{*}\hat{F}\psi\mathrm{d}x=\int(\hat{F}\psi)^{*}\psi\mathrm{d}x=\lambda^{*}\int\psi^{*}\psi\mathrm{d}x,$$

由此得

$$\lambda=\lambda^{*},$$

即 λ 是实数.

用(3.1.30)式可以直接验证:坐标算符和动量算符都是厄米算符.因为 x 是实数,有

$$\int_{-\infty}^{\infty}\psi^{*}x\phi\mathrm{d}x=\int_{-\infty}^{\infty}(x\psi)^{*}\phi\mathrm{d}x,$$

对于动量算符的一个分量 $\hat{p}_x=-\mathrm{i}\hbar\dfrac{\partial}{\partial x}$,有

$$\int_{-\infty}^{\infty}\psi^{*}\hat{p}_{x}\phi\mathrm{d}x=-\mathrm{i}\hbar\int_{-\infty}^{\infty}\psi^{*}\frac{\partial}{\partial x}\phi\mathrm{d}x$$

$$=-\mathrm{i}\hbar\psi^{*}\phi\Big|_{-\infty}^{\infty}+\mathrm{i}\hbar\int_{-\infty}^{\infty}\frac{\partial\psi^{*}}{\partial x}\phi\mathrm{d}x=\int_{-\infty}^{\infty}(\hat{p}_{x}\psi)^{*}\phi\mathrm{d}x,$$

最后一步是假设 ψ 和 ϕ 在 $x\to\pm\infty$ 时等于零.

不难验证,当 ψ 和 ϕ 为 $\hat{p}_x$ 的本征态时,$\psi(x)=\mathrm{e}^{\mathrm{i}kx}$,$\phi(x)=\mathrm{e}^{\mathrm{i}k'x}$,虽然 ψ 和 ϕ 在 $x\to\pm\infty$ 时不再等于零.但是

$$\int_{-\infty}^{\infty}\psi^{*}\hat{p}_{x}\phi\mathrm{d}x=\int_{-\infty}^{\infty}\mathrm{e}^{-\mathrm{i}kx}(-\mathrm{i}\hbar)\frac{\partial}{\partial x}\mathrm{e}^{\mathrm{i}k'x}\mathrm{d}x=\hbar k'\int_{-\infty}^{\infty}\mathrm{e}^{-\mathrm{i}kx}\mathrm{e}^{\mathrm{i}k'x}\mathrm{d}x$$

$$=2\pi\hbar k'\delta(k-k'),$$

$$\int_{-\infty}^{\infty}(\hat{p}_{x}\psi)^{*}\phi\mathrm{d}x=\int_{-\infty}^{\infty}\left(-\mathrm{i}\hbar\frac{\partial}{\partial x}\mathrm{e}^{\mathrm{i}kx}\right)^{*}\mathrm{e}^{\mathrm{i}k'x}\mathrm{d}x=\int_{-\infty}^{\infty}(\hbar k\mathrm{e}^{\mathrm{i}kx})^{*}\mathrm{e}^{\mathrm{i}k'x}\mathrm{d}x$$

$$=\hbar k\int_{-\infty}^{\infty}\mathrm{e}^{-\mathrm{i}kx}\mathrm{e}^{\mathrm{i}k'x}\mathrm{d}x=2\pi k\delta(k-k')=2\pi k'\delta(k-k'),$$

(3.1.30)式仍然成立.

§ 3.2　动量算符和角动量算符

本节中,我们将具体讨论动量算符和角动量算符的本征值方程.

1. 动量算符

动量算符的本征值方程是

$$\hat{\boldsymbol{p}}\psi_{\boldsymbol{p}}(\boldsymbol{r})=-\mathrm{i}\hbar\nabla\psi_{\boldsymbol{p}}(\boldsymbol{r})=\boldsymbol{p}\psi_{\boldsymbol{p}}(\boldsymbol{r}),\tag{3.2.1}$$

$\psi_{\boldsymbol{p}}(\boldsymbol{r})$是相对应的本征函数,本征值为 $\boldsymbol{p}$.

上式的解是

$$\psi_{\boldsymbol{p}}(\boldsymbol{r})=C\exp\left(\frac{\mathrm{i}}{\hbar}\boldsymbol{p}\cdot\boldsymbol{r}\right),\tag{3.2.2}$$

式中 C 是归一化常数.为了确定 C 的数值,计算积分

$$\int_{-\infty}^{\infty}\psi_{\boldsymbol{p}'}^{*}(\boldsymbol{r})\psi_{\boldsymbol{p}}(\boldsymbol{r})\mathrm{d}V=|C|^{2}\int_{-\infty}^{\infty}\int_{-\infty}^{\infty}\int_{-\infty}^{\infty}\exp\frac{\mathrm{i}}{\hbar}[(p_{x}-p_{x}')x$$

$$+(p_{y}-p_{y}')y+(p_{z}-p_{z}')z]\mathrm{d}x\mathrm{d}y\mathrm{d}z,$$

因为

$$\int_{-\infty}^{\infty}\exp\left[\frac{\mathrm{i}}{\hbar}(p_{x}-p_{x}')x\right]\mathrm{d}x=2\pi\hbar\delta(p_{x}-p_{x}'),$$

式中 $\delta(p_x-p_x')$ 是以 p_x-p_x' 为宗量的 δ 函数，所以有

$$\int_\infty \psi_{p'}^*(\boldsymbol{r})\psi_p(\boldsymbol{r})\,\mathrm{d}V = |C|^2(2\pi\hbar)^3\delta(p_x-p'_x)\delta(p_y-p'_y)\delta(p_z-p'_z)$$

$$\equiv |C|^2(2\pi\hbar)^3\delta(\boldsymbol{p}-\boldsymbol{p}').$$

因此，如果取 $C=(2\pi\hbar)^{-\frac{3}{2}}$，则 $\psi_p(\boldsymbol{r})$ 归一化为 δ 函数：

$$\int_\infty \psi_{p'}^*(\boldsymbol{r})\psi_p(\boldsymbol{r})\,\mathrm{d}V = \delta(\boldsymbol{p}-\boldsymbol{p}'), \tag{3.2.3}$$

$$\psi_p(\boldsymbol{r}) = \frac{1}{(2\pi\hbar)^{\frac{3}{2}}}\exp\left(\frac{\mathrm{i}}{\hbar}\boldsymbol{p}\cdot\boldsymbol{r}\right). \tag{3.2.4}$$

$\psi_p(\boldsymbol{r})$ 不是像(2.1.7)式所要求的归一化为 1，而是归一化为 δ 函数.这是由于 $\boldsymbol{r}$ 定义于无穷区域，$\psi_p(\boldsymbol{r})$ 所属的本征值 $\boldsymbol{p}$ 可以取任意值，动量的本征值组成连续谱的缘故.

在一些具体问题中遇到动量的本征值问题时，常常需要把动量的连续本征值变为离散本征值进行计算，最后再把离散本征值变回到连续本征值，这可通过下面的办法来实现：我们设想粒子被限制在一个正方形箱中，箱的边长为 L，取箱的中心作为坐标原点(如图 3.2 所示).要求波函数在两个相对的箱壁上对应的点具有相同的值.波函数所满足的这种边界条件称为周期性边界条件.加上这个条件后，动量的本征值就由连续谱变为离散谱，因为根据这一条件(参看图 3.2)，在点 $A\left(\frac{1}{2}L,y,z\right)$ 和点 $A'\left(-\frac{1}{2}L,y,z\right)$，$\psi_p$ 的值应相同，即

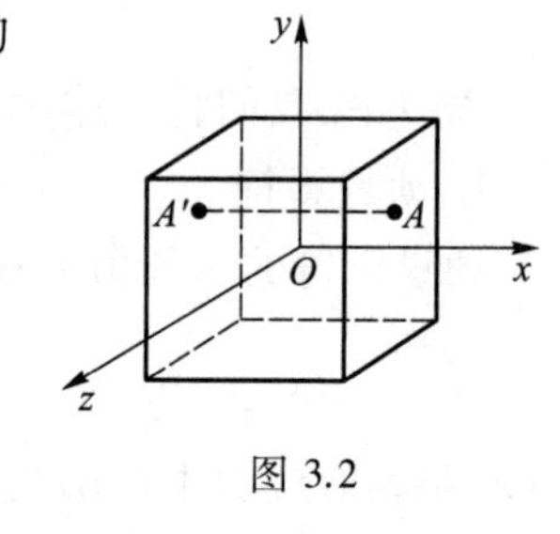

图 3.2

$$\psi_A = C\exp\left[\frac{\mathrm{i}}{\hbar}\left(-\frac{1}{2}p_xL+p_yy+p_zz\right)\right]$$

$$= C\exp\left[\frac{\mathrm{i}}{\hbar}\left(\frac{1}{2}p_xL+p_yy+p_zz\right)\right] = \psi_B$$

或

$$\exp\left(\frac{\mathrm{i}}{\hbar}p_xL\right) = 1.$$

这个方程的解是

$$\frac{p_x}{\hbar}L = 2n_x\pi,$$

n_x 是整数，也就是说 p_x 只能取下列的离散值：

$$p_x = \frac{2\pi\hbar n_x}{L}, \quad n_x = 0,\ \pm1,\cdots. \tag{3.2.5}$$

同样，根据波函数在点 $\left(x,-\frac{1}{2}L,z\right)$ 和 $\left(x,\frac{1}{2}L,z\right)$，以及在点 $\left(x,y,-\frac{1}{2}L\right)$ 和 $\left(x,y,\frac{1}{2}L\right)$ 应分别有

相同的值，由此可以得出 p_y 和 p_z 只能取以下的离散值：

$$p_y = \frac{2\pi\hbar n_y}{L}, \quad n_y = 0, \ \pm 1, \cdots, \tag{3.2.6}$$

$$p_z = \frac{2\pi\hbar n_z}{L}, \quad n_z = 0, \ \pm 1, \cdots. \tag{3.2.7}$$

由(3.2.5)式—(3.2.7)式可以看出两个相邻本征值的间隔与 L 成反比. 当 L 选取得足够大时，本征值的间隔可以任意小；当 $L\to\infty$ 时，本征值谱就由离散谱变为连续谱.

在加进周期性边界条件后，动量本征函数可以归一化为 1，归一化因子 $C=L^{-\frac{3}{2}}$. 因而

$$\psi_{\boldsymbol{p}} = \frac{1}{L^{3/2}}\exp\left(\frac{\mathrm{i}}{\hbar}\boldsymbol{p}\cdot\boldsymbol{r}\right), \tag{3.2.8}$$

这可由下面的等式证明：

$$\int \psi_{\boldsymbol{p}}^* \psi_{\boldsymbol{p}} \mathrm{d}V = \frac{1}{L^3}\int_{-\frac{L}{2}}^{\frac{L}{2}}\mathrm{d}x\int_{-\frac{L}{2}}^{\frac{L}{2}}\mathrm{d}y\int_{-\frac{L}{2}}^{\frac{L}{2}}\mathrm{d}z = 1.$$

像这样把粒子限制在三维箱中，再加上周期性边界条件的归一化方法，称为**箱归一化**.

$\psi_{\boldsymbol{p}}(\boldsymbol{r})$ 乘上时间因子 $\exp\left(-\frac{\mathrm{i}}{\hbar}Et\right)$ 就是自由粒子的一种波函数. 在它所描写的态中，粒子的动量有确定值 $\boldsymbol{p}$，这个确定值就是动量算符在这个态中的本征值. 这正是上一节所提到的结论.

2. 角动量算符

角动量算符 $\hat{\boldsymbol{L}}=\hat{\boldsymbol{r}}\times\hat{\boldsymbol{p}}$ 在直角坐标系中的三个分量是

$$\left.\begin{aligned}
\hat{L}_x &= y\hat{p}_z - z\hat{p}_y = \frac{\hbar}{\mathrm{i}}\left(y\frac{\partial}{\partial z} - z\frac{\partial}{\partial y}\right)\\
\hat{L}_y &= z\hat{p}_x - x\hat{p}_z = \frac{\hbar}{\mathrm{i}}\left(z\frac{\partial}{\partial x} - x\frac{\partial}{\partial z}\right)\\
\hat{L}_z &= x\hat{p}_y - y\hat{p}_x = \frac{\hbar}{\mathrm{i}}\left(x\frac{\partial}{\partial y} - y\frac{\partial}{\partial x}\right)
\end{aligned}\right\}, \tag{3.2.9}$$

角动量平方算符是

$$\hat{L}^2 = \hat{L}_x^2 + \hat{L}_y^2 + \hat{L}_z^2 = -\hbar^2\left[\left(y\frac{\partial}{\partial z} - z\frac{\partial}{\partial y}\right)^2 + \left(z\frac{\partial}{\partial x} - x\frac{\partial}{\partial z}\right)^2 + \left(x\frac{\partial}{\partial y} - y\frac{\partial}{\partial x}\right)^2\right]. \tag{3.2.10}$$

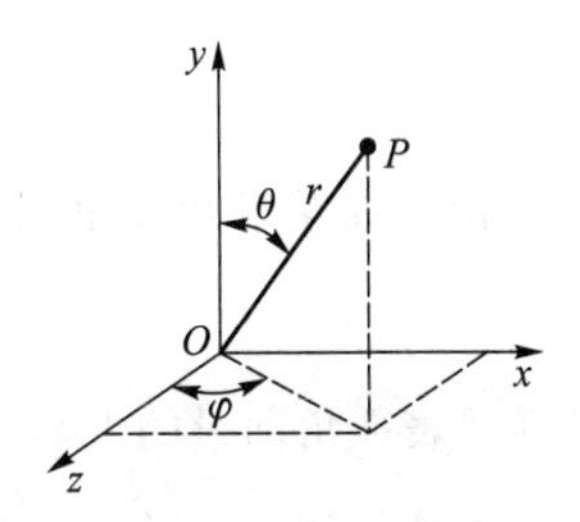

图 3.3 直角坐标与球坐标的关系

为了讨论角动量算符 $\hat{L}_x, \hat{L}_y, \hat{L}_z$ 和 $\hat{L}^2$ 的本征值方程，我们把这些算符用球坐标来表示（见图 3.3）：

$$\left.\begin{aligned}\hat{L}_x &= \mathrm{i}\hbar\left(\sin\varphi\frac{\partial}{\partial\theta}+\cot\theta\cos\varphi\frac{\partial}{\partial\varphi}\right)\\ \hat{L}_y &= -\mathrm{i}\hbar\left(\cos\varphi\frac{\partial}{\partial\theta}-\cot\theta\sin\varphi\frac{\partial}{\partial\varphi}\right)\\ \hat{L}_z &= -\mathrm{i}\hbar\frac{\partial}{\partial\varphi}\end{aligned}\right\}, \tag{3.2.11}$$

$$\hat{L}^2 = -\hbar^2\left[\frac{1}{\sin\theta}\frac{\partial}{\partial\theta}\left(\sin\theta\frac{\partial}{\partial\theta}\right)+\frac{1}{\sin^2\theta}\frac{\partial^2}{\partial\varphi^2}\right], \tag{3.2.12}$$

由(3.2.12)式，$\hat{L}^2$ 的本征值方程可写为

$$\hat{L}^2 Y(\theta,\varphi) = -\hbar^2\left[\frac{1}{\sin\theta}\frac{\partial}{\partial\theta}\left(\sin\theta\frac{\partial}{\partial\theta}\right)+\frac{1}{\sin^2\theta}\frac{\partial^2}{\partial\varphi^2}\right]Y(\theta,\varphi) = \lambda\hbar^2 Y(\theta,\varphi) \tag{3.2.13}$$

或

$$\left[\frac{1}{\sin\theta}\frac{\partial}{\partial\theta}\left(\sin\theta\frac{\partial}{\partial\theta}\right)+\frac{1}{\sin^2\theta}\frac{\partial^2}{\partial\varphi^2}\right]Y(\theta,\varphi) = -\lambda Y(\theta,\varphi). \tag{3.2.14}$$

$Y(\theta,\varphi)$是 $\hat{L}^2$ 算符的本征函数，属于本征值 $\lambda\hbar^2$.

方程(3.2.14)的解在数学物理方法中讨论过，为使 $Y(\theta,\varphi)$在 θ 变化的闭区域$[0,\pi]$上都是有限的，必须有

$$\lambda = l(l+1),\quad l=0,1,2,\cdots. \tag{3.2.15}$$

方程(3.2.14)的解是球谐函数 $\mathrm{Y}_{lm}(\theta,\varphi)$：

$$\left.\begin{aligned}\mathrm{Y}_{lm}(\theta,\varphi) &= (-1)^m N_{lm}\mathrm{P}_l^m(\cos\theta)\mathrm{e}^{\mathrm{i}m\phi}, & m&=0,1,2,\cdots,l\\ \mathrm{Y}_{lm}(\theta,\varphi) &= (-1)^m \mathrm{Y}_{l-m}^*(\theta,\varphi), & m&=-1,-2,-3,\cdots,-l\end{aligned}\right\}, \tag{3.2.16}$$

式中 $\mathrm{P}_l^m(\cos\theta)$是连带勒让德(associated Legendre)多项式，N_{lm}是归一化因子.由 $\mathrm{Y}_{lm}(\theta,\varphi)$的正交归一化条件：

$$\int_0^{\pi}\int_0^{2\pi}\mathrm{Y}_{lm}^*(\theta,\varphi)\mathrm{Y}_{l'm'}(\theta,\varphi)\sin\theta\mathrm{d}\theta\mathrm{d}\varphi = \delta_{ll'}\delta_{mm'}, \tag{3.2.17}$$

$m=0,\pm1,\cdots,\pm l$，可以算得

$$N_{lm} = \sqrt{\frac{(l-m)!\ (2l+1)}{(l+m)!\ 4\pi}}. \tag{3.2.18}$$

由上面结果知 $\hat{L}^2$ 的本征值是 $l(l+1)\hbar^2$，所属的本征函数是 $\mathrm{Y}_{lm}(\theta,\varphi)$：

$$\hat{L}^2\mathrm{Y}_{lm}(\theta,\varphi) = l(l+1)\hbar^2\mathrm{Y}_{lm}(\theta,\varphi). \tag{3.2.19}$$

因为 l 表征角动量的大小，所以称为**角量子数**，m 则称为**磁量子数**.由(3.2.16)式可知，对应于一个 l 的值，m 可以取$(2l+1)$个值，因而对应于 $\hat{L}^2$ 的一个本征值 $l(l+1)\hbar^2$，有$(2l+1)$个不同的本征函数 Y_{lm}.我们把这种对应于一个本征值有多个本征函数的情况称为**简并**，把对应

于同一本征值的本征函数的数目称为**简并度**；$\hat{L}^2$ 的本征值是$(2l+1)$度简并的.

由(3.2.11)式和(3.2.16)式，有

$$\hat{L}_z Y_{lm}(\theta,\varphi) = m\hbar Y_{lm}(\theta,\varphi), \tag{3.2.20}$$

即在 Y_{lm}态中，体系角动量在 z 轴方向的投影是

$$L_z = m\hbar.$$

这样，由方程(3.2.19)和(3.2.20)可见，球谐函数 $Y_{lm}(\theta,\varphi)$是 $\hat{L}^2$ 和 $\hat{L}_z$ 共同本征函数.这就是 Y_{lm}作为方程(3.2.14)的本征函数，其含 φ 的本征函数采用 $e^{im\varphi}$而不是$(\sin m\varphi, \cos m\varphi)$的原因.

一般称 $l=0$ 的态为 s 态，$l=1,2,3,\cdots$的态依次称为 p,d,f,…态.处于这些态的粒子，依次简称为 s,p,d,f,…粒子.

下面列出前面几个球谐函数：

$$Y_{0,0} = \frac{1}{\sqrt{4\pi}},$$

$$Y_{1,1} = -\sqrt{\frac{3}{8\pi}}\sin\theta e^{i\varphi} = -\sqrt{\frac{3}{8\pi}}\frac{x+iy}{r},$$

$$Y_{1,0} = \sqrt{\frac{3}{4\pi}}\cos\theta = \sqrt{\frac{3}{4\pi}}\frac{z}{r},$$

$$Y_{1,-1} = \sqrt{\frac{3}{8\pi}}\sin\theta e^{-i\varphi} = \sqrt{\frac{3}{8\pi}}\frac{x-iy}{r},$$

$$Y_{2,2} = \sqrt{\frac{15}{32\pi}}\sin^2\theta e^{2i\varphi} = \sqrt{\frac{15}{32\pi}}\left(\frac{x+iy}{r}\right)^2,$$

$$Y_{2,1} = -\sqrt{\frac{15}{8\pi}}\sin\theta\cos\theta e^{i\varphi} = -\sqrt{\frac{15}{8\pi}}\frac{(x+iy)z}{r^2},$$

$$Y_{2,0} = \sqrt{\frac{5}{16\pi}}(3\cos^2\theta - 1) = \sqrt{\frac{5}{16\pi}}\frac{(2z^2-x^2-y^2)}{r^2},$$

$$Y_{2,-1} = \sqrt{\frac{15}{8\pi}}\sin\theta\cos\theta e^{-i\varphi} = \sqrt{\frac{15}{8\pi}}\frac{(x-iy)z}{r^2},$$

$$Y_{2,-2} = \sqrt{\frac{15}{32\pi}}\sin^2\theta e^{-2i\varphi} = \sqrt{\frac{15}{32\pi}}\left(\frac{x-iy}{r}\right)^2.$$

§ 3.3 氢　原　子

考虑一个电子在一个带正电的核所产生的电场中运动.电子的质量为 m_e，带电荷$-e$，核

的电荷是$+Ze$；$Z=1$ 时，这个体系就是氢原子；$Z>1$ 时，体系称为类氢原子，如 $He^+(Z=2)$，$Li^{2+}(Z=3)$等.

取核为坐标原点，则电子受核吸引的势能为 $U=-\dfrac{Ze^2}{4\pi\varepsilon_0 r}$，$r$ 是电子到核的距离. 于是，体系的哈密顿算符可写为

$$\hat{H}=-\frac{\hbar^2}{2m_e}\nabla^2-\frac{Ze^2}{4\pi\varepsilon_0 r}, \tag{3.3.1}$$

$\hat{H}$ 的本征值方程可写为

$$\left(-\frac{\hbar^2}{2m_e}\nabla^2-\frac{Ze^2}{4\pi\varepsilon_0 r}\right)\psi=E\psi, \tag{3.3.2}$$

这方程在球极坐标中的形式是

$$-\frac{\hbar^2}{2m_e r^2}\left[\frac{\partial}{\partial r}\left(r^2\frac{\partial}{\partial r}\right)+\frac{1}{\sin\theta}\frac{\partial}{\partial\theta}\left(\sin\theta\frac{\partial}{\partial\theta}\right)+\frac{1}{\sin^2\theta}\frac{\partial^2}{\partial\varphi^2}\right]\psi-\frac{Ze^2}{4\pi\varepsilon_0 r}\psi=E\psi. \tag{3.3.3}$$

用分离变量法来解这个方程. 设

$$\psi(r,\theta,\varphi)=R(r)Y(\theta,\varphi), \tag{3.3.4}$$

其中 $R(r)$ 仅是 r 的函数，$Y(\theta,\varphi)$ 仅是 θ 和 φ 的函数. 将(3.3.4)式代入(3.3.3)式中，并以 $-\dfrac{\hbar^2}{2m_e r^2}R(r)Y(\theta,\varphi)$ 除方程两边，移项后得

$$\begin{aligned}&\frac{1}{R}\frac{\mathrm{d}}{\mathrm{d}r}\left(r^2\frac{\mathrm{d}R}{\mathrm{d}r}\right)+\frac{2m_e r^2}{\hbar^2}\left(E+\frac{Ze^2}{4\pi\varepsilon_0 r}\right)\\&=-\frac{1}{Y}\left[\frac{1}{\sin\theta}\frac{\partial}{\partial\theta}\left(\sin\theta\frac{\partial Y}{\partial\theta}\right)+\frac{1}{\sin^2\theta}\frac{\partial^2 Y}{\partial\varphi^2}\right].\end{aligned} \tag{3.3.5}$$

这方程的左边仅与 r 有关，右边仅与 θ,φ 有关，而 r,θ 和 φ 都是独立变量，所以只有当等式两边都等于同一个常量时，等式(3.3.5)才能成立. 以 λ 表示这个常量，则(3.3.5)式分离为两个方程：

$$\frac{1}{r^2}\frac{\mathrm{d}}{\mathrm{d}r}\left(r^2\frac{\mathrm{d}R}{\mathrm{d}r}\right)+\left[\frac{2m_e}{\hbar^2}\left(E+\frac{Ze^2}{4\pi\varepsilon_0 r}\right)-\frac{\lambda}{r^2}\right]R=0 \tag{3.3.6}$$

及

$$\frac{1}{\sin\theta}\frac{\partial}{\partial\theta}\left(\sin\theta\frac{\partial Y}{\partial\theta}\right)+\frac{1}{\sin^2\theta}\frac{\partial^2 Y}{\partial\varphi^2}=-\lambda Y. \tag{3.3.7}$$

(3.3.6)式称为径向方程. 方程(3.3.7)与中心力场的具体形式无关，它正是上一节讨论过的方程(3.2.17)，即电子角动量平方的本征值方程. 从上一节中，我们已知道

$$\lambda = l(l+1), \quad l = 0,1,2,\cdots,$$

代入径向方程(3.3.6),得

$$\frac{1}{r^2}\frac{\mathrm{d}}{\mathrm{d}r}\left(r^2\frac{\mathrm{d}R}{\mathrm{d}r}\right) + \left[\frac{2m_e}{\hbar^2}\left(E + \frac{Ze^2}{4\pi\varepsilon_0 r}\right) - \frac{l(l+1)}{r^2}\right]R = 0. \tag{3.3.8}$$

当 $E>0$ 时,对于 E 的任何值,方程(3.3.8)都有满足波函数条件的解,即体系的能量具有连续谱,这时电子可以离开核而运动到无限远处(电离).当 $E<0$ 时,我们将看到,E 具有离散谱,电子的状态是束缚态.

为求方程(3.3.8)的解,先作变换,使方程简化.方程的第一项可以改写为

$$\frac{1}{r}\frac{\mathrm{d}^2(rR)}{\mathrm{d}r^2},$$

因而可令

$$R(r) = \frac{u(r)}{r}, \tag{3.3.9}$$

代入方程(3.3.8)中,得到 u 所满足的方程:

$$\frac{\mathrm{d}^2 u}{\mathrm{d}r^2} + \left[\frac{2m_e}{\hbar^2}\left(E + \frac{Ze^2}{4\pi\varepsilon_0 r}\right) - \frac{l(l+1)}{r^2}\right]u = 0, \tag{3.3.10}$$

$$u(r) \xrightarrow[r\to 0]{} 0. \tag{3.3.11}$$

讨论 $E<0$ 的情形.为方便计,令

$$\alpha = \left(\frac{8m_e|E|}{\hbar^2}\right)^{\frac{1}{2}}, \quad \beta = \frac{2m_e Ze^2}{4\pi\varepsilon_0\alpha\hbar^2} = \frac{Ze^2}{4\pi\varepsilon_0\hbar}\left(\frac{m_e}{2|E|}\right)^{\frac{1}{2}}, \tag{3.3.12}$$

并作变数代换 $\rho=\alpha r$,则方程(3.3.11)可写为

$$\frac{\mathrm{d}^2 u}{\mathrm{d}\rho^2} + \left[\frac{\beta}{\rho} - \frac{1}{4} - \frac{l(l+1)}{\rho^2}\right]u = 0. \tag{3.3.13}$$

先研究这个方程的渐近行为.当 $\rho\to\infty$ 时,方程变为

$$\frac{\mathrm{d}^2 u}{\mathrm{d}\rho^2} - \frac{1}{4}u = 0,$$

它的解是 $u(\rho)=\mathrm{e}^{\pm\frac{\rho}{2}}$.当 $\rho\to\infty$ 时,$\mathrm{e}^{+\frac{\rho}{2}}$ 与波函数的有限性条件抵触,所以我们取 $u(\rho)$ 的形式如下:

$$u(\rho) = \mathrm{e}^{-\frac{\rho}{2}}f(\rho), \tag{3.3.14}$$

当 $\rho\to 0$ 时,方程(3.3.13)变为

$$\frac{\mathrm{d}^2 u}{\mathrm{d}\rho^2} - \frac{l(l+1)u}{\rho^2} = 0, \tag{3.3.15}$$

这是欧拉(Euler)方程,解可以写为

$$u(\rho)=\rho^{k},$$

代入(3.3.15)式求得 $k=l+1,-l$.但 $k=-l\ (l=0,1,\cdots)$,当 $r\to 0$ 时,解不趋于零,不符合(3.3.11)式.

方程(3.3.15)解是①

$$u(\rho)=\rho^{l+1}\quad(\rho\to 0),$$

总之,(3.3.13)式的一般解可以写为

$$u(\rho)=\rho^{l+1}\mathrm{e}^{-\frac{\rho}{2}}f(\rho),\tag{3.3.16}$$

代入方程(3.3.13)得到 $f(\rho)$ 满足方程:

$$\rho\frac{\mathrm{d}^2 f}{\mathrm{d}\rho^2}+(2l+2-\rho)\frac{\mathrm{d}f}{\mathrm{d}\rho}-(l+1-\beta)f=0,\tag{3.3.17}$$

这是合流超几何方程[附录(Ⅲ)]:

$$z\frac{\mathrm{d}^2 y}{\mathrm{d}z^2}+(c-z)\frac{\mathrm{d}y}{\mathrm{d}z}-ay=0,\tag{3.3.18}$$

方程的一般解可以写为

$$f(\rho)=F(l+1-\beta,2l+2,\rho)\xrightarrow[\rho\to\infty]{}\mathrm{e}^{\rho}=\mathrm{e}^{\alpha r},$$

$$u(r)=N\mathrm{e}^{-\frac{1}{2}\alpha r}r^{l+1}F(l+1-\beta,2l+2,\rho)\xrightarrow[r\to\infty]{}N\mathrm{e}^{\frac{1}{2}\alpha r}r^{l+1}\xrightarrow[r\to\infty]{}\infty.$$

为了防止解在 $r\to\infty$ 时发散,必须要求

$$l+1-\beta=-n_r,\quad n_r=0,1,\cdots.$$

使合流超几何级数截断为合流超几何多项式,才满足波函数有界条件,即

$$\beta=l+1+n_r=n,\quad l=0,1,\cdots,\quad n=1,2,\cdots.\tag{3.3.19}$$

n_r 称为径量子数,n 称为总量子数或主量子数.因为 n_r 和 l 都是正整数或零,所以 $n=1,2,3,\cdots$.以(3.3.19)式代入(3.3.12)式中,得到能量本征值为

$$E_n=-\frac{m_{\mathrm{e}}}{2\hbar^2 n^2}\left(\frac{Ze^2}{4\pi\varepsilon_0}\right)^2,\quad n=1,2,3,\cdots.\tag{3.3.20}$$

由此可见,在粒子能量小于零(束缚态)的情况下,只有当粒子能量取(3.3.20)式所给出的离散值时,波函数才有满足有限性条件的解.

由(3.3.20)式和(3.3.12)式,α 可写为

① 关于径向方程解在 $r=0$ 邻域行为的详细讨论,可参见:曾谨言.量子力学:卷Ⅰ.北京:科学出版社,1997:附录八.

$$\alpha = \frac{2m_e Ze^2}{4\pi\varepsilon_0 n\hbar^2} = \frac{2Z}{na_0}, \tag{3.3.21}$$

式中 $a_0 = \frac{4\pi\varepsilon_0\hbar^2}{m_e e^2} \approx 0.052\,9$ nm 是氢原子第一玻尔轨道半径,又称玻尔半径,因而有

$$\rho = \alpha r = \frac{2Z}{na_0}r, \tag{3.3.22}$$

于是,最后得到粒子的径向函数(把量子数 n,l 注出)为

$$R_{nl}(r) = \frac{u_{nl}(r)}{r} = N_{nl}\mathrm{e}^{-\frac{Z}{na_0}r}\left(\frac{2Z}{na_0}r\right)^l F\left(-n+l+1, 2l+2, \frac{2Z}{na_0}r\right), \tag{3.3.23}$$

式中 N_{nl}是归一化因子.由波函数的归一化条件

$$\int_{r=0}^{\infty}\int_{\theta=0}^{\pi}\int_{\varphi=0}^{2\pi}\psi^*(r,\theta,\varphi)\psi(r,\theta,\varphi)r^2\sin\theta\mathrm{d}r\mathrm{d}\theta\mathrm{d}\varphi$$

$$= \int_{r=0}^{\infty}R_{nl}^2(r)r^2\mathrm{d}r\int_{\theta=0}^{\pi}\int_{\varphi=0}^{2\pi}\mathrm{Y}_{lm}^*(\theta,\varphi)\mathrm{Y}_{lm}(\theta,\varphi)\sin\theta\mathrm{d}\theta\mathrm{d}\varphi = 1$$

及球谐函数 $\mathrm{Y}_{lm}(\theta,\varphi)$ 的归一化条件(3.2.20)式,可知 $R_{nl}(r)$ 的归一化条件为

$$\int_0^{\infty}R_{nl}^2(r)r^2\mathrm{d}r = 1.$$

将(3.3.23)式代入上式,可以算出归一化因子为

$$N_{nl} = \frac{2}{(2l+1)!}\sqrt{\frac{(n+l)!\,Z^3}{(n-l-1)!\,a_0^3}}.$$

下面列出前面几个径向函数 R_{nl}:

$$R_{1,0}(r) = \left(\frac{Z}{a_0}\right)^{\frac{3}{2}}2\exp\left(-\frac{Zr}{a_0}\right),$$

$$R_{2,0}(r) = \left(\frac{Z}{2a_0}\right)^{\frac{3}{2}}\left(2-\frac{Zr}{a_0}\right)\exp\left(-\frac{Zr}{2a_0}\right),$$

$$R_{2,1}(r) = \left(\frac{Z}{2a_0}\right)^{\frac{3}{2}}\frac{Zr}{a_0\sqrt{3}}\exp\left(-\frac{Zr}{2a_0}\right),$$

$$R_{3,0}(r) = \left(\frac{Z}{3a_0}\right)^{\frac{3}{2}}\left[2-\frac{4Zr}{3a_0}+\frac{4}{27}\left(\frac{Zr}{a_0}\right)^2\right]\exp\left(-\frac{Zr}{3a_0}\right),$$

$$R_{3,1}(r) = \left(\frac{2Z}{a_0}\right)^{\frac{3}{2}}\left(\frac{2}{27\sqrt{3}}-\frac{Zr}{81a_0\sqrt{3}}\right)\frac{Zr}{a_0}\exp\left(-\frac{Zr}{3a_0}\right),$$

$$R_{3,2}(r) = \left(\frac{2Z}{a_0}\right)^{\frac{3}{2}}\frac{1}{81\sqrt{15}}\left(\frac{Zr}{a_0}\right)^2\exp\left(-\frac{Zr}{3a_0}\right).$$

由(3.2.19)式,(3.3.4)式及(3.3.23)式等式,我们得到库仑场中运动的电子能量小于零时的定态波函数是

$$\psi_{nlm}(r,\theta,\varphi)=R_{nl}(r)\mathrm{Y}_{lm}(\theta,\varphi). \tag{3.3.24}$$

处于这个态时电子的能级由(3.3.20)式给出.由于 ψ_{nlm} 与 n,l,m 三个量子数有关,而 E_n 只与 n 有关,所以能级 E_n 是简并的.对应于一个 n,可以取 $l=0,1,2,\cdots,n-1$ 等共 n 个值;而且对应于一个 l,还可以取 $m=0,\pm1,\pm2,\cdots,\pm l$ 等共 $(2l+1)$ 个值.l,m 不同,波函数(3.3.24)也就不同,因此,对应于第 n 个能级 E_n,有

$$\sum_{l=0}^{n-1}(2l+1)=n^2$$

个波函数,电子第 n 个能级是 n^2 度简并的.

电子的能级对 m 简并,即 E_n 与 m 无关,是由势场是中心力场(势能仅与 r 有关,而与 θ,φ 无关)而来的;能级对 l 简并,即 E_n 与 l 无关,则是库仑场所特有的.在碱金属原子中,价电子的势场也是中心力场,由于核的体积较大,不是严格的库仑场.这样,价电子的能级 E_{nl} 仅对 m 简并,对 l 则没有简并.

基态波函数 $\psi_{100}=R_{10}\mathrm{Y}_{00}=\left(\dfrac{Z^3}{\pi a_0^3}\right)^{1/2}\mathrm{e}^{-\frac{Zr}{a_0}}$.

在(3.3.20)式中,令 $Z=1$,得到氢原子的能级为

$$E_n=-\frac{m_{\mathrm{e}}}{2\hbar^2}\left(\frac{e^2}{4\pi\varepsilon_0}\right)^2\frac{1}{n^2}=-\frac{1}{2}\frac{1}{4\pi\varepsilon_0}\frac{e^2}{a_0}\frac{1}{n^2},\quad n=1,2,3,\cdots.$$

这个式子右边分母中含有 n^2,所以氢原子能量随 n 增加而加大(绝对值减小),两相邻能级间的距离随 n 增大而减小.当 $n=\infty$ 时,$E_\infty=0$,电子不再被束缚在核的周围,而可以完全脱离原子核,即开始电离.E_∞ 与电子基态能量之差称为**电离能**.氢原子的电离能为

$$-E_1=\frac{m_{\mathrm{e}}}{2\hbar^2}\left(\frac{e^2}{4\pi\varepsilon_0}\right)^2=13.60\ \mathrm{eV}.$$

电子由能级 E_n 跃迁到 $E_{n'}$ 时辐射出光,它的频率为

$$\nu=\frac{E_n-E_{n'}}{h}=R_\infty c\left(\frac{1}{n'^2}-\frac{1}{n^2}\right), \tag{3.3.25}$$

式中 $R_\infty=\dfrac{E_1}{hc}=10\ 973\ 731.568\ 160\ \mathrm{m}^{-1}$ 是里德伯常量.R 的下标 ∞ 表示视氢原子核质量为 ∞.(3.3.25)式就是巴耳末公式.从理论得到的 R_∞ 值与实验值(见 §1.3)符合得很好,说明量子力学解决氢原子光谱问题获得重大成功,是对量子力学正确性早期的重要实验证明.

知道了氢原子的波函数,就可以进一步讨论氢原子内电子在空间各点的概率分布.当氢原子处于 $\psi_{nlm}(r,\theta,\varphi)$ 态时,电子在 (r,θ,φ) 点周围的体积元 $\mathrm{d}V=r^2\sin\theta\mathrm{d}r\mathrm{d}\theta\mathrm{d}\varphi$ 内的概率是

$$\begin{aligned}&W_{nlm}(r,\theta,\varphi)r^2\sin\theta\mathrm{d}r\mathrm{d}\theta\mathrm{d}\varphi\\&=|\psi_{nlm}(r,\theta,\varphi)|^2r^2\sin\theta\mathrm{d}r\mathrm{d}\theta\mathrm{d}\varphi.\end{aligned} \tag{3.3.26}$$

将此式对 θ 从 $0\to\pi$，对 φ 从 $0\to2\pi$ 积分，并注意 $\mathrm{Y}_{lm}(\theta,\varphi)$ 是归一化的，我们便得到在半径 r 到 $r+\mathrm{d}r$ 的球壳内找到电子的概率是

$$W_{nl}(r)\,\mathrm{d}r=\int_{\varphi=0}^{2\pi}\int_{\theta=0}^{\pi}\left|R_{nl}(r)\mathrm{Y}_{lm}(\theta,\varphi)\right|^2 r^2\sin\theta\mathrm{d}r\mathrm{d}\theta\mathrm{d}\varphi$$

$$=R_{nl}^2(r)r^2\mathrm{d}r. \tag{3.3.27}$$

图 3.4 表示 W_{nl} 在不同的 n,l 值时和 $\frac{r}{a_0}$ 的函数关系. 曲线的数字表示 n,l 的值. 例如，30 表示 $n=3,l=0$. 从图中可以看出，$n_r=n-l-1$ 是 R_{nl} 的节点数目. 例如，对于 30 曲线，$n_r=3-0-1=2$，这曲线有两个节点.

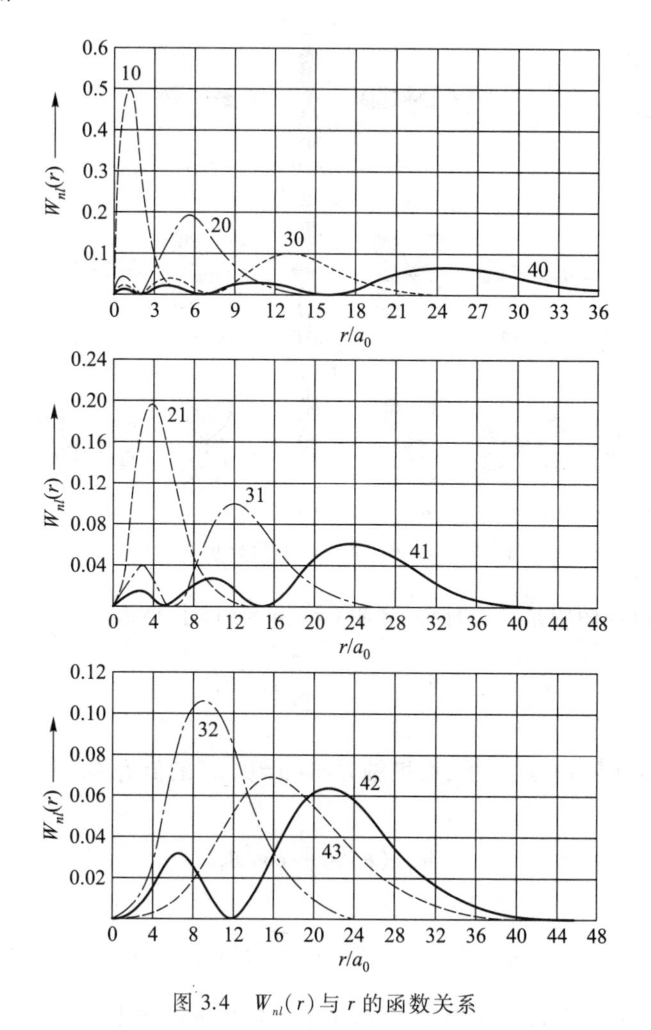

图 3.4　$W_{nl}(r)$ 与 r 的函数关系

由 (3.3.27) 式可以证明，当氢原子处于基态时，在电子与核的距离为 $r=a_0$ 处的概率最大.

将 (3.3.26) 式对 r 从 0 到 ∞ 积分，并注意 $R_{nl}(r)$ 是归一化的，我们得到电子在方向 (θ,φ) 附近立体角 $\mathrm{d}\Omega=\sin\theta\mathrm{d}\theta\mathrm{d}\varphi$ 内的概率是

$$
\begin{aligned}
W_{lm}(\theta,\varphi)\,\mathrm{d}\Omega &= \int_{r=0}^{\infty} |R_{nl}(r)\mathrm{Y}_{lm}(\theta,\varphi)|^2 r^2\mathrm{d}r\mathrm{d}\Omega \\
&= |\mathrm{Y}_{lm}(\theta,\varphi)|^2\mathrm{d}\Omega \\
&= N_{lm}^2[\mathrm{P}_l^m(\cos\,\theta)]^2\mathrm{d}\Omega.
\end{aligned}
\tag{3.3.28}
$$

图 3.5 表示在各种 l,m 的态中 $W_{lm}(\theta)$ 对 θ 的函数关系.由于 W_{lm} 与 φ 角无关,所以这些图形是绕 z 轴旋转对称的立体图形.例如,在 $l=0,m=0$ 时,概率是

$$W_{0,0}=\frac{1}{4\pi},$$

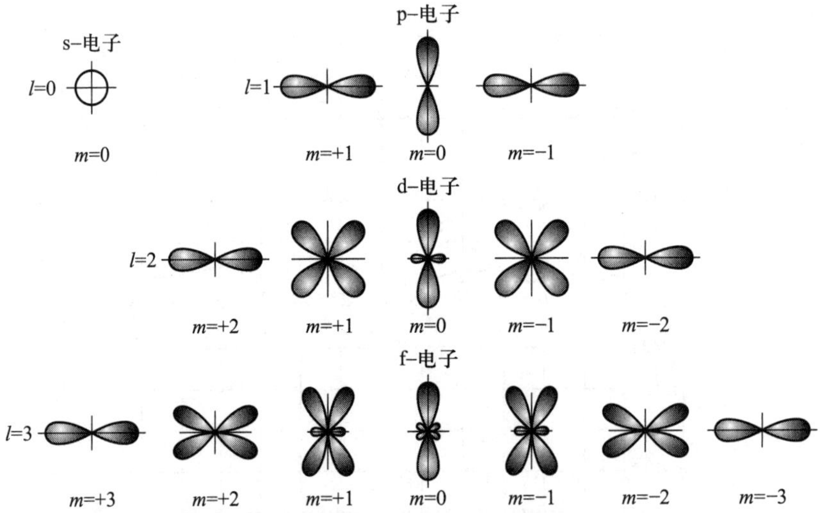

图 3.5　s,p,d,f 态电子的角分布 $W_{lm}(\theta)$

它与 θ 也无关,所以在图中是一个球面.又如 $l=1,m=\pm1$ 时,概率

$$W_{1,\pm1}(\theta)=\frac{3}{8\pi}\sin^2\theta,$$

在 $\theta=\frac{\pi}{2}$(不论 φ 取何值)有最大值,在极轴方向($\theta=0,\pi$)的值为零.而在 $l=1,m=0$ 时,

$$W_{1,0}(\theta)=\frac{3}{4\pi}\cos^2\theta,$$

情况则恰好相反,在 $\theta=0,\pi$ 处概率有最大值,$\theta=\frac{\pi}{2}$处概率为零.

例　一自由电子置于接地大导体平面上方,受大导体静电吸引.

试求:(1) 电子能级,(2) 基态电子与导体平面的平均距离.

解　大导体平面对电子的静电吸引可归结为像电荷($+e$)与电子的静电相互作用(图 3.6).以电子到平面的垂线作为 z 轴,方

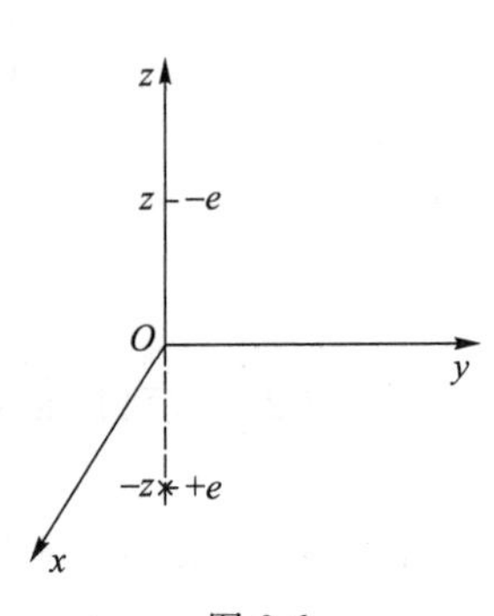

图 3.6

向朝上,原点在平面上.电子与像电荷的距离为 $2z$,相互作用力 $f=-\dfrac{e^2}{4\pi\varepsilon_0(2z)^2}$,沿 z 轴把电子 $(-e)$ 从 ∞ 处移到 z 处克服库仑力做的功为 $W=\int_{\infty}^{z}\dfrac{1}{4\pi\varepsilon_0}\dfrac{e^2}{4z^2}\mathrm{d}z=-\dfrac{e^2}{16\pi\varepsilon_0 z}$.体系哈密顿量可写为

$$\begin{cases}\hat{H}=\dfrac{1}{2m}(p_x^2+p_y^2+p_z^2)-\dfrac{e^2}{16\pi\varepsilon_0 z}.\\ \psi(z)=0\quad(z\leqslant 0)\end{cases}$$

令 $\psi(x,y,z)=X(x)Y(y)Z(z)$,则

$$\left(\frac{p^2}{2m}-\frac{e^2}{16\pi\varepsilon_0 z}\right)XYZ=(E_x+E_y+E_z)XYZ,$$

$$\left(\frac{p_z^2}{2m}-\frac{e^2}{16\pi\varepsilon_0 z}\right)Z(z)=E_zZ(z),\quad E_x=\frac{\hbar^2k_x^2}{2m},\quad E_y=\frac{\hbar^2k_y^2}{2m},$$

$$-\frac{\hbar^2}{2m}\frac{\mathrm{d}^2Z}{\mathrm{d}z^2}-\frac{e^2}{16\pi\varepsilon_0 z}Z=E_zZ,$$

$$\begin{cases}\dfrac{\mathrm{d}^2Z}{\mathrm{d}z^2}+\dfrac{2m}{\hbar^2}\left(E_z+\dfrac{e^2}{16\pi\varepsilon_0 z}\right)Z=0\\ Z(z=0)=0\end{cases}.$$

回想氢原子径向本征值问题(3.3.10)式

$$\begin{cases}u''+\left[\dfrac{2m}{\hbar^2}\left(E+\dfrac{e^2}{4\pi\varepsilon_0 r}\right)-\dfrac{l(l+1)}{r^2}\right]u=0\\ u(0)=0\end{cases},$$

本题相当于氢原子 s 态($l=0$),$e^2\to e^2/4$, $u^s(r)\to Z(z)$.

(1) 氢原子能级

$$E_n=-\frac{1}{2}\frac{1}{4\pi\varepsilon_0}\frac{e^2}{a_0}\frac{1}{n^2}=-\frac{m}{2\hbar^2}\left(\frac{e^2}{4\pi\varepsilon_0}\right)^2\frac{1}{n^2},$$

类比得本问题

$$E_z^n=-\frac{1}{8}\frac{1}{4\pi\varepsilon_0}\frac{e^2}{a_0}\frac{1}{n^2}=-\frac{m}{32\hbar^2}\left(\frac{e^2}{4\pi\varepsilon_0}\right)^2\frac{1}{n^2},\quad n=1,2,\cdots,$$

总电子能级

$$E_{n,k_x,k_y}=-\frac{m}{32\hbar^2}\left(\frac{e^2}{4\pi\varepsilon_0}\right)^2\frac{1}{n^2}+\frac{\hbar^2}{2m}(k_x^2+k_y^2).$$

(2) 氢原子基态波函数

$$u_{10}(r)=rR_{10}(r)=\frac{2r}{\sqrt{a_0^3}}\mathrm{e}^{-r/a_0},\quad a_0=\frac{4\pi\varepsilon_0\hbar^2}{me^2},$$

本题基态

$$n=1,\quad a=4a_0,\quad Z_1(z)=\frac{2z}{\sqrt{a^3}}\mathrm{e}^{-z/a},$$

电子到平面的平均距离(玻尔半径 $a_0=0.053\ \mathrm{nm}$)

$$\bar{z}=\int_0^\infty zZ^2\mathrm{d}z=\frac{4}{a^3}\int_0^\infty z^3\mathrm{e}^{-2z/a}\mathrm{d}z\xlongequal{\text{令 } t=2z/a}\frac{4}{a^3}\left(\frac{a}{2}\right)^4\int_0^\infty t^3\mathrm{e}^{-t}\mathrm{d}t$$

$$=\frac{a}{4}3!\ =\frac{3}{2}a=6a_0$$

$$\approx 0.317\ \mathrm{nm}.$$

§3.4　厄米算符本征函数的正交性

前面三节中我们讨论了动量、角动量和氢原子哈密顿等算符的本征值、本征函数.现在进一步讨论这些厄米算符本征函数的一个基本性质——正交性.

从(3.2.4)式可以看到,当 $\boldsymbol{p}\neq\boldsymbol{p}'$ 时,

$$\int\psi_{p'}^*(\boldsymbol{r})\psi_p(\boldsymbol{r})\mathrm{d}V=0.$$

我们说:属于动量算符不同本征值的两个本征函数 $\psi_{p'}$ 和 ψ_p 相互正交.一般地,如果两函数 ψ_1 和 ψ_2 满足关系式

$$\int\psi_1^*\psi_2\mathrm{d}V=0,\tag{3.4.1}$$

则我们称 ψ_1 和 ψ_2 相互**正交**.

属于不同本征值的两个本征函数相互正交这种性质,不仅是动量本征函数所独有的,而且是厄米算符的本征函数所共有的.也就是说,厄米算符的属于不同本征值的两个本征函数相互正交.现在我们来证明这个定理.

设 $\phi_1,\phi_2,\cdots,\phi_n,\cdots$ 是厄米算符 $\hat{F}$ 的本征函数,它们所属的本征值 $\lambda_1,\lambda_2,\cdots,\lambda_n,\cdots$ 都不相等,我们要证明当 $k\neq l$ 时,有

$$\int\phi_k^*\phi_l\mathrm{d}V=0.\tag{3.4.2}$$

证明如下:已知

$$\hat{F}\phi_k=\lambda_k\phi_k,\tag{3.4.3}$$

$$\hat{F}\phi_l=\lambda_l\phi_l,\tag{3.4.4}$$

且当 $k\neq l$ 时,

$$\lambda_k\neq\lambda_l,\tag{3.4.5}$$

因为 $\hat{F}$ 是厄米算符,它的本征值都是实数,即 $\lambda_k=\lambda_k^*$,所以(3.4.3)式的共轭复式可写为

$$(\hat{F}\phi_k)^* = \lambda_k\phi_k^*,$$

以 ϕ_l 右乘上式两边,并对变量的整个区域积分,得

$$\int(\hat{F}\phi_k)^*\phi_l\mathrm{d}V = \lambda_k\int\phi_k^*\phi_l\mathrm{d}V, \tag{3.4.6}$$

以 ϕ_k^* 左乘(3.4.4)式两边,并对变量的整个区域积分,得

$$\int\phi_k^*(\hat{F}\phi_l)\mathrm{d}V = \lambda_l\int\phi_k^*\phi_l\mathrm{d}V, \tag{3.4.7}$$

由厄米算符定义(3.1.20)式,有

$$\int\phi_k^*(\hat{F}\phi_l)\mathrm{d}V = \int(\hat{F}\phi_k)^*\phi_l\mathrm{d}V,$$

即(3.4.6)式和(3.4.7)式两等式的左边相等,因而这两等式的右边也相等:

$$\lambda_k\int\phi_k^*\phi_l\mathrm{d}V = \lambda_l\int\phi_k^*\phi_l\mathrm{d}V$$

或

$$(\lambda_k-\lambda_l)\int\phi_k^*\phi_l\mathrm{d}V = 0. \tag{3.4.8}$$

由(3.4.5)式

$$\lambda_k-\lambda_l\neq 0,$$

所以(3.4.8)式给出

$$\int\phi_k^*\phi_l\mathrm{d}V = 0.$$

这就是我们所要证明的(3.4.2)式.无论 $\hat{F}$ 的本征值组成离散谱还是连续谱,这个定理及其证明都成立.

在 $\hat{F}$ 的本征值 λ_k 组成离散谱的情况下,假定本征函数 ϕ_k 已归一化:

$$\int\phi_k^*\phi_k\mathrm{d}V = 1, \tag{3.4.9}$$

则(3.4.2)式和(3.4.9)式两式可以合并写为

$$\int\phi_k^*\phi_l\mathrm{d}V = \delta_{kl}, \tag{3.4.10}$$

式中克罗内克 δ 符号(Kronecker delta symbol)δ_{kl}具有下面的性质:

$$\delta_{kl}=\begin{cases}1, & \text{当 } k=l \text{ 时}\\ 0, & \text{当 } k\neq l \text{ 时}\end{cases}.$$

如果 $\hat{F}$ 的本征值 λ 组成连续谱,则本征函数 ϕ_λ 可以归一化为 δ 函数,代替(3.4.10)式有

$$\int \phi_\lambda^* \phi_{\lambda'} \mathrm{d}V = \delta(\lambda - \lambda'). \tag{3.4.11}$$

满足条件(3.4.10)式或(3.4.11)式的函数系 ϕ_k 或 ϕ_λ，称为正交归一系.

在上面证明厄米算符本征函数的正交性时，我们曾假设这些本征函数所属的本征值互不相等.如果 $\hat{F}$ 的一个本征值 λ_n 是 f 度简并的，属于它的线性独立的本征函数不止一个，而是 f 个：

$$\phi_{n1}, \phi_{n2}, \cdots, \phi_{nf},$$

$$\hat{F}\phi_{ni} = \lambda_n \phi_{ni}, \quad i = 1, 2, \cdots, f, \tag{3.4.12}$$

则上面的证明对这些函数不适用.一般说来，这些函数并不一定相互正交.

下面列举出一些正交归一函数系作为例子，它们都是厄米算符的本征函数.

(1) 线性谐振子的能量本征函数

$$\psi_n(x) = N_n \mathrm{e}^{-\frac{1}{2}\alpha^2 x^2} \mathrm{H}_n(\alpha x), \tag{3.4.13}$$

组成正交归一系：

$$N_n N_{n'} \int_{-\infty}^{\infty} \mathrm{e}^{-\alpha^2 x^2} \mathrm{H}_n(\alpha x) \mathrm{H}_{n'}(\alpha x) \mathrm{d}x = \delta_{nn'}. \tag{3.4.14}$$

(2) 角动量算符 $\hat{L}_z$ 的本征函数

$$\Phi_m(\varphi) = \frac{1}{\sqrt{2\pi}} \mathrm{e}^{\mathrm{i}m\varphi} \quad (m = 0, \pm 1, \pm 2, \cdots),$$

组成正交归一系：

$$\int_0^{2\pi} \Phi_m^*(\varphi) \Phi_{m'}(\varphi) \mathrm{d}\varphi = \delta_{mm'}. \tag{3.4.15}$$

这个等式很容易从直接积分得出.

角动量平方算符 $\hat{L}^2$ 属于本征值 $l(l+1)\hbar^2$ 的本征函数：

$$\mathrm{Y}_{lm}(\theta, \varphi) = N_{lm} \mathrm{P}_l^m(\cos\theta) \mathrm{e}^{\mathrm{i}m\varphi},$$

组成正交归一系：

$$\int_0^{\pi} \int_0^{2\pi} \mathrm{Y}_{lm}^*(\theta, \varphi) \mathrm{Y}_{l'm}(\theta, \varphi) \sin\theta \mathrm{d}\theta \mathrm{d}\varphi = \delta_{ll'}. \tag{3.4.16}$$

由(3.4.16)式可以得出连带勒让德多项式的正交性：

$$2\pi N_{lm} N_{l'm} \int_0^{\pi} \mathrm{P}_l^m(\cos\theta) \mathrm{P}_{l'}^m(\cos\theta) \sin\theta \mathrm{d}\theta = \delta_{ll'}. \tag{3.4.17}$$

(3.4.15)式和(3.4.16)式两式可以合并写成

$$\int_0^{\pi} \int_0^{2\pi} \mathrm{Y}_{lm}^*(\theta, \varphi) \mathrm{Y}_{l'm'}(\theta, \varphi) \sin\theta \mathrm{d}\theta \mathrm{d}\varphi = \delta_{ll'} \delta_{mm'}. \tag{3.4.18}$$

(3) 氢原子的波函数

$$\psi_{nlm}(r,\theta,\varphi) = R_{nl}(r)\mathrm{Y}_{lm}(\theta,\varphi),$$

组成正交归一系：

$$\int_0^\infty\int_0^\pi\int_0^{2\pi}\psi^*_{nlm}\psi_{n'lm}r^2\sin\theta\mathrm{d}r\mathrm{d}\theta\mathrm{d}\varphi = \delta_{nn'}.$$

考虑到 ψ_{nlm} 的形式,上式可以与(3.4.18)式合并写为

$$\int_0^\infty\int_0^\pi\int_0^{2\pi}\psi^*_{nlm}\psi_{n'l'm'}r^2\sin\theta\mathrm{d}r\mathrm{d}\theta\mathrm{d}\varphi = \delta_{nn'}\delta_{ll'}\delta_{mm'}. \tag{3.4.19}$$

(4) 一维无限深方势阱(宽 a)的能量本征函数

$$\psi_n(x) = \sqrt{\frac{2}{a}}\sin\left(\frac{n\pi}{a}x\right), \quad n = 1,2,\cdots,(0 \leqslant x \leqslant a),$$

满足正交归一化条件：

$$\int_0^a\psi^*_n(x)\psi_{n'}(x)\mathrm{d}x = \delta_{nn'}. \tag{3.4.20}$$

一种把简并态本征函数正交化的常用方法是施密特(Schmidt)正交化方法.

例 能级 E 有 3 个简并态 ψ_1,ψ_2 和 ψ_3,彼此线性独立,但不正交.试把它们构成正交、归一的波函数.

解 第 1 步,把 ψ_1 归一化:

$$\varphi_1 = \psi_1/\sqrt{\langle\psi_1|\psi_1\rangle},$$

为了简化书写,记 $\langle\psi_i|\psi_j\rangle \equiv \int\psi_i^*(x)\psi_j(x)\mathrm{d}x$.

第 2 步,利用 φ_1 与 ψ_2 构成 φ_2',$\varphi_2' = \psi_2 + c_{21}\varphi_1$,使

$$\langle\varphi_1|\varphi_2'\rangle = 0 = \langle\varphi_1|\psi_2\rangle + c_{21},$$

故

$$c_{21} = -\langle\varphi_1|\psi_2\rangle,$$

于是

$$\varphi'_2 = \psi_2 - \langle\varphi_1|\psi_2\rangle\varphi_1,$$

再将 φ_2' 归一化:

$$\varphi_2 = \varphi'_2/\sqrt{\langle\varphi'_2|\varphi'_2\rangle}.$$

第 3 步,$\varphi_3' = \psi_3 + c_{32}\varphi_2 + c_{31}\varphi_1$,由正交性:

$$\langle\varphi_1|\varphi_3'\rangle = 0 = \langle\varphi_1|\psi_3\rangle + c_{31}, \quad \langle\varphi_2|\varphi_3'\rangle = 0 = \langle\varphi_2|\varphi_3\rangle + c_{32},$$

得

$$c_{31} = -\langle\varphi_1|\psi_3\rangle, \quad c_{32} = -\langle\varphi_2|\psi_3\rangle,$$

于是,

$$\varphi'_3 = \psi_3 - \langle\varphi_2|\psi_3\rangle\varphi_2 - \langle\varphi_1|\psi_3\rangle\varphi_1,$$

$$\varphi_3 = \varphi_3'/\sqrt{\langle\varphi_3'|\varphi_3'\rangle}.$$

对于 n 重简并态($n>3$)，显然同样可以正交化.此法称为施密特正交化方法.(这里采用了狄拉克符号来简化书写，读者可在学过 §4.5 后重读本题.)

§ 3.5　算符与力学量的关系

我们回到算符和它所表示的力学量之间的关系问题.为了建立这个关系，在 §3.1 中曾引进一个基本假定.不过这个基本假定还不能完全解决这个问题，因为它只说明当体系处于算符 $\hat{F}$ 的本征态 ϕ 时，算符所表示的力学量有确定的数值，这个数值是算符在 ϕ 态中的本征值.如果体系不处于 $\hat{F}$ 的本征态，而处于任一个态 ψ，这时算符 $\hat{F}$ 和它所表示的力学量之间的关系如何，在 §3.1 中的假定并未提到.因此，有必要引进新的假定.使它能适用于一般的情况.当然新的假定应当把 §3.1 中的假定包含在内，而不应与它抵触.

为了这个目的，我们注意到在数学中已证明：如果 $\hat{F}$ 是满足一定条件的厄米算符，它的正交归一本征函数是 $\phi_n(x)$，对应的本征值是 λ_n，则任一函数 $\psi(x)$ 可以按 $\phi_n(x)$ 展开为级数：

$$\psi(x)=\sum_n c_n\phi_n(x) \tag{3.5.1}$$

式中 c_n 与 x 无关.本征函数 $\phi_n(x)$ 的这种性质称为**完全性**或**完备性**，或者说 $\{\phi_n(x)\}$ 组成**完全系**.(3.5.1)式中的系数 c_n 可以由 $\psi(x)$ 和 $\phi_n(x)$ 的内积求得.以 $\phi_m^*(x)$ 乘这个等式两边，并对 x 的整个区域积分，由 $\phi_n(x)$ 的正交归一性(3.4.10)式，有

$$\begin{aligned}\int\phi_m^*(x)\psi(x)\,\mathrm{d}x&=\sum_n c_n\int\phi_m^*(x)\phi_n(x)\,\mathrm{d}x\\&=\sum_n c_n\delta_{mn}=c_m,\end{aligned}$$

即

$$c_n=\int\phi_n^*(x)\psi(x)\,\mathrm{d}x. \tag{3.5.2}$$

量子力学中表示力学量的厄米算符，它们的本征函数组成完全系.以 $\psi(x)$ 表示体系的状态波函数，则 $\psi(x)$ 可以用(3.5.1)式按算符 $\hat{F}$ 的全部本征函数展开.设 $\psi(x)$ 已归一化，由 $\phi_n(x)$ 的正交归一性(3.4.10)式，可以得出 c_n 的绝对值平方之和等于 1：

$$\begin{aligned}1=\int\psi^*(x)\psi(x)\,\mathrm{d}x&=\sum_{mn}c_m^*c_n\int\phi_m^*(x)\phi_n(x)\,\mathrm{d}x\\&=\sum_{mn}c_m^*c_n\delta_{mn}=\sum_n|c_n|^2.\end{aligned} \tag{3.5.3}$$

如果 $\psi(x)$ 是算符 $\hat{F}$ 的某一个本征函数，例如 $\phi_i(x)$，则(3.5.1)式中的系数除 $c_i=1$ 外，其余都等于零.根据 §3.1 的假定，在这种情况下测量力学量 F，必定得到 $F=\lambda_i$ 的结果.由这个特例和(3.5.3)式，我们可以看到 $|c_n|^2$ 具有概率的意义，它表示在 $\psi(x)$ 态中测量力学量

F 得到的结果是 $\hat{F}$ 的本征值 λ_n 的概率.由于这个原因,c_n 常称为概率振幅.(3.5.3)式说明总的概率等于 1.

归纳上面的讨论,我们引进量子力学中关于力学量与算符的关系的一个基本假定:

量子力学中表示力学量的算符都是厄米算符,它们的本征函数组成完全系.当体系处于波函数 $\psi(x)$[(3.5.1)式]所描写的状态时,测量力学量 F 所得的数值,必定是算符 $\hat{F}$ 的本征值之一,测得 λ_n 的概率是 $|c_n|^2$.

这个假定的正确性,如同薛定谔方程一样,由整个理论与实验结果符合而得到验证.

根据这个假定,力学量在一般的状态中没有确定的数值,而有一系列的可能值,这些可能值就是表示这个力学量的算符的本征值.每个可能值都以确定的概率出现.在电子被晶体衍射的实验中,电子离开晶体后可能沿着各种方向运动,因为沿着这些方向的动量都是动量算符的本征值.电子具有某一动量的概率是确定的.

按照由概率求平均值的法则,可以求得力学量 F 在 ψ 态中的平均值是[不过,为了与统计平均值(average)区别,以后量子态的平均值称为期望值(expectation)]

$$\overline{F} = \sum_n \lambda_n |c_n|^2, \tag{3.5.4}$$

这个式子可以改写为

$$\overline{F} = \int \psi^*(x) \hat{F} \psi(x) \mathrm{d}x, \tag{3.5.5}$$

这两个式子相等可以用(3.5.1)式及 $\phi_n(x)$ 的正交归一性(3.4.10)式来证明,即

$$\begin{aligned}\int \psi^*(x) \hat{F} \psi(x) \mathrm{d}x &= \sum_{mn} c_m^* c_n \int \phi_m^*(x) \hat{F} \phi_n(x) \mathrm{d}x \\ &= \sum_{mn} c_m^* c_n \lambda_n \int \phi_m^*(x) \phi_n(x) \mathrm{d}x \\ &= \sum_{mn} c_m^* c_n \lambda_n \delta_{mn} = \sum_n \lambda_n |c_n|^2.\end{aligned}$$

(3.5.5)式是求力学量期望值的一般公式,用它可以直接从表示力学量的算符和体系所处的状态得出力学量在这个状态中的期望值.在这个公式中,$\psi(x)$ 是归一化的波函数.对于没有归一化的波函数,乘进归一化因子(见§2.1)后,(3.5.5)式改写为

$$\overline{F} = \frac{\int \psi^*(x) \hat{F} \psi(x) \mathrm{d}x}{\int \psi^*(x) \psi(x) \mathrm{d}x}. \tag{3.5.6}$$

上面只讨论了 $\hat{F}$ 的本征值组成离散谱的情况.对于 $\hat{F}$ 的本征值组成连续谱的情况,或者部分本征值 λ_n 组成离散谱,部分本征值 λ 组成连续谱的情况,可以进行同样的讨论.为避免重复,下面只列出后一种情况下的一些结果.

$\hat{F}$ 的全部本征函数 $\phi_n(x)$ 和 $\phi_\lambda(x)$ 组成完全系.代替(3.5.1)式,$\psi(x)$ 的展式是

$$\psi(x) = \sum_n c_n \phi_n(x) + \int c_\lambda \phi_\lambda(x) \mathrm{d}\lambda, \tag{3.5.7}$$

其中 c_n 由(3.5.2)式给出,c_λ 则由下式给出：

$$c_\lambda = \int \phi_\lambda^*(x)\psi(x)\mathrm{d}x, \tag{3.5.8}$$

代替(3.5.3)式,有

$$\sum_n |c_n|^2 + \int |c_\lambda|^2 \mathrm{d}\lambda = 1, \tag{3.5.9}$$

$|c_n|^2$ 是在 $\psi(x)$ 态中测量 F 得到 λ_n 的概率,$|c_\lambda|^2\mathrm{d}\lambda$ 则是所得结果在 $\lambda\to\lambda+\mathrm{d}\lambda$ 范围内的概率.代替(3.5.4)式,有

$$\overline{F} = \sum_n \lambda_n |c_n|^2 + \int \lambda |c_\lambda|^2 \mathrm{d}\lambda, \tag{3.5.10}$$

(3.5.5)式和(3.5.6)式无改变.

例　求氢原子处于基态时,电子动量的概率分布.

因为要求的是动量的概率分布,我们首先将氢原子基态波函数 ψ_{100} 按动量算符的本征函数 $\psi_{\boldsymbol{p}}$ 展开.动量算符的本征值组成连续谱,因而展式可写为

$$\psi_{100}(r) = \int c_{\boldsymbol{p}}\psi_{\boldsymbol{p}}(\boldsymbol{r})\mathrm{d}\boldsymbol{p},$$

由(3.5.8)式,概率振幅为

$$c_{\boldsymbol{p}} = \int \psi_{\boldsymbol{p}}^*(\boldsymbol{r})\psi_{100}(r)\mathrm{d}V,$$

将

$$\psi_{100}(r) = \frac{1}{\sqrt{\pi a_0^3}}\mathrm{e}^{-\frac{r}{a_0}}, \quad \psi_{\boldsymbol{p}}^*(\boldsymbol{r}) = \frac{1}{(2\pi\hbar)^{\frac{3}{2}}}\mathrm{e}^{-\frac{\mathrm{i}}{\hbar}\boldsymbol{p}\cdot\boldsymbol{r}}$$

代入上式(取 z 轴平行 $\boldsymbol{p}$),得

$$c_{\boldsymbol{p}} = \frac{1}{\pi^2(2a_0\hbar)^{\frac{3}{2}}}\int_0^\infty\int_{-1}^1\int_0^{2\pi}\mathrm{e}^{-\frac{r}{a_0}}\mathrm{e}^{-\frac{\mathrm{i}}{\hbar}pr\cos\theta}r^2\mathrm{d}r\mathrm{d}\cos\theta\mathrm{d}\varphi.$$

先对 φ 积分,再对 $\cos\theta$ 积分,最后用分部积分法对 $\boldsymbol{r}$ 积分,即可求得

$$\begin{aligned} c_{\boldsymbol{p}} &= \frac{2}{\pi(2a_0\hbar)^{\frac{3}{2}}}\int_0^\infty\int_{-1}^1\mathrm{e}^{-\frac{r}{a_0}}\mathrm{e}^{-\frac{\mathrm{i}}{\hbar}pr\cos\theta}r^2\mathrm{d}r\mathrm{d}\cos\theta \\ &= \frac{2\mathrm{i}\hbar}{\pi p(2a_0\hbar)^{\frac{3}{2}}}\int_0^\infty r\mathrm{e}^{-\frac{r}{a_0}}\left[\mathrm{e}^{-\frac{\mathrm{i}}{\hbar}pr} - \mathrm{e}^{\frac{\mathrm{i}}{\hbar}pr}\right]\mathrm{d}r \\ &= \frac{(2a_0\hbar)^{\frac{3}{2}}\hbar}{\pi[a_0^2p^2 + \hbar^2]^2}. \end{aligned}$$

这式子仅与 p 的绝对值有关,与 p 的方向无关.由此得到动量的概率密度为

$$|c_{\boldsymbol{p}}|^2 = \frac{8a_0^3\hbar^5}{\pi^2[a_0^2p^2 + \hbar^2]^4}.$$

当氢原子处于基态时,电子动量的绝对值在 $p \to p+\mathrm{d}p$ 范围内的概率,等于 $|c_p|^2$ 乘以动量空间的体积元 $4\pi p^2\mathrm{d}p$,即

$$w(p)\,\mathrm{d}p=\frac{32}{\pi}\left(\frac{\hbar}{a_0}\right)^5\frac{p^2\mathrm{d}p}{\left(\frac{\hbar^2}{a_0^2}+p^2\right)^4}.$$

利用公式 $\int_0^\infty \frac{x^2\mathrm{d}x}{(1+x^2)^4}=\frac{\pi}{32}$,可以证明各种可能的概率之和等于 1,即

$$\int w(p)\,\mathrm{d}p=1.$$

§ 3.6　算符的对易关系
两力学量同时有确定值的条件

现在我们转到算符间的关系及其物理意义的问题上来.先讨论坐标算符 $\hat{x}$ 和动量算符 $\hat{p}_x$.如果把这两个算符作用于同一个波函数,则所得结果取决于这两个算符作用的顺序,即对于任一波函数 ψ,有

$$\hat{x}\hat{p}_x\psi=\frac{\hbar}{\mathrm{i}}x\frac{\partial\psi}{\partial x},$$

$$\hat{p}_x\hat{x}\psi=\frac{\hbar}{\mathrm{i}}\frac{\partial}{\partial x}(x\psi)=\frac{\hbar}{\mathrm{i}}x\frac{\partial\psi}{\partial x}+\frac{\hbar}{\mathrm{i}}\psi,$$

这两个结果并不相同,且

$$\hat{x}\hat{p}_x\psi-\hat{p}_x\hat{x}\psi=\mathrm{i}\hbar\psi, \tag{3.6.1}$$

由于 ψ 是任意的波函数,我们把上式写为

$$[\hat{x},\hat{p}_x]\equiv\hat{x}\hat{p}_x-\hat{p}_x\hat{x}=\mathrm{i}\hbar. \tag{3.6.2}$$

(3.6.2)式称为 $\hat{x}$ 和 $\hat{p}_x$ 的对易关系;$[\hat{x},\hat{p}_x]$ 称为 $\hat{x}$ 和 $\hat{p}_x$ 的对易子.等式的右边不等于零,我们说 $\hat{x}$ 和 $\hat{p}_x$ 是不对易的.

同样的讨论可以得到

$$\left.\begin{aligned}[\hat{y},\hat{p}_y]&=\hat{y}\hat{p}_y-\hat{p}_y\hat{y}=\mathrm{i}\hbar\\ [\hat{z},\hat{p}_z]&=\hat{z}\hat{p}_z-\hat{p}_z\hat{z}=\mathrm{i}\hbar\end{aligned}\right\} \tag{3.6.3}$$

以及

$$\left.\begin{aligned}[\hat{x},\hat{p}_y]&=\hat{x}\hat{p}_y-\hat{p}_y\hat{x}=0\\ [\hat{x},\hat{p}_z]&=\hat{x}\hat{p}_z-\hat{p}_z\hat{x}=0\\ [\hat{p}_x,\hat{p}_y]&=\hat{p}_x\hat{p}_y-\hat{p}_y\hat{p}_x=0\end{aligned}\right\}. \tag{3.6.4}$$

等式(3.6.4)式的右边都是零,我们称 $\hat{x}$ 和 $\hat{p}_y$,$\hat{x}$ 和 $\hat{p}_z$,$\hat{p}_x$ 和 $\hat{p}_y$ 是对易的.

(3.6.2)式—(3.6.4)式三式说明,动量分量和它所对应的坐标(如 $\hat{p}_x$ 和 $\hat{x}$,$\hat{p}_y$ 和 $\hat{y}$,$\hat{p}_z$ 和 $\hat{z}$)是不对易的,而和它不对应的坐标(如 $\hat{p}_x$ 和 $\hat{y}$,$\hat{p}_y$ 和 $\hat{z}$,等等)是对易的;动量各分量之间也是对易的.

对于坐标和动量函数的力学量,知道了坐标和动量之间的对易关系后,就可以得出该力学量分量之间的对易关系.例如,角动量算符 $\hat{L}_x$,$\hat{L}_y$,$\hat{L}_z$ 之间的对易关系是

$$\begin{aligned}[\hat{L}_x,\hat{L}_y] &= \hat{L}_x\hat{L}_y - \hat{L}_y\hat{L}_x \\ &= (\hat{y}\hat{p}_z - \hat{z}\hat{p}_y)(\hat{z}\hat{p}_x - \hat{x}\hat{p}_z) - (\hat{z}\hat{p}_x - \hat{x}\hat{p}_z)(\hat{y}\hat{p}_z - \hat{z}\hat{p}_y) \\ &= \hat{y}\hat{p}_z\hat{z}\hat{p}_x - \hat{y}\hat{p}_z\hat{x}\hat{p}_z - \hat{z}\hat{p}_y\hat{z}\hat{p}_x + \hat{z}\hat{p}_y\hat{x}\hat{p}_z \\ &\quad - \hat{z}\hat{p}_x\hat{y}\hat{p}_z + \hat{z}\hat{p}_x\hat{z}\hat{p}_y + \hat{x}\hat{p}_z\hat{y}\hat{p}_z - \hat{x}\hat{p}_z\hat{z}\hat{p}_y \\ &= \hat{p}_z\hat{z}\hat{y}\hat{p}_x + \hat{z}\hat{p}_z\hat{x}\hat{p}_y - \hat{z}\hat{p}_z\hat{y}\hat{p}_x - \hat{p}_z\hat{z}\hat{x}\hat{p}_y \\ &= (\hat{z}\hat{p}_z - \hat{p}_z\hat{z})(\hat{x}\hat{p}_y - \hat{y}\hat{p}_x) = \mathrm{i}\hbar\hat{L}_z,\end{aligned} \tag{3.6.5}$$

同理可得

$$\left.\begin{aligned}[\hat{L}_y,\hat{L}_z] &= \hat{L}_y\hat{L}_z - \hat{L}_z\hat{L}_y = \mathrm{i}\hbar\hat{L}_x \\ [\hat{L}_z,\hat{L}_x] &= \hat{L}_z\hat{L}_x - \hat{L}_x\hat{L}_z = \mathrm{i}\hbar\hat{L}_y\end{aligned}\right\}. \tag{3.6.6}$$

(3.6.5)式和(3.6.6)式可以合写为一个矢量公式:

$$\hat{\boldsymbol{L}} \times \hat{\boldsymbol{L}} = \mathrm{i}\hbar\hat{\boldsymbol{L}}, \tag{3.6.7}$$

这个式子可以看成角动量算符的定义,它比(3.1.29)式更普遍.(3.1.29)式只定义了轨道角动量算符,(3.6.7)式适用于各种角动量算符,如自旋角动量算符(见 §7.2).

$\hat{L}^2$ 和 $\hat{L}_x$,$\hat{L}_y$,$\hat{L}_z$ 都是对易的:

$$\left.\begin{aligned}[\hat{L}_x,\hat{L}^2] &= 0 \\ [\hat{L}_y,\hat{L}^2] &= 0 \\ [\hat{L}_z,\hat{L}^2] &= 0\end{aligned}\right\}, \tag{3.6.8}$$

这三个等式读者可自己证明.

上面我们讨论了算符间的对易关系.我们看到,这类关系可以分为两种:一种是相互对易的,一种是不对易的.现在再进一步分析算符间这两种对易关系的含义.

在什么情况下两个算符相互对易呢?**如果两个算符 $\hat{F}$ 和 $\hat{G}$ 有一组共同本征函数 ϕ_n,而且 ϕ_n 组成完全系,则算符 $\hat{F}$ 和 $\hat{G}$ 对易.**下面证明这个定理.

因为

$$\hat{F}\phi_n = \lambda_n\phi_n,$$

$$\hat{G}\phi_n = \mu_n\phi_n,$$

λ_n, μ_n 依次是 $\hat{F}$ 和 $\hat{G}$ 的本征值,所以

$$(\hat{F}\hat{G}-\hat{G}\hat{F})\phi_n=\lambda_n\mu_n\phi_n-\mu_n\lambda_n\phi_n=0.$$

设 ψ 是任意波函数,由于 ϕ_n 组成完全系,我们可以将 ψ 按 ϕ_n 展为级数:

$$\psi=\sum_n a_n\phi_n,$$

于是有

$$(\hat{F}\hat{G}-\hat{G}\hat{F})\psi=\sum_n a_n(\hat{F}\hat{G}-\hat{G}\hat{F})\phi_n=0,$$

ψ 既然是任意波函数,所以

$$\hat{F}\hat{G}-\hat{G}\hat{F}=0.$$

定理得证.

这个定理的逆定理也成立:如果两个算符对易,则这两个算符有组成完全系的共同本征函数.这个逆定理就不在这里证明了.

这些定理可以推广到两个以上算符的情况中去.如果一组算符有共同的本征函数,而且这些共同本征函数组成完全系,则这组算符中的任何一个和其余的算符对易.这个定理的逆定理也成立.

在一些算符的共同本征函数所描写的态中,这些算符所表示的力学量同时有确定值.

动量算符 $\hat{p}_x, \hat{p}_y, \hat{p}_z$ 相互对易,所以它们有共同本征函数 ψ_p,并且 ψ_p 组成完全系.在态 ψ_p 中,这三个算符同时具有确定值 p_x, p_y, p_z.

氢原子中电子的哈密顿算符 $\hat{H}$,角动量平方算符 $\hat{L}^2$ 和角动量 z 分量算符 $\hat{L}_z$ 相互对易,它们有共同本征函数——氢原子的定态波函数 ψ_{nlm}.在这些态中,$\hat{H}$、$\hat{L}^2$ 和 $\hat{L}_z$ 依次有确定值 $E_n, l(l+1)\hbar^2$ 和 $m\hbar$.

要完全确定体系所处的状态,需要有一组相互对易的力学量(通过它们的本征值).这一组完全确定体系状态的力学量,称为力学量的完全集合.在完全集合中力学量的数目一般与体系自由度的数目相等.例如,三维空间中自由粒子的自由度是3(不考虑自旋),完全确定它的状态需要三个力学量 $\hat{p}_x, \hat{p}_y, \hat{p}_z$.氢原子中电子的自由度也是3,完全确定它的状态需要三个相互对易的力学量 $\hat{H}, \hat{L}^2$ 和 $\hat{L}_z$,或三个量子数 n, l, m.

由本节所列出的一些对易关系可以看出:普朗克常量 h 在力学量的对易关系中占有重要的地位,它标志着微观规律性和宏观规律性之间的差异.如果 h 在所讨论的问题中可以略去,则坐标和动量、角动量各分量之间都是对易的,这些力学量都同时有确定值.这样,微观规律性就过渡到宏观规律性.

§ 3.7 不确定关系

现在讨论两个算符不对易的情况.从上面的讨论可知,当两个算符 $\hat{F}$ 和 $\hat{G}$ 不对易时,一

般来讲,它们不能同时有确定值.我们直接从对易关系来肯定这一结论,并估计在同一个态 ψ 中,两个不对易算符 $\hat{F}$ 和 $\hat{G}$ 不确定程度之间的关系.

设 $\hat{F}$ 和 $\hat{G}$ 的对易关系为

$$\hat{F}\hat{G}-\hat{G}\hat{F}=\mathrm{i}\hat{k}, \tag{3.7.1}$$

$\hat{k}$ 是一个算符或普通的数.以 $\overline{F}$,$\overline{G}$ 和 $\overline{k}$ 依次表示 $\hat{F}$,$\hat{G}$ 和 $\hat{k}$ 在态 ψ 中的期望值.令

$$\Delta\hat{F}=\hat{F}-\overline{F},\quad \Delta\hat{G}=\hat{G}-\overline{G}, \tag{3.7.2}$$

考虑积分

$$I(\xi)=\int\left|(\xi\Delta\hat{F}-\mathrm{i}\Delta\hat{G})\psi\right|^2\mathrm{d}V\geqslant 0, \tag{3.7.3}$$

式中 ξ 是实参量.积分区域是变量变化的整个空间.因被积函数是绝对值的平方,所以积分 $I(\xi)$ 恒不小于零.将积分中的平方项展开,得到

$$\begin{aligned}I(\xi)&=\int(\xi\Delta\hat{F}\psi-\mathrm{i}\Delta\hat{G}\psi)[\xi(\Delta\hat{F}\psi)^*+\mathrm{i}(\Delta\hat{G}\psi)^*]\mathrm{d}V\\&=\xi^2\int(\Delta\hat{F}\psi)(\Delta\hat{F}\psi)^*\mathrm{d}V-\mathrm{i}\xi\int[(\Delta\hat{G}\psi)(\Delta\hat{F}\psi)^*\\&\quad-(\Delta\hat{F}\psi)(\Delta\hat{G}\psi)^*]\mathrm{d}V+\int(\Delta\hat{G}\psi)(\Delta\hat{G}\psi)^*\mathrm{d}V,\end{aligned}$$

注意到 $\Delta\hat{F}$ 和 $\Delta\hat{G}$ 都是厄米算符,利用(3.1.30)式,得到

$$\begin{aligned}I(\xi)&=\xi^2\int\psi^*(\Delta\hat{F})^2\psi\mathrm{d}V-\mathrm{i}\xi\int\psi^*(\Delta\hat{F}\Delta\hat{G}-\Delta\hat{G}\Delta\hat{F})\psi\mathrm{d}V\\&\quad+\int\psi^*(\Delta\hat{G})^2\psi\mathrm{d}V.\end{aligned}$$

因为

$$\begin{aligned}\Delta\hat{F}\Delta\hat{G}-\Delta\hat{G}\Delta\hat{F}&=(\hat{F}-\overline{F})(\hat{G}-\overline{G})-(\hat{G}-\overline{G})(\hat{F}-\overline{F})\\&=\hat{F}\hat{G}-\hat{G}\hat{F}=\mathrm{i}\hat{k},\end{aligned}$$

于是,(3.7.3)式最后写为

$$I(\xi)=\overline{(\Delta\hat{F})^2}\xi^2+\overline{k}\xi+\overline{(\Delta\hat{G})^2}\geqslant 0.$$

由代数中二次式理论可知,这个不等式成立的条件是系数必须满足下列关系:

$$\overline{(\Delta\hat{F})^2}\;\overline{(\Delta\hat{G})^2}\geqslant\frac{\overline{k}^2}{4}. \tag{3.7.4}$$

如果 $\overline{k}$ 不为零,则 $\hat{F}$ 和 $\hat{G}$ 的均方偏差不会同时为零,它们的乘积要大于一正数.(3.7.4)式称为**不确定关系**(曾被称为测不准关系).

把这关系应用于坐标和动量.因为

$$x\hat{p}_x-\hat{p}_x x=\mathrm{i}\hbar,$$

$\overline{k}=\hbar$,于是有

$$\overline{(\Delta x)^2}\,\overline{(\Delta p_x)^2} \geqslant \frac{\hbar^2}{4}, \tag{3.7.5}$$

这是坐标和动量的不确定关系.$\overline{(\Delta x)^2}$和$\overline{(\Delta p_x)^2}$不能同时为零,坐标 x 的均方偏差愈小,则与它共轭的动量 p_x 的均方偏差愈大.

线性谐振子的零点能,可以用不确定关系(3.7.5)式来说明.振子的平均能量是

$$\overline{E} = \frac{\overline{p^2}}{2m} + \frac{1}{2}m\omega^2\,\overline{x^2}, \tag{3.7.6}$$

坐标的期望值是

$$\overline{x} = N_n^2\int_{-\infty}^{\infty} \mathrm{e}^{-\alpha^2x^2}\mathrm{H}_n^2(\alpha x)\,x\mathrm{d}x,$$

$\mathrm{e}^{-\alpha^2x^2}\mathrm{H}_n^2(\alpha x)$是 x 的偶函数,因而上式中积分号下的函数是 x 的奇函数,由此有

$$\overline{x} = 0,$$

动量的期望值是

$$\overline{p} = \frac{\hbar}{\mathrm{i}}N_n^2\int_{-\infty}^{\infty} \mathrm{e}^{-\frac{\alpha^2x^2}{2}}\mathrm{H}_n(\alpha x)\,\frac{\mathrm{d}}{\mathrm{d}x}\left[\mathrm{e}^{-\frac{\alpha^2x^2}{2}}\mathrm{H}_n(\alpha x)\right]\mathrm{d}x,$$

分部积分后得

$$\overline{p} = -\frac{\hbar}{\mathrm{i}}N_n^2\int_{-\infty}^{\infty} \frac{\mathrm{d}}{\mathrm{d}x}\left[\mathrm{e}^{-\frac{\alpha^2x^2}{2}}\mathrm{H}_n(\alpha x)\right]\mathrm{e}^{-\frac{\alpha^2x^2}{2}}\mathrm{H}_n(\alpha x)\,\mathrm{d}x = -\overline{p},$$

所以

$$\overline{p} = 0,$$

由均方偏差公式

$$\overline{(\Delta F)^2} = \overline{(F-\overline{F})^2} = \overline{F^2} - 2\overline{F}\,\overline{F} + \overline{F}^2 = \overline{F^2} - \overline{F}^2, \tag{3.7.7}$$

由于 $\overline{x}=0,\overline{p}=0$,有

$$\overline{(\Delta x)^2} = \overline{x^2}, \qquad \overline{(\Delta p)^2} = \overline{p^2},$$

代入(3.7.6)式,线性谐振子能量期望值可写为

$$\overline{E} = \frac{\overline{(\Delta p)^2}}{2m} + \frac{1}{2}m\omega\,\overline{(\Delta x)^2}. \tag{3.7.8}$$

不确定关系(3.7.5)式使$\overline{(\Delta x)^2}$和$\overline{(\Delta p)^2}$不能同时为零,因而 $\overline{E}$ 的最小值也不能为零,而必须是有限正值.为求 $\overline{E}$ 的最小值,在(3.7.5)式中取等号:

$$\overline{(\Delta p)^2} = \frac{\hbar^2}{4\,\overline{(\Delta x)^2}},$$

代入(3.7.8)式,有

$$\overline{E}=\frac{\hbar^2}{8m}\frac{1}{\overline{(\Delta x)^2}}+\frac{1}{2}m\omega^2\overline{(\Delta x)^2},$$

将此式对$\overline{(\Delta x)^2}$求导得 $\overline{E}$ 最小值,由$\overline{(\Delta x)^2}=\frac{\hbar}{2m\omega}$,可得出 $\overline{E}$ 的最小值为$\frac{1}{2}\hbar\omega$.

由此可见,线性谐振子的零点能是不确定关系所要求的最小能量.

如果把(3.7.4)式应用于角动量分量之间,则由

$$\hat{L}_x\hat{L}_y-\hat{L}_y\hat{L}_x=\mathrm{i}\hbar\hat{L}_z,$$

有

$$\overline{(\Delta L_x)^2}\ \overline{(\Delta L_y)^2}\geqslant\frac{\hbar^2}{4}\overline{L}_z^2.$$

在 L_z 的本征态 Y_{lm} 中,$\overline{L}_z=m\hbar$,因而在这种态中 L_x 和 L_y 的不确定关系是

$$\overline{(\Delta L_x)^2}\ \overline{(\Delta L_y)^2}\geqslant\frac{m^2\hbar^4}{4}.$$

不确定关系是量子力学中的基本关系,它反映了微观粒子的波粒二象性.我们不在这里对这种关系作进一步分析,因为这要牵涉到如何对已有的量子力学理论作深入解释的问题.在本书的结束语中,将对有关这方面的问题作简单的介绍.

§ 3.8 力学量期望值随时间的变化　守恒定律

在波函数 $\Psi(x,t)$ 所描写的态中,力学量 $\hat{F}$ 的期望值为

$$\overline{F}=\int\Psi^*(x,t)\hat{F}\Psi(x,t)\mathrm{d}x,\tag{3.8.1}$$

因为 $\Psi(x,t)$ 是时间的函数,$\hat{F}$ 也可能显含时间,所以 $\overline{F}$ 通常是时间 t 的函数.为了讨论 $\overline{F}$ 随时间的变化,由(3.8.1)式求出 $\overline{F}$ 对时间的微商:

$$\frac{\mathrm{d}\overline{F}}{\mathrm{d}t}=\int\psi^*\frac{\partial\hat{F}}{\partial t}\psi\mathrm{d}x+\int\frac{\partial\Psi^*}{\partial t}\hat{F}\Psi\mathrm{d}x+\int\Psi^*\hat{F}\frac{\partial\Psi}{\partial t}\mathrm{d}x,\tag{3.8.2}$$

由薛定谔方程,有

$$\frac{\partial\Psi}{\partial t}=\frac{1}{\mathrm{i}\hbar}\hat{H}\Psi,$$

$$\frac{\partial\Psi^*}{\partial t}=-\frac{1}{\mathrm{i}\hbar}(\hat{H}\Psi)^*,$$

代入(3.8.2)式中,得

$$\frac{\mathrm{d}\overline{F}}{\mathrm{d}t}=\int\Psi^*\frac{\partial\hat{F}}{\partial t}\Psi\mathrm{d}x+\frac{1}{\mathrm{i}\hbar}\int\Psi^*\hat{F}\hat{H}\Psi\mathrm{d}x-\frac{1}{\mathrm{i}\hbar}\int(\hat{H}\Psi)^*\hat{F}\Psi\mathrm{d}x.\tag{3.8.3}$$

因为 $\hat{H}$ 是厄米算符，由(3.1.30)式，有

$$\int(\hat{H}\Psi)^*\hat{F}\Psi\mathrm{d}x=\int\Psi^*\hat{H}\hat{F}\Psi\mathrm{d}x,$$

代入(3.8.3)式中，得

$$\frac{\mathrm{d}\overline{F}}{\mathrm{d}t}=\int\Psi^*\frac{\partial\hat{F}}{\partial t}\Psi\mathrm{d}x+\frac{1}{\mathrm{i}\hbar}\int\Psi^*(\hat{F}\hat{H}-\hat{H}\hat{F})\Psi\mathrm{d}x,$$

即

$$\frac{\mathrm{d}\overline{F}}{\mathrm{d}t}=\overline{\frac{\partial F}{\partial t}}+\frac{1}{\mathrm{i}\hbar}\overline{(\hat{F}\hat{H}-\hat{H}\hat{F})}. \tag{3.8.4}$$

引入对易关系记号

$$\hat{F}\hat{H}-\hat{H}\hat{F}\equiv[\hat{F},\hat{H}], \tag{3.8.5}$$

则(3.8.4)式写为

$$\frac{\mathrm{d}\overline{F}}{\mathrm{d}t}=\overline{\frac{\partial F}{\partial t}}+\frac{1}{\mathrm{i}\hbar}\overline{[\hat{F},\hat{H}]}. \tag{3.8.6}$$

如果算符 $\hat{F}$ 不显含时间，则$\frac{\partial\hat{F}}{\partial t}=0$，(3.8.6)式简化为

$$\frac{\mathrm{d}\overline{F}}{\mathrm{d}t}=\frac{1}{\mathrm{i}\hbar}\overline{[\hat{F},\hat{H}]}. \tag{3.8.7}$$

如果 $\hat{F}$ 既不显含时间，又与 $\hat{H}$ 对易，即$[\hat{F},\hat{H}]=0$，那么就有

$$\frac{\mathrm{d}\overline{F}}{\mathrm{d}t}=0, \tag{3.8.8}$$

即 $\hat{F}$ 的期望值不随时间改变.我们称满足条件(3.8.8)式的力学量 $\hat{F}$ 为运动恒量，或者说 $\hat{F}$ 在运动中守恒.

下面我们举出几个运动恒量的具体例子.

(1) 自由粒子的动量

当粒子不受外力作用时，它的哈密顿算符是

$$\hat{H}=\frac{1}{2m}\hat{p}^2,$$

因而有

$$\frac{\mathrm{d}\overline{p}}{\mathrm{d}t}=\frac{1}{\mathrm{i}\hbar}\overline{[\hat{p},\hat{H}]}=0, \tag{3.8.9}$$

所以自由粒子的动量是运动恒量.这就是量子力学中的动量守恒定律.

(2) 在中心力场中运动粒子的角动量

粒子在势函数为 $U(r)$ 的中心力场中运动时，哈密顿算符是[参看(3.3.3)和(3.2.15)

式]:

$$\hat{H}=-\frac{\hbar^2}{2mr^2}\frac{\partial}{\partial r}\left(r^2\frac{\partial}{\partial r}\right)+\frac{\hat{L}^2}{2mr^2}+U(r),\tag{3.8.10}$$

由公式(3.2.14)式和(3.2.15)式可看出角动量算符 $\hat{L}^2,\hat{L}_x,\hat{L}_y,\hat{L}_z$ 只和变量 θ,φ 有关,而与 r 无关,因而这些角动量算符和 r 的函数对易.所以 $\hat{L}^2$ 与 $\hat{H}$ 对易,于是

$$\frac{\mathrm{d}\,\overline{L^2}}{\mathrm{d}t}=\frac{1}{\mathrm{i}\hbar}\overline{[\hat{L}^2,\hat{H}]}=0.\tag{3.8.11}$$

此外,$\hat{L}_x,\hat{L}_y,\hat{L}_z$ 都和 $\hat{L}^2$ 对易[见(3.6.8)式],所以

$$\left.\begin{aligned}\frac{\mathrm{d}\overline{L}_x}{\mathrm{d}t}=\frac{1}{\mathrm{i}\hbar}\overline{[\hat{L}_x,\hat{H}]}=0\\ \frac{\mathrm{d}\overline{L}_y}{\mathrm{d}t}=\frac{1}{\mathrm{i}\hbar}\overline{[\hat{L}_y,\hat{H}]}=0\\ \frac{\mathrm{d}\overline{L}_z}{\mathrm{d}t}=\frac{1}{\mathrm{i}\hbar}\overline{[\hat{L}_z,\hat{H}]}=0\end{aligned}\right\}.\tag{3.8.12}$$

由此可见,粒子在中心力场中运动时,角动量平方和角动量分量($\hat{L}^2,\hat{L}_x,\hat{L}_y,\hat{L}_z$)都是运动恒量.这就是量子力学中的角动量守恒定律.

(3) 哈密顿不显含时间的体系的能量

如果体系的哈密顿算符 $\hat{H}$ 不是时间的显函数,则由(3.8.6)式有

$$\frac{\mathrm{d}\overline{H}}{\mathrm{d}t}=\frac{1}{\mathrm{i}\hbar}\overline{[\hat{H},\hat{H}]}=0,\tag{3.8.13}$$

因而体系的能量是运动恒量.这就是量子力学中的能量守恒定律.我们前面讨论过的一些具体体系,如一维无限深势阱中的粒子、线性谐振子、氢原子等,它们的哈密顿不显含时间,所以它们的能量都是运动恒量.

(4) 哈密顿对空间反演不变时的宇称

把一个函数的所有坐标宗量改变符号($x\to -x$)的运算称为空间反演.以算符 $\hat{P}$ 表示这种运算:

$$\hat{P}\Psi(x,t)=\Psi(-x,t),\tag{3.8.14}$$

我们称 $\hat{P}$ 为**宇称算符**.

由(3.8.14)式,有

$$\hat{P}^2\Psi(x,t)=\hat{P}\Psi(-x,t)=\Psi(x,t),$$

即 $\hat{P}^2$ 的本征值是1,因而 $\hat{P}$ 的本征值是±1.

由此有

$$\hat{P}\Psi_1=\Psi_1\quad 或\quad \hat{P}\Psi_2=-\Psi_2.$$

这表示 $\hat{P}$ 作用在自己的本征函数上所得结果或者是这个函数本身（如 Ψ_1），或者是使这个函数变号（如 Ψ_2），我们称 $\hat{P}$ 的本征函数中属于本征值 1 的 Ψ_1 具有偶宇称，属于本征值-1 的 Ψ_2 具有奇宇称.

设体系的哈密顿算符 $\hat{H}$ 在空间反演后保持不变：

$$\hat{H}(x)=\hat{H}(-x),$$

则 $\hat{H}$ 与宇称算符对易，这是因为对于任意波函数 Ψ，我们有

$$\begin{aligned}\hat{P}\hat{H}(x)\Psi(x,t)&=\hat{H}(-x)\hat{P}\Psi(x,t)\\&=\hat{H}(x)\hat{P}\Psi(x,t),\end{aligned}$$

所以

$$\hat{P}\hat{H}=\hat{H}\hat{P},$$

这表示宇称是运动恒量，由 § 3.7 知 $\hat{H}$ 和 $\hat{P}$ 可以有共同的本征函数，因而体系能量本征函数可以有确定的宇称，并且不随时间改变.这就是量子力学中的宇称守恒定律.

上面的讨论很容易推广到多维的情况.在三维情况下，空间反演是 $\boldsymbol{r}\to-\boldsymbol{r}$，因而

$$\hat{P}\Psi(\boldsymbol{r},t)=\Psi(-\boldsymbol{r},t).$$

量子力学中一个不可观察量的对称性（不变性）导致一个可观察量的守恒律：空间平移对称性导致动量守恒，空间旋转对称性导致角动量守恒，时间平移对称性导致能量守恒，空间反演对称性导致宇称守恒，等等.

小　　结

1. 力学量和表示力学量的算符

（1）量子力学中的力学量用厄米算符表示，这些算符的本征函数组成完全系.厄米算符的定义是

$$\int\psi^*\hat{F}\phi\,\mathrm{d}V=\int(\hat{F}\psi)^*\phi\,\mathrm{d}V.$$

ψ 和 ϕ 是任意函数.厄米算符的本征函数具有正交性，它们可以组成正交归一系：

$$\int\phi_m^*\phi_n\,\mathrm{d}V=\delta_{mn}$$

或

$$\int\phi_\lambda^*\phi_{\lambda'}\,\mathrm{d}V=\delta(\lambda-\lambda').$$

（2）如果一个力学量在经典力学中有对应的量，则表示这个力学量的算符由经典表示式中将动量 $\boldsymbol{p}$ 用算符 $-\mathrm{i}\hbar\nabla$ 代换得出.

（3）将体系的状态波函数 $\psi(x)$ 用算符 $\hat{F}$ 的本征函数展开：

$$\psi(x)=\sum_n c_n\phi_n(x)+\int c_\lambda\phi_\lambda(x)\,\mathrm{d}\lambda,$$

则在 $\psi(x)$ 态中测量力学量 F 得到结果为 λ_n 的概率是 $|c_n|^2$，得到结果在 λ 与 $\lambda+\mathrm{d}\lambda$ 范围内的概率是 $|c_\lambda|^2\mathrm{d}\lambda$.

$$c_n=\int\phi_n^*(x)\psi(x)\mathrm{d}x,\quad c_\lambda=\int\phi_\lambda^*(x)\psi(x)\mathrm{d}x.$$

(4) 力学量 $\hat{F}$ 在归一化的 ψ 态的期望值公式：

$$\overline{F}=\int\psi^*\hat{F}\psi\mathrm{d}V,$$

$$\overline{F}=\sum_n\lambda_n|c_n|^2+\int\lambda|c_\lambda|^2\mathrm{d}\lambda.$$

(5) $\hat{F}\phi_n=F_n\phi_n$，力学量 F 在 ϕ_n 态中有确定值 F_n.

2. 几个具体的表示力学量的算符

动量算符：$\hat{\boldsymbol{p}}$

本征值　$\boldsymbol{p}$.

本征函数　$\psi_{\boldsymbol{p}}=\dfrac{1}{(2\pi\hbar)^{\frac{3}{2}}}\mathrm{e}^{\frac{\mathrm{i}}{\hbar}\boldsymbol{p}\cdot\boldsymbol{r}}$　或　$\psi_{\boldsymbol{p}}=\dfrac{1}{L^{\frac{3}{2}}}\mathrm{e}^{\frac{\mathrm{i}}{\hbar}\boldsymbol{p}\cdot\boldsymbol{r}}$.

角动量算符：$\hat{L}^2,\hat{L}_z$

本征值　$l(l+1)\hbar^2,\quad m\hbar,$

$m=0,\pm1,\pm2,\cdots,\pm l.$

本征函数　$\mathrm{Y}_{lm}(\theta,\varphi),\quad \dfrac{1}{\sqrt{2\pi}}\mathrm{e}^{\mathrm{i}m\varphi}$.

氢原子哈密顿算符：$\hat{H}$

能级　$E_n=-\dfrac{Z^2}{2\hbar^2n^2}\left(\dfrac{e^2}{4\pi\varepsilon_0}\right)^2,\quad n^2$ 度简并.

波函数　$\psi_{nlm}=R_{nl}(r)\mathrm{Y}_{lm}(\theta,\varphi)$.

3. 两个表示力学量的算符之间的关系

(1) 对易：有组成完全系的共同本征态.

(2) 不对易：若 $\hat{F}\hat{G}-\hat{G}\hat{F}=\mathrm{i}\hat{k}$，算符 $\hat{F}$ 和 $\hat{G}$ 之间有不确定关系：

$$\overline{(\Delta F)^2}\,\overline{(\Delta G)^2}\geqslant\frac{\overline{k}^2}{4}.$$

例如：

$$\hat{x}\hat{p}_x-\hat{p}_x\hat{x}=\mathrm{i}\hbar,$$

$$\overline{(\Delta x)^2}\,\overline{(\Delta p)^2}\geqslant\frac{\hbar^2}{4}.$$

估算不确定度时，经常简单地用 $(\Delta x)(\Delta p)\geqslant\dfrac{\hbar}{2}$.

习　题

3.1　一维线性谐振子处在基态 $\psi(x)=\sqrt{\frac{a}{\pi^{\frac{1}{2}}}}\exp\left(-\frac{\alpha^2x^2}{2}-\frac{\mathrm{i}}{2}\omega t\right)$，求：

（1）势能的期望值 $\overline{U}=\frac{1}{2}m\omega^2\overline{x^2}$；

（2）动能的期望值 $\overline{T}=\frac{\overline{p^2}}{2m}$；

（3）动量的概率分布函数.

3.2　氢原子处在基态 $\psi(r,\theta,\varphi)=\frac{1}{\sqrt{\pi a_0}}\mathrm{e}^{-\frac{r}{a_0}}$，求：

（1）r 的期望值；

（2）势能 $-\frac{e^2}{r}$ 的期望值；

（3）最概然的半径；

（4）动能的期望值；

（5）动量的概率分布函数.

3.3　证明氢原子中电子运动所产生的电流密度在球坐标系中的分量是

$$J_{er}=J_{e\theta}=0,$$

$$J_{e\varphi}=-\frac{e\hbar m}{m_e r\sin\theta}\left|\psi_{nlm}\right|^2.$$

3.4　由上题可知，氢原子中的电流可以看成是由许多圆周电流组成的（图 3.7）.

（1）求一圆周电流的磁矩；

（2）证明氢原子磁矩为

$$M=M_z=-\frac{me\hbar}{2m_e}\quad(\text{SI 单位}),$$

原子磁矩与角动量之比为

$$\frac{M_z}{L_z}=-\frac{e}{2m_e}\quad(\text{SI 单位}),$$

这个比值，称为磁旋比.

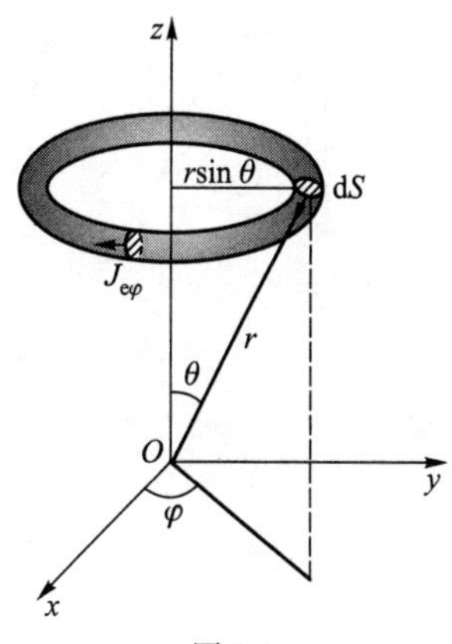

图 3.7

3.5　一刚性转子转动惯量为 I，它的能量的经典表示式是 $H=\frac{L^2}{2I}$. L 为角动量.求与此对应的量子体系在下列情况下的定态能量及波函数：

（1）转子绕一固定轴转动；

（2）转子绕一固定点转动.

3.6　设 $t=0$ 时，粒子的状态为

$$\psi(x)=A\left[\sin^2kx+\frac{1}{2}\cos kx\right],$$

求此时粒子的动量期望值和动能期望值.

3.7　一维运动粒子的状态是

$$\psi(x)=\begin{cases}Axe^{-\lambda x}, & 当\ x\geqslant 0\\ 0, & 当\ x<0\end{cases},$$

其中 $\lambda>0$,求:

(1) 粒子动量的概率分布函数;

(2) 粒子的动量期望值.

3.8　在一维无限深方势阱中运动的粒子,势阱的宽度为 a,如果粒子的状态由波函数

$$\psi(x)=Ax(a-x)$$

描写,A 为归一化因子,求粒子能量的概率分布和能量的期望值.

3.9　设氢原子处于状态

$$\psi(r,\theta,\varphi)=\frac{1}{2}R_{21}(r)\mathrm{Y}_{1,0}(\theta,\varphi)-\frac{\sqrt{3}}{2}R_{21}(r)\mathrm{Y}_{1,-1}(\theta,\varphi),$$

求氢原子能量、角动量平方及角动量 z 分量的可能值,这些可能值出现的概率和这些力学量的期望值.

3.10　一粒子在硬壁球形空腔中运动,势能为

$$U(r)=\begin{cases}\infty, & r\geqslant a\\ 0, & r<a\end{cases},$$

求粒子的能级和定态波函数.

3.11　求第 3.6 题中粒子位置和动量的不确定关系:$\overline{(\Delta x)^2}\ \overline{(\Delta p)^2}=?$

3.12　粒子处于状态

$$\psi(x)=\left(\frac{1}{2\pi\xi^2}\right)^{\frac{1}{2}}\exp\left[\frac{\mathrm{i}}{\hbar}p_0x-\frac{x^2}{4\xi^2}\right],$$

式中 ξ 为常量.求粒子的动量期望值,并计算不确定关系 $\overline{(\Delta x^2)}\ \overline{(\Delta p)^2}$.

3.13　利用不确定关系估计氢原子的基态能量.

第四章　态和力学量的表象

到现在为止，体系的状态我们都是用坐标(x,y,z)的函数来表示的，也就是说描写状态的波函数是坐标的函数，而力学量则用作用于这种坐标函数的算符来表示.现在我们要说明这种表示方式在量子力学中并不是唯一的，正如几何学中选用坐标系不是唯一的一样.波函数也可以选用其他变量的函数，力学量则相应地表示为作用在这种波函数的算符.

量子力学中态和力学量的具体表示方式称为表象.以前所采用的表象是坐标表象.这一章我们将讨论其他的表象，并介绍文献中常用的狄拉克符号.

§4.1　态的表象

假设体系的状态在坐标表象中用波函数$\Psi(x,t)$描写，我们来讨论这样一个状态如何用以动量为变量的波函数来描写.

我们知道动量的本征函数

$$\psi_p(x)=\frac{1}{(2\pi\hbar)^{1/2}}e^{\frac{i}{\hbar}px} \tag{4.1.1}$$

组成完全系.由§2.2及§3.5得知$\Psi(x,t)$可以按$\psi_p(x)$展开：

$$\Psi(x,t)=\int c(p,t)\psi_p(x)\,dp, \tag{4.1.2}$$

系数$c(p,t)$由下式给出：

$$c(p,t)=\int\Psi(x,t)\psi_p^*(x)\,dx. \tag{4.1.3}$$

设$\Psi(x,t)$是归一化的波函数，则由归一化条件，很容易证明

$$\int|\Psi(x,t)|^2dx=\int|c(p,t)|^2dp=1, \tag{4.1.4}$$

$|\Psi(x,t)|^2dx$是在$\Psi(x,t)$所描写的态中测量粒子位置所得结果在$x\to x+dx$范围内的概率.由(3.5.9)式下面的讨论.我们知道$|c(p,t)|^2dp$是在$\Psi(x,t)$所描写的态中测量粒子动量所得结果在$p\to p+dp$范围内的概率.

由(4.1.2)式可以看出当$\Psi(x,t)$已知时，$c(p,t)$就完全确定并可由(4.1.3)式求出.反之，当$c(p,t)$已知，$\Psi(x,t)$就完全确定并可由(4.1.2)式求出.所以根据上面的讨论，我们说

$\Psi(x,t)$是在坐标表象中的波函数,$c(p,t)$是动量表象中的波函数.$\Psi(x,t)$和所有$c(p,t)$是描写同一状态。

如果$\Psi(x,t)$所描写的状态是具有动量p'的自由粒子的状态,即

$$\Psi(x,t)=\psi_{p'}(x)\mathrm{e}^{-\frac{\mathrm{i}}{\hbar}E_{p'}t},$$

则由(4.1.3)式得到

$$\begin{aligned}c(p,t)&=\int\psi_{p'}(x)\mathrm{e}^{-\frac{\mathrm{i}}{\hbar}E_{p'}t}\psi_p^*(x)\mathrm{d}x\\&=\delta(p'-p)\mathrm{e}^{-\frac{\mathrm{i}}{\hbar}E_{p'}t},\end{aligned}\tag{4.1.5}$$

所以在动量表象中,粒子具有确定动量p'的波函数是以动量p为变量的δ函数.

同样,x在坐标表象中的对应于确定值x'的本征函数是$\delta(x-x')$,这可由下列本征值方程看出:

$$x\delta(x-x')=x'\delta(x-x').\tag{4.1.6}$$

我们可以把上面的讨论加以推广,来讨论在任一力学量$\hat{Q}$的表象中,$\Psi(x,t)$所描写的状态如何表示.先设$\hat{Q}$具有分立的本征值$Q_1,Q_2,\cdots,Q_n,\cdots$,对应的本征函数是$u_1(x)$,$u_2(x),\cdots,u_n(x),\cdots$,即$\hat{Q}u_n(x)=Q_nu_n(x)$.将$\Psi(x,t)$按$\hat{Q}$的本征函数展开,代替(4.1.2)式有

$$\Psi(x,t)=\sum_n a_n(t)u_n(x),\tag{4.1.7}$$

利用$u_n(x)$正交归一化条件可得

$$a_n(t)=\int\Psi(x,t)u_n^*(x)\mathrm{d}x,\tag{4.1.8}$$

设$\Psi(x,t)$也都是归一化的,那么就有

$$\begin{aligned}\int|\Psi(x,t)|^2\mathrm{d}x&=\sum_{nm}a_m^*(t)a_n(t)\int u_m^*(x)u_n(x)\mathrm{d}x\\&=\sum_{nm}a_m^*(t)a_n(t)\delta_{nm}=\sum_n a_n^*(t)a_n(t)=\sum_n|a_n(t)|^2.\end{aligned}$$

因为

$$\int|\Psi(x,t)|^2\mathrm{d}x=1,$$

所以

$$\sum_n|a_n(t)|^2=1.\tag{4.1.9}$$

由此可知,$|a_n|^2$是在$\Psi(x,t)$所描写的态中测量力学量$\hat{Q}$所得结果为Q_n的概率.而数列

$$a_1(t),a_2(t),\cdots,a_n(t),\cdots\tag{4.1.10}$$

就是$\Psi(x,t)$所描写的态在$\hat{Q}$表象中的表示.我们可以把(4.1.10)式写成一列矩阵的形式,并

用 $\boldsymbol{\Psi}$ 标记[关于矩阵的知识见附录(Ⅳ)]:

$$\boldsymbol{\Psi}=\begin{pmatrix} a_1(t) \\ a_2(t) \\ \vdots \\ a_n(t) \\ \vdots \end{pmatrix}, \tag{4.1.11}$$

$\boldsymbol{\Psi}$ 的共轭矩阵是一个行矩阵,用 $\boldsymbol{\Psi}^\dagger$ 标记:

$$\boldsymbol{\Psi}^\dagger=(a_1^*(t),a_2^*(t),\cdots,a_n^*(t),\cdots), \tag{4.1.12}$$

采用这些记号后,(4.1.9)式可写成

$$\boldsymbol{\Psi}^\dagger\boldsymbol{\Psi}=1. \tag{4.1.13}$$

如果力学量 $\hat{Q}$ 除具有离散本征值 $Q_1,Q_2,\cdots,Q_n,\cdots$ 外还具有连续本征值 q(q 在一定范围内连续变化,例如,氢原子的能量就是这样一个力学量),对应的归一化本征函数是 $u_q(x)$,即 $\hat{Q}u_q(x)=qu_q(x)$.(4.1.7)式应写为

$$\boldsymbol{\Psi}(x,t)=\sum_n a_n(t)u_n(x)+\int a_q(t)u_q(x)\mathrm{d}q, \tag{4.1.14}$$

式中:

$$a_n(t)=\int\boldsymbol{\Psi}(x,t)u_n^*(x)\mathrm{d}x,$$

$$a_q(t)=\int\boldsymbol{\Psi}(x,t)u_q^*(x)\mathrm{d}x.$$

(4.1.9)式则写为

$$\sum_n a_n^*(t)a_n(t)+\int a_q^*(t)a_q(t)\mathrm{d}q=1. \tag{4.1.15}$$

$|a_n(t)|^2$ 是在 $\boldsymbol{\Psi}(x,t)$ 所描写的态中测量力学量 $\hat{Q}$ 所得结果为 Q_n 的概率,$|a_q(t)|^2\mathrm{d}q$ 是在 q 到 $q+\mathrm{d}q$ 之间的概率.

在现在的情况下,在 $\hat{Q}$ 表象中 $\boldsymbol{\Psi}(x,t)$ 仍然可用一个列矩阵表示,这个矩阵除有可数的元 $a_1(t),a_2(t),\cdots,a_n(t),\cdots$ 外还有连续元 $a_q(t)$:

$$\boldsymbol{\Psi}=\begin{pmatrix} a_1(t) \\ a_2(t) \\ \vdots \\ a_n(t) \\ \vdots \\ a_q(t) \end{pmatrix},\quad \boldsymbol{\Psi}^\dagger=(a_1^*(t),a_2^*(t),\cdots,a_n^*(t),\cdots,a_q^*(t)),$$

(4.1.15)式仍有

$$\Psi^{\dagger}\Psi = 1 \tag{4.1.16}$$

的形式.

从上面的讨论中,同一个态可以在不同的表象中用波函数来描写,所取的表象不同,波函数的形式也不同,但它们描写同一个态.例如(4.1.1)式和(4.1.5)式都是描写动量为 p 的自由粒子的状态;(4.1.1)式是在坐标表象中描写,而(4.1.5)式则是在动量表象中描写.这和几何中一个矢量可以在不同的坐标系中描写相类似.矢量 $\boldsymbol{A}$ 可以在直角笛卡儿坐标中用三个分量(A_x,A_y,A_z)来描写,也可以在球坐标系中用三个分量(A_r,A_θ,A_φ)来描写,等等.在量子力学中,我们可以把状态 Ψ 看成一个矢量——态矢量.选取一个特定的 $\hat{Q}$ 表象,就相当于选取一个特定的坐标系.$\hat{Q}$ 的本征函数 $u_1(x),u_2(x),\cdots,u_n(x),\cdots$是这个表象的基矢.这相当于直角坐标系中的单位矢量 $\boldsymbol{i},\boldsymbol{j},\boldsymbol{k}$.波函数$(a_1(t),a_2(t),\cdots,a_n(t),\cdots)$是态矢量 Ψ 在 $\hat{Q}$ 表象中沿各基矢方向的"分量",正如 $\boldsymbol{A}$ 沿 $\boldsymbol{i},\boldsymbol{j},\boldsymbol{k}$ 三个方向的分量是(A_x,A_y,A_z)一样.$\boldsymbol{i},\boldsymbol{j},\boldsymbol{k}$ 是三个相互独立的方向,说明 $\boldsymbol{A}$ 所在的空间是普通三维空间.量子力学中 $\hat{Q}$ 的本征函数 $u_1(x)$,$u_2(x),\cdots,u_n(x),\cdots$有无限多,所以态矢量所在的空间是无限维的函数空间.这种空间在数学中称为希尔伯特(Hilbert)空间.

常用的表象中除坐标表象、动量表象外,还有能量表象和角动量表象等.

§4.2　算符的矩阵表示

§4.1 中我们讨论了态在各种表象中的表述方式,下面我们讨论算符在各种表象中的表述方式.

设算符 $\hat{F}$ 作用于函数 $\Psi(x,t)$后,得出另一函数 $\Phi(x,t)$.在坐标表象中记为

$$\Phi(x,t) = \hat{F}\Psi(x,t), \tag{4.2.1}$$

我们来看这个方程在 $\hat{Q}$ 表象中的表达方式.先设 $\hat{Q}$ 只有分立的本征值 $Q_1,Q_2,\cdots,Q_n,\cdots$,对应的本征函数是 $u_1(x),u_2(x),\cdots,u_n(x),\cdots$:$\hat{Q}u_n(x)=Q_nu_n(x)$.将 $\Psi(x,t)$ 和 $\Phi(x,t)$ 分别按 $u_n(x)$展开:

$$\Psi(x,t) = \sum_m a_m(t)u_m(x),$$

$$\Phi(x,t) = \sum_m b_m(t)u_m(x),$$

代入(4.2.1)式中,得

$$\sum_m b_m(t)u_m(x) = \hat{F}\sum_m a_m(t)u_m(x),$$

以 $u_n^*(x)$乘上式两边再对 x 积分,积分范围是 x 变化的整个区域,得

$$\sum_m b_m(t)\int u_n^*(x)u_m(x)\mathrm{d}x = \sum_m \int u_n^*(x)\hat{F}u_m(x)\mathrm{d}x a_m(t). \tag{4.2.2}$$

利用 $u_n(x)$ 的正交归一性：

$$\int u_n^* u_m(x)\mathrm{d}x = \delta_{nm},$$

(4.2.2)式简化为

$$b_n(t) = \sum_m \int u_n^*(x)\hat{F}u_m(x)\mathrm{d}x a_m(t). \tag{4.2.3}$$

引进记号：

$$F_{nm} \equiv \int u_n^*(x)\hat{F}u_m(x)\mathrm{d}x, \tag{4.2.4}$$

(4.2.3)式写为

$$b_n(t) = \sum_m F_{nm}a_m(t). \tag{4.2.5}$$

(4.2.5)式就是(4.2.1)式在 $\hat{Q}$ 表象中的表述方式. $\{b_n(t)\}$ 和 $\{a_m(t)\}$ 分别是 $\Phi(x,t)$ 和 $\Psi(x,t)$ 在 $\hat{Q}$ 表象中的表示. F_{nm} 是算符 $\hat{F}$ 在 $\hat{Q}$ 表象中的表示. 因为 $n=1,2,\cdots$，所以(4.2.5)式是一组方程，这一组方程可以用矩阵的形式写出：

$$\begin{pmatrix} b_1(t) \\ b_2(t) \\ \vdots \\ b_n(t) \\ \vdots \end{pmatrix} = \begin{pmatrix} F_{11} & F_{12} & \cdots & F_{1m} & \cdots \\ F_{21} & F_{22} & \cdots & F_{2m} & \cdots \\ \vdots & \vdots & & \vdots & \\ F_{n1} & F_{n2} & \cdots & F_{nm} & \cdots \\ \vdots & \vdots & & \vdots & \end{pmatrix} \begin{pmatrix} a_1(t) \\ a_2(t) \\ \vdots \\ a_m(t) \\ \vdots \end{pmatrix}. \tag{4.2.6}$$

算符 $\hat{F}$ 在 $\hat{Q}$ 表象中是一个矩阵，矩阵元是 F_{nm}. 用 F 表示这个矩阵，用 $\boldsymbol{\Phi}$ 表示(4.2.6)式左边的一列矩阵，$\boldsymbol{\Psi}$ 表示(4.2.6)式右边的一列矩阵，那么(4.2.6)式可以简单地写成

$$\boldsymbol{\Phi} = F\boldsymbol{\Psi}. \tag{4.2.7}$$

在第三章中我们讲过，量子力学中表示力学量的算符都是厄米算符，它们满足公式(3.1.30)式. 现在我们来看厄米算符在 $\hat{Q}$ 表象中的矩阵表示有什么特点. 为此我们讨论(4.2.4)式的共轭复数：

$$F_{nm}^* = \int u_n(x)\{\hat{F}u_m(x)\}^*\mathrm{d}x,$$

根据公式(3.1.30)式得

$$F_{nm}^* = \int u_m^*(x)\hat{F}u_n(x)\mathrm{d}x,$$

即

$$F_{nm}^* = F_{mn}. \tag{4.2.8}$$

这个公式说明 F 矩阵的第 m 列第 n 行的矩阵元等于它第 n 列第 m 行矩阵元的共轭复数，满足(4.2.8)式的矩阵称为**厄米矩阵**. 所以表示厄米算符的矩阵是厄米矩阵.

用 $F^{\dagger}$ 表示矩阵 F 的厄米共轭矩阵,按照厄米共轭矩阵的定义[见附录(Ⅳ)]:

$$F^{\dagger}_{mn} = F^{*}_{nm},$$

所以(4.2.8)式可写为

$$F_{mn} = F^{\dagger}_{mn}$$

或

$$F = F^{\dagger},$$

这表明 F 是厄米矩阵.

算符在自身表象中的矩阵表示又取什么形式呢?由(4.2.4)式,Q 在自身表象中的矩阵元是

$$\begin{aligned} Q_{nm} &= \int u_n^*(x)\hat{Q}u_m(x)\,\mathrm{d}x \\ &= \int u_n^*(x)Q_m u_m(x)\,\mathrm{d}x = Q_m\delta_{nm}. \end{aligned} \tag{4.2.9}$$

由此我们得到一个重要结论:算符在其自身表象中是一个对角矩阵.

上面我们曾假定 $\hat{Q}$ 只具有离散的本征值.如果 $\hat{Q}$ 只具有连续分布的本征值 q,上面的讨论仍然成立,只是 u,a,b 的脚标要由可数的 n,m 换为连续变化的 q,所有的求和要换成为 q 的积分.算符 $\hat{F}$ 在 $\hat{Q}$ 表象中仍旧是一个矩阵:

$$F_{qq'} = \int u_q^*(x)\hat{F}u_{q'}(x)\,\mathrm{d}x, \tag{4.2.10}$$

不过这个矩阵的行列不再是可数的,而是用连续变化的下标来表示.

§4.3 量子力学公式的矩阵表述

在本章的开头中,我们曾说过,前几章都是用坐标表象叙述量子力学规律的.现在我们可以用任何一力学量 $\hat{Q}$ 的表象来叙述这些规律.为简单起见,我们就 $\hat{Q}$ 只具有离散本征值的情况进行讨论,读者很容易把它们推广到一般情况.

(1) 期望值公式

先将波函数 $\Psi(x,t)$ 按 $\hat{Q}$ 的本征函数展开并写出它的共轭表示式:

$$\left.\begin{aligned} \Psi(x,t) &= \sum_n a_n(t)u_n(x) \\ \Psi^*(x,t) &= \sum_m a_m^*(t)u_m^*(x) \end{aligned}\right\}, \tag{4.3.1}$$

然后代入算符期望值公式:

$$\overline{F} = \int \Psi^*(x,t)\hat{F}\Psi(x,x)\,\mathrm{d}x,$$

得出

$$\overline{F} = \int \sum_{mn} a_m^*(t) u_m^*(x) \hat{F} a_n(t) u_n(t) \mathrm{d}x$$

$$= \sum_{mn} a_n^*(t) \int u_m^*(x) \hat{F} u_n(t) \mathrm{d}x a_n(t),$$

再由(4.2.4)式有

$$\overline{F} = \sum_{mn} a_m^*(t) F_{mn} a_n(t). \tag{4.3.2}$$

上式右边可以写成矩阵相乘的形式：

$$\overline{F} = (a_1^*(t), a_2^*(t), \cdots, a_m^*(t), \cdots) \begin{pmatrix} F_{11} & F_{12} & \cdots & F_{1n} & \cdots \\ F_{21} & F_{22} & \cdots & F_{2n} & \cdots \\ \vdots & \vdots & & \vdots & \\ F_{m1} & F_{m2} & \cdots & F_{mn} & \cdots \\ \vdots & \vdots & & \vdots & \end{pmatrix} \begin{pmatrix} a_1(t) \\ a_2(t) \\ \vdots \\ a_n(t) \\ \vdots \end{pmatrix}$$

或简写为

$$\overline{F} = \Psi^\dagger F \Psi. \tag{4.3.3}$$

（2）本征值方程

本征值方程

$$\hat{F}\Psi(x,t) = \lambda \Psi(x,t). \tag{4.3.4}$$

在 $\hat{Q}$ 表象中把矩阵形式写出，上式即为

$$\begin{pmatrix} F_{11} & F_{12} & \cdots & F_{1n} & \cdots \\ F_{21} & F_{22} & \cdots & F_{2n} & \cdots \\ \vdots & \vdots & & \vdots & \\ F_{n1} & F_{n2} & \cdots & F_{nn} & \cdots \\ \vdots & \vdots & & \vdots & \end{pmatrix} \begin{pmatrix} a_1(t) \\ a_2(t) \\ \vdots \\ a_n(t) \\ \vdots \end{pmatrix} = \lambda \begin{pmatrix} a_1(t) \\ a_2(t) \\ \vdots \\ a_n(t) \\ \vdots \end{pmatrix},$$

将等号右边部分移至左边，得

$$\begin{pmatrix} F_{11}-\lambda & F_{12} & \cdots & F_{1n} & \cdots \\ F_{21} & F_{22}-\lambda & \cdots & F_{2n} & \cdots \\ \vdots & \vdots & & \vdots & \\ F_{n1} & F_{n2} & \cdots & F_{nn}-\lambda & \cdots \\ \vdots & \vdots & & \vdots & \end{pmatrix} \begin{pmatrix} a_1(t) \\ a_2(t) \\ \vdots \\ a_n(t) \\ \vdots \end{pmatrix} = 0. \tag{4.3.5}$$

方程(4.3.5)式是一个线性齐次代数方程组：

$$\sum_n (F_{mn} - \lambda \delta_{mn}) a_n(t) = 0, \quad m = 1, 2, \cdots,$$

这个方程组有非零解的条件是系数行列式等于零，即

$$\det|F_{mn}-\lambda\delta_{mn}|=0,$$

$$\begin{vmatrix} F_{11}-\lambda & F_{12} & \cdots & F_{1n} & \cdots \\ F_{21} & F_{21}-\lambda & \cdots & F_{2n} & \cdots \\ \vdots & \vdots & & \vdots & \\ F_{n1} & F_{n2} & \cdots & F_{nn}-\lambda & \cdots \\ \vdots & \vdots & & \vdots & \end{vmatrix}=0. \tag{4.3.6}$$

方程(4.3.6)式称为久期方程.求解久期方程可以得到一组 λ 值:$\lambda_1,\lambda_2,\cdots,\lambda_n,\cdots$,它们就是 F 的本征值.把求得的 λ_i 分别代入(4.3.5)式中就可以求得与这 λ_i 对应的本征矢$(a_{i1}(t),a_{i2}(t),\cdots,a_{in}(t),\cdots)$,其中 $i=1,2,\cdots,n,\cdots$.这样就把解微分方程求本征值的问题变为求解方程(4.3.6)式的根的问题.

(3) 薛定谔方程

将(4.3.1)式代入薛定谔方程:

$$\mathrm{i}\hbar\frac{\partial}{\partial t}\Psi(x,t)=\hat{H}\Psi(x,t),$$

并以 $u_m^*(x)$ 左乘等式两边,再对 x 变化的整个空间积分,得

$$\mathrm{i}\hbar\frac{\mathrm{d}a_m(t)}{\mathrm{d}t}=\sum_n H_{mn}a_n(t),\quad n=1,2,\cdots, \tag{4.3.7}$$

式中:

$$H_{mn}=\int u_m^*(x)\hat{H}u_n(x)\,\mathrm{d}x$$

是哈密顿算符 $\hat{H}$ 在 Q 表象中的矩阵元.(4.3.7)式的矩阵形式是

$$\mathrm{i}\hbar\frac{\mathrm{d}}{\mathrm{d}t}\begin{pmatrix} a_1(t) \\ a_2(t) \\ \vdots \\ a_n(t) \\ \vdots \end{pmatrix}=\begin{pmatrix} H_{11} & H_{12} & \cdots & H_{1n} & \cdots \\ H_{21} & H_{22} & \cdots & H_{2n} & \cdots \\ \vdots & \vdots & & \vdots & \\ H_{n1} & H_{n2} & \cdots & H_{nn} & \cdots \\ \vdots & \vdots & & \vdots & \end{pmatrix}\begin{pmatrix} a_1(t) \\ a_2(t) \\ \vdots \\ a_n(t) \\ \vdots \end{pmatrix}$$

或简写为

$$\mathrm{i}\hbar\frac{\mathrm{d}}{\mathrm{d}t}\Psi=H\Psi, \tag{4.3.8}$$

式中 Ψ 和 H 都是矩阵.

§ 4.4　幺正变换

量子力学中表象的选取取决于所讨论的问题.表象选取得适当可以使问题的讨论大为简化,这正如几何学或经典力学中选取坐标系一样.在讨论问题时,常常需要从一个表象变换到另一个表象.在 § 4.2 中,我们讨论了波函数与坐标、动量等力学量从坐标表象变换到动量表象的情况,本节中我们将讨论波函数和力学量从一个表象变换到另一个表象的一般情况.

设算符 $\hat{A}$ 的正交归一本征函数系为 $\psi_1(x),\psi_2(x),\cdots$.算符 $\hat{B}$ 的正交归一本征函数系为 $\varphi_1(x),\varphi_2(x),\cdots$.则算符 $\hat{F}$ 在 A 表象中的矩阵元为

$$F_{mn}=\int\psi_m^*(x)\hat{F}\psi_n(x)\mathrm{d}x,\quad m,n=1,2,\cdots,\tag{4.4.1}$$

在 B 表象中的矩阵元为

$$F'_{\alpha\beta}=\int\varphi_\alpha^*(x)\hat{F}\varphi_\beta(x)\mathrm{d}x,\quad \alpha,\beta=1,2,\cdots,\tag{4.4.2}$$

为了得出 $\hat{F}$ 在两个表象中矩阵元的联系,我们将 $\varphi_\alpha(x)$ 按完全系 $\psi_n(x)$ 展开:

$$\left.\begin{aligned}\varphi_\beta(x)&=\sum_n S_{n\beta}\psi_n(x)\\ \varphi_\alpha^*(x)&=\sum_m\psi_m^*(x)S_{m\alpha}^*\end{aligned}\right\},\tag{4.4.3}$$

其矩阵形式相应为

$$\begin{pmatrix}\varphi_1(x)\\ \varphi_2(x)\\ \vdots\\ \varphi_\beta(x)\\ \vdots\end{pmatrix}=\begin{pmatrix}S_{11} & S_{21} & \cdots & S_{n1} & \cdots\\ S_{12} & S_{22} & \cdots & S_{n2} & \cdots\\ \vdots & \vdots & & \vdots & \\ S_{1\beta} & S_{2\beta} & \cdots & S_{n\beta} & \cdots\\ \vdots & \vdots & & \vdots & \end{pmatrix}\begin{pmatrix}\psi_1(x)\\ \psi_2(x)\\ \vdots\\ \psi_n(x)\\ \vdots\end{pmatrix},$$

$$\begin{aligned}&(\varphi_1^*(x),\varphi_2^*(x),\cdots,\varphi_\beta^*(x),\cdots)\\ &=(\psi_1^*(x),\psi_2^*(x),\cdots,\psi_n^*(x),\cdots)\begin{pmatrix}S_{11}^* & S_{12}^* & \cdots & S_{1\beta}^* & \cdots\\ S_{21}^* & S_{22}^* & \cdots & S_{2\beta}^* & \cdots\\ \vdots & \vdots & & \vdots & \\ S_{n1}^* & S_{n2}^* & \cdots & S_{n\beta}^* & \cdots\\ \vdots & \vdots & & \vdots & \end{pmatrix},\end{aligned}$$

简记为

$$\boldsymbol{\Phi}=\tilde{S}\boldsymbol{\Psi}\quad(\tilde{S}\text{ 为 }S\text{ 的转置矩阵}),$$

$$\boldsymbol{\Phi}^{\dagger}=\boldsymbol{\Psi}^{\dagger}S^{*}.$$

矩阵 S 称为变换矩阵,其矩阵元由下式给出:

$$\left.\begin{aligned}S_{n\beta}&=\int\psi_n^*(x)\varphi_\beta(x)\,\mathrm{d}x\\S_{m\alpha}^*&=\int\psi_m^*(x)\varphi_\alpha^*(x)\,\mathrm{d}x\end{aligned}\right\}.\tag{4.4.4}$$

通过(4.4.3)式,S 矩阵把 A 表象的基矢 ψ_n 变换为 B 表象的基矢 φ_β.下面我们讨论变换矩阵 S 的一个基本性质.将(4.4.3)式代入 $\varphi_\alpha(x)$ 的正交归一条件,并注意波函数 $\psi_m(x)$ 的正交归一性,得到

$$\begin{aligned}\delta_{\alpha\beta}&=\int\varphi_\alpha^*(x)\varphi_\beta(x)\,\mathrm{d}x\\&=\sum_{nm}\int\psi_m^*(x)S_{m\alpha}^*\psi_n(x)S_{n\beta}\mathrm{d}x\\&=\sum_{nm}S_{m\alpha}^*S_{n\beta}\int\psi_m^*(x)\psi_n(x)\,\mathrm{d}x\\&=\sum_{nm}S_{m\alpha}^*S_{n\beta}\delta_{mn}\\&=\sum_{m}(S^{\dagger})_{\alpha m}S_{m\beta}\\&=(S^{\dagger}S)_{\alpha\beta},\end{aligned}$$

即

$$S^{\dagger}S=I,\tag{4.4.5}$$

式中 $S^{\dagger}$ 是矩阵 S 的厄米共轭矩阵(对矩阵 S 取复共轭再转置),I 是单位矩阵(对角矩阵的对角元都是 1 的矩阵称为单位矩阵,详见附录Ⅳ).由 S 的性质(4.4.5)式,可见

$$S^{\dagger}=S^{-1},\tag{4.4.6}$$

满足(4.4.6)式的矩阵称为幺正矩阵,由幺正矩阵所表示的变换称为幺正变换. 所以由一个表象到另一个表象的变换是幺正变换. 由于幺正矩阵的条件 $S^{\dagger}=S^{-1}$ 与厄米矩阵的条件 $A^{\dagger}=A$ 不相同,所以幺正矩阵不是厄米矩阵.

现在我们讨论如何用变换矩阵 S 将力学量在 A 表象中的表示变换为 B 表象中的表示. 为此我们将(4.4.3)式代入(4.4.2)式,得

$$\begin{aligned}F'_{\alpha\beta}&=\sum_{mn}\int\psi_m^*(x)S_{m\alpha}^*\hat{F}S_{n\beta}\psi_n(x)\,\mathrm{d}x\\&=\sum_{mn}S_{m\alpha}^*\int\psi_m^*(x)\hat{F}\psi_n(x)\,\mathrm{d}xS_{n\beta}\\&=\sum_{mn}S_{m\alpha}^*F_{mn}S_{n\beta}\end{aligned}$$

$$= \sum_{mn} S^{\dagger}_{\alpha m} F_{mn} S_{n\beta}$$

$$= (S^{\dagger}FS)_{\alpha\beta}, \tag{4.4.7}$$

以 F'表示算符 $\hat{F}$ 在 B 表象中的矩阵,F 表示 $\hat{F}$ 在 A 表象中的矩阵,那么(4.4.7)式可以写为

$$F' = S^{\dagger}FS,$$

利用(4.4.6)式,上式又可写为

$$F' = S^{-1}FS, \tag{4.4.8}$$

这就是力学量 $\hat{F}$ 由 A 表象变换到 B 表象的变换公式.

现在讨论一个态矢量 $u(x,t)$ 从 A 表象到 B 表象的变换.设

$$u(x,t) = \sum_{n} a_n(t)\psi_n(x), \tag{4.4.9}$$

$$u(x,t) = \sum_{\alpha} b_{\alpha}(t)\varphi_{\alpha}(x), \tag{4.4.10}$$

那么状态 $u(x,t)$ 在 A 表象和 B 表象中分别用

$$a = \begin{pmatrix} a_1(t) \\ a_2(t) \\ \vdots \\ a_n(t) \\ \vdots \end{pmatrix} \quad 及 \quad b = \begin{pmatrix} b_1(t) \\ b_2(t) \\ \vdots \\ b_{\alpha}(t) \\ \vdots \end{pmatrix}$$

描写.以 $\varphi^{*}_{\alpha}(x)$ 左乘(4.4.10)式两边,并对 x 变化的整个区域积分,再利用(4.4.3)式和(4.4.9)式,得

$$\begin{aligned} b_{\alpha}(t) &= \int \varphi^{*}_{\alpha}(x) u(x,t)\,\mathrm{d}x \\ &= \sum_{m} \int \psi^{*}_{m}(x) S^{*}_{m\alpha} u(x,t)\,\mathrm{d}x \\ &= \sum_{m} S^{*}_{m\alpha} a_m(t) \\ &= \sum_{m} (S^{\dagger})_{\alpha m} a_m(t) \\ &= (S^{\dagger}a)_{\alpha}, \end{aligned} \tag{4.4.11}$$

即 $b = S^{\dagger}a$,或 $b = S^{-1}a$.
这就是态矢量从 A 表象到 B 表象的变换式.

下面我们证明幺正变换的两个重要性质.

(1) 幺正变换不改变算符的本征值

设 $\hat{F}$ 在 A 表象中的本征值方程为

$$Fa = \lambda a,$$

λ 为本征值,a 为本征矢.现在通过上述幺正变换.将 F 和 a 从 A 表象变换到 B 表象.用 S^{-1}左乘上式两边,并在 Fa 之间插入 SS^{-1},得

$$S^{-1}FSS^{-1}a = \lambda S^{-1}a,$$

由(4.4.8)式和(4.4.11)式有

$$F'b = \lambda b.$$

这个本征值方程说明算符 $\hat{F}$ 在 B 表象中的本征值仍为 λ.也就是说,幺正变换不改变算符的本征值.

如果 F'是对角矩阵,即 B 表象是 $\hat{F}$ 自身的表象,那么 F'的对角元就是 $\hat{F}$ 的本征值[见(4.2.7)式].于是求算符本征值的问题归结为寻找一个幺正变换 S 把算符 $\hat{F}$ 从原来的表象变换到 $\hat{F}$ 自身的表象,使 $\hat{F}$ 的矩阵表示对角化.解定态薛定谔方程求定态能级的问题也就是把坐标表象中的哈密顿算符对角化,即由 x 表象变换到能量表象.

(2) 幺正变换不改变矩阵 F 的迹

设经过幺正变换后,矩阵 F 变为 F',由(4.4.8)式:

$$F' = S^{-1}FS,$$

应用附录(Ⅳ.20)式,有($\mathrm{Tr}(M) \equiv \sum_n M_{nn}$ 为矩阵 M 的迹)

$$\begin{aligned}\mathrm{Tr}(F') &= \mathrm{Tr}(S^{-1}FS)\\ &= \mathrm{Tr}(SS^{-1}F)\\ &= \mathrm{Tr}(F),\end{aligned}$$

即 F'的迹等于 F 的迹,也就是说矩阵的迹不因幺正变换而改变.

§4.5 狄拉克符号

在前面的几章中,我们用坐标表象中的波函数来描写状态,用作用于这种波函数的算符来表示力学量.在本章的前几节中我们看到,态和力学量同样可以在其他表象中表示出来,这正如几何学中一个矢量 **A** 不仅可以用它在某一个坐标系的分量来表示,也可以用其他坐标系中的分量来表示一样.几何学或经典力学的规律与所选用的坐标系无关.选用什么坐标系取决于在所讨论的具体问题中计算的方便.同样,量子力学的规律也和所选用的表象无关.选用什么表象也是看哪种表象便于问题的讨论.

在几何学或经典力学中，常用矢量形式讨论问题而不指明坐标系．同样，量子力学中描写态和力学量，也可以不用具体表象．这种描写的方式是狄拉克（Dirac）最先引用的，这样的一套符号就称为**狄拉克符号**．下面我们就来介绍这种符号．

微观体系的状态可以用一个抽象的矢量来表示，它的符号是 $|\ \rangle$，称为**右矢**．$|\psi\rangle$ 代表波函数 ψ 描述的态．本征值 λ 的本征态通常记为 $|\lambda\rangle$，如坐标本征态为 $|x\rangle$，动量本征态为 $|p_x\rangle$，能量本征态为 $|E_n\rangle$ 或仅标记量子数 $|n\rangle$，$(\hat{L}^2,\hat{L}_z)$ 共同本征态 Y_{lm} 可写为 $|lm\rangle$，等等．

右矢的厄米共轭矢量

$$\langle\lambda| = |\lambda\rangle^{\dagger} \tag{4.5.1}$$

称为左矢．

右矢与左矢的标积定义为 § 3.1 的函数标积：

$$\langle\psi|\varphi\rangle \equiv (\psi,\varphi) = \int\psi^*(x)\varphi(x)\,\mathrm{d}x. \tag{4.5.2}$$

§ 3.1 的标积用圆括号书写，是一个完整的量．采用狄拉克符号后，变成右矢与左矢之积，其间可以插入别的量，运算功能大为提高．对(4.5.2)式取复共轭，可得

$$\langle\psi|\varphi\rangle^* = (\psi,\varphi)^* = (\varphi,\psi) = \langle\varphi|\psi\rangle = \langle\psi|\varphi\rangle^{\dagger}, \tag{4.5.3}$$

最后一步利用(4.5.1)式．因为 $\langle\psi|\varphi\rangle$ 是一个数（标积），所以复共轭与厄米共轭相等．

$\langle\psi|\varphi\rangle=0$，称 $|\psi\rangle$ 与 $|\varphi\rangle$ 正交；$\langle\psi|\psi\rangle=1$，称 $|\psi\rangle$ 为归一化矢量．

设某力学量 $\hat{F}$ 有本征方程 $\hat{F}|n\rangle=f_n|n\rangle$，$\langle n|n'\rangle=\delta_{nn'}$，$\{|n\rangle\}$ 构成 $\hat{F}$ 表象希尔伯特空间基矢．任意态矢可以在 $\hat{F}$ 表象展开（完全性）：

$$|\psi\rangle = \sum_n a_n|n\rangle, \tag{4.5.4}$$

左乘 $\langle n'|$ 得

$$\langle n'|\psi\rangle = \sum_n a_n\langle n'|n\rangle = \sum_n a_n\delta_{nn'} = a_{n'},$$

即

$$a_n = \langle n|\psi\rangle, \tag{4.5.5}$$

这是抽象的态矢 $|\psi\rangle$ 在基矢 $|n\rangle$ 上的投影，称为态矢 $|\psi\rangle$ 在 $\hat{F}$ 表象中的波函数：

$$\{a_n\} = \{\langle n|\psi\rangle\},\quad n=1,2,\cdots.$$

类比 3 维直角坐标，可用列矩阵表示 $\hat{F}$ 表象的基矢

$$|1\rangle = \begin{pmatrix}1\\0\\0\\\vdots\end{pmatrix},\ |2\rangle = \begin{pmatrix}0\\1\\0\\\vdots\end{pmatrix},\cdots,\quad |n\rangle = \begin{pmatrix}0\\0\\\vdots\\0\\1\\0\\\vdots\end{pmatrix}\begin{matrix}\\\\\\\\\leftarrow \text{第 } n \text{ 行}\\\\\\\end{matrix},$$

$|\psi\rangle$在$\hat{F}$表象中可用列矩阵表示波函数

$$\begin{pmatrix}\langle 1|\psi\rangle\\ \langle 2|\psi\rangle\\ \vdots\\ \langle n|\psi\rangle\\ \vdots\end{pmatrix}=\begin{pmatrix}a_1\\ a_2\\ \vdots\\ a_n\\ \vdots\end{pmatrix}=a_1\begin{pmatrix}1\\0\\0\\ \vdots\end{pmatrix}+a_2\begin{pmatrix}0\\1\\0\\ \vdots\end{pmatrix}+\cdots+a_n\begin{pmatrix}0\\0\\ \vdots\\0\\1\\0\\ \vdots\end{pmatrix}+\cdots \quad \leftarrow \text{第 } n \text{ 行}$$

$$=a_1|1\rangle+a_2|2\rangle+\cdots+a_n|n\rangle+\cdots=\sum_n a_n|n\rangle.$$

由(4.5.5)式坐标表象波函数写为

$$\langle x|\psi\rangle=\psi(x). \tag{4.5.6}$$

一个微观量子态用抽象的态矢$|\psi\rangle$描述，与表象无关. $|\psi\rangle$在某表象基矢上的投影就是$|\psi\rangle$在该表象的波函数.狄拉克符号使态矢与波函数区分开来，十分有用.

把(4.5.5)式代入(4.5.4)式：

$$|\psi\rangle=\sum_n|n\rangle\langle n|\psi\rangle, \tag{4.5.7}$$

由于$|\psi\rangle$为任意态矢，求和又与$|\psi\rangle$无关，可得

$$\sum_n|n\rangle\langle n|=1. \tag{4.5.8}$$

(4.5.8)式所表示的性质称为本征矢$|n\rangle$的**封闭性**.应用本征矢的封闭性可以使表象变换大为简化.要把这个性质在坐标表象中表示出来，只需用$\langle x|$左乘，用$|x'\rangle$右乘(4.5.8)式的两边，可得

$$\sum_n\langle x|n\rangle\langle n|x'\rangle=\delta(x-x')$$

或

$$\sum_n u_n^*(x')u_n(x)=\delta(x-x'), \tag{4.5.9}$$

其中$u_n(x)=\langle x|n\rangle$是$|n\rangle$态在坐标表象下的波函数.如果$\hat{Q}$的本征值既有离散谱又有连续谱，以$|q\rangle$表示连续本征值$q$的本征矢，那么$\hat{Q}$本征矢的封闭性表示为

$$\sum_n|n\rangle\langle n|+\int|q\rangle\mathrm{d}q\langle q|=1. \tag{4.5.10}$$

现在我们讨论算符如何用狄拉克符号表示.设算符$\hat{F}$作用在右矢$|A\rangle$上得到右矢$|B\rangle$：

$$|B\rangle=\hat{F}|A\rangle, \tag{4.5.11}$$

设$\hat{Q}$有分立的本征值谱，将$\hat{Q}$表象的单位1[(4.5.8)式]插至(4.5.11)式$|B\rangle$和$|A\rangle$左侧，得

$$\sum_n |n\rangle\langle n|B\rangle = \sum_n \hat{F}|n\rangle\langle n|A\rangle,$$

以基左矢$\langle m|$左乘上式两边并利用正交归一化条件$\langle m|n\rangle=\delta_{mn}$,得

$$\langle m|B\rangle = \sum_n \langle m|\hat{F}|n\rangle\langle n|A\rangle, \tag{4.5.12}$$

式中$\langle m|\hat{F}|n\rangle$是算符$\hat{F}$在$Q$表象中的矩阵元.

利用坐标表象的单位1:

$$\int |x\rangle \mathrm{d}x\langle x| = 1, \tag{4.5.13}$$

有

$$|n\rangle = \int |x\rangle \mathrm{d}x\langle x|n\rangle,$$

$$\langle m| = \int \langle m|x'\rangle \mathrm{d}x'\langle x'|,$$

代入$\langle m|\hat{F}|n\rangle$得

$$\langle m|\hat{F}|n\rangle = \iint \langle m|x'\rangle \mathrm{d}x'\langle x'|\hat{F}|x\rangle \mathrm{d}x\langle x|n\rangle, \tag{4.5.14}$$

算符在x表象中的矩阵元可写为

$$\langle x'|\hat{F}|x\rangle = \hat{F}\left(x',\frac{\hbar}{\mathrm{i}}\frac{\partial}{\partial x'}\right)\delta(x-x'), \tag{4.5.15}$$

代入(4.5.14)式并利用F的厄米性质(3.1.30)式,得

$$\langle m|F|n\rangle = \int \langle m|x\rangle \hat{F}\left(x,\frac{\hbar}{\mathrm{i}}\frac{\partial}{\partial x}\right)\mathrm{d}x\langle x|n\rangle,$$

这个式子就是(4.2.4)式用狄拉克符号的写法.

(4.5.11)式的共轭式为

$$\langle B| = \langle A|\hat{F}^{\dagger}, \tag{4.5.16}$$

当$\hat{F}$是厄米算符时,$\hat{F}=\hat{F}^{\dagger}$;上式写为

$$\langle B| = \langle A|\hat{F}. \tag{4.5.17}$$

现将一些公式在坐标表象下的通常写法与用狄拉克符号的写法对照如下:

$$\hat{F}\left(x,\frac{\hbar}{\mathrm{i}}\frac{\partial}{\partial x}\right)\psi(x,t) = \Phi(x,t) \longrightarrow \langle x|\hat{F}|\psi\rangle = \langle x|\Phi\rangle$$

$$\text{或 } F|\Psi\rangle = |\Phi\rangle,$$

$$\mathrm{i}\hbar\frac{\partial}{\partial t}\Psi(x,t) = \hat{H}\left(x,\frac{\hbar}{\mathrm{i}}\frac{\partial}{\partial x}\right)\Psi(x,t) \longrightarrow \mathrm{i}\hbar\frac{\partial}{\partial t}\langle x|\Psi\rangle = \langle x|H|\Psi\rangle$$

$$\text{或 } \mathrm{i}\hbar\frac{\mathrm{d}}{\mathrm{d}t}|\Psi\rangle = H|\Psi\rangle,$$

$$\hat{H}\left(x,\frac{\hbar}{\mathrm{i}}\frac{\partial}{\partial x}\right)u_n(x)=E_nu_n(x)\longrightarrow H\mid n\rangle=E_n\mid n\rangle,$$

$$\int u_n^*(x)u_m(x)\mathrm{d}x=\delta_{nm}\longrightarrow\langle n\mid m\rangle=\delta_{nm},$$

$$\psi(x)=\sum_n a_nu_n(x)\longrightarrow\mid\psi\rangle=\sum_n\mid n\rangle\langle n\mid\psi\rangle,$$

$$a_n=\int u_n^*(x)\psi(x)\mathrm{d}x\longrightarrow\langle n\mid\psi\rangle=\int\langle n\mid x\rangle\mathrm{d}x\langle x\mid\psi\rangle.$$

§4.6　线性谐振子与占有数表象

在§2.7中我们在坐标表象中求解线性谐振子的能量本征方程,它的能级为

$$E_n=\hbar\omega\left(n+\frac{1}{2}\right)$$

现在我们再就这个问题从不同的角度进行讨论,由此引进一个新的表象——占有数表象,可以看成二次量子化算符的一个最简单例子.

引入新的算符

$$\hat{a}=\left(\frac{m\omega}{2\hbar}\right)^{\frac{1}{2}}\left(\hat{x}+\frac{\mathrm{i}}{m\omega}\hat{p}\right)=\left(\frac{m\omega}{2\hbar}\right)^{\frac{1}{2}}\left(x+\frac{\hbar}{m\omega}\frac{\partial}{\partial x}\right)\tag{4.6.1}$$

和它的共轭算符

$$\hat{a}^\dagger=\left(\frac{m\omega}{2\hbar}\right)^{\frac{1}{2}}\left(\hat{x}-\frac{\mathrm{i}}{m\omega}\hat{p}\right)=\left(\frac{m\omega}{2\hbar}\right)^{\frac{1}{2}}\left(x-\frac{\hbar}{m\omega}\frac{\partial}{\partial x}\right),\tag{4.6.2}$$

注意:$\hat{a}^\dagger\neq\hat{a}$,因此$\hat{a}$不是厄米算符.由$\hat{x},\hat{p}$的对易关系$[\hat{x},\hat{p}]=\mathrm{i}\hbar$可以得出$\hat{a},\hat{a}^\dagger$的对易关系:

$$[\hat{a},\hat{a}^\dagger]=\hat{a}\hat{a}^\dagger-\hat{a}^\dagger\hat{a}=1,\quad[\hat{a},\hat{a}]=[\hat{a}^\dagger,\hat{a}^\dagger]=0.\tag{4.6.3}$$

利用变数代换(2.7.2)式,(4.6.1)式和(4.6.2)式写为

$$\hat{a}=\frac{1}{\sqrt{2}}\left(\xi+\frac{\partial}{\partial\xi}\right),\tag{4.6.4}$$

$$\hat{a}^\dagger=\frac{1}{\sqrt{2}}\left(\xi-\frac{\partial}{\partial\xi}\right),\tag{4.6.5}$$

将$\hat{a}$作用于谐振子哈密顿算符的第n个本征态ψ_n,并用公式(4.6.4)得

$$\hat{a}\psi_n=\frac{1}{\sqrt{2}}\left(\xi+\frac{\partial}{\partial\xi}\right)\psi_n,$$

再由线性谐振子本征函数的递推关系(2.7.19)式和(2.7.20)式得

$$\hat{a}\psi_n=\sqrt{n}\,\psi_{n-1},\tag{4.6.6}$$

$$\hat{a}^{\dagger}\psi_n = \sqrt{n+1}\psi_{n+1}. \tag{4.6.7}$$

上面的讨论都是在坐标表象中进行的,算符 $\hat{a}$ 和 $\hat{a}^{\dagger}$ 以及态矢量 ψ_n 都是在坐标表象中表述的.

用狄拉克符号 $\langle x|n\rangle=\psi_n(x)$,(4.6.6)式可写为

$$\int\langle x|\hat{a}|x'\rangle \mathrm{d}x'\langle x'|n\rangle=\sqrt{n}\langle x|n-1\rangle,$$

利用(4.5.13)式,上式简化为

$$\langle x|\hat{a}|n\rangle=\sqrt{n}\langle x|n-1\rangle,$$

同样(4.6.7)式可写为

$$\langle x|\hat{a}^{\dagger}|n\rangle=\sqrt{n+1}\langle x|n+1\rangle,$$

如果不用具体表象,上两式写为

$$\hat{a}|n\rangle=\sqrt{n}|n-1\rangle, \tag{4.6.8}$$

$$\hat{a}^{\dagger}|n\rangle=\sqrt{n+1}|n+1\rangle, \tag{4.6.9}$$

$|n\rangle$, $|n-1\rangle$ 和 $|n+1\rangle$ 都是谐振子哈密顿算符 $\hat{H}$ 的本征矢,分别对应于本征值 E_n, E_{n-1} 和 E_{n+1}. 由 $E_n=\hbar\omega\left(n+\frac{1}{2}\right)$ 可知能量 E_n 等于 $\hbar\omega$ 的 n 倍加零点能 $\frac{1}{2}\hbar\omega$. 谐振子的能量只能以 $\hbar\omega$ 为单位改变,这个能量单位 $\hbar\omega$ 可以看成一个粒子. 本征态 $|n\rangle$ 表示体系在这个态中有 n 个粒子. (4.6.8)式说明经算符 $\hat{a}$ 作用后,体系由状态 $|n\rangle$ 变到状态 $|n-1\rangle$,即粒子数减少一个,所以 $\hat{a}$ 称为**粒子的湮没算符**,同理 $a^{\dagger}$ 称为**粒子的产生算符**.

由(4.6.6)式或(4.6.8)式有

$$\hat{a}|0\rangle=0, \tag{4.6.10}$$

$|0\rangle$ 是表示谐振子基态的右矢.

由(4.6.9)式有

$$|1\rangle=\hat{a}^{\dagger}|0\rangle,$$

由(4.6.9)式递推可得

$$|n\rangle=\frac{1}{\sqrt{n}}\hat{a}^{\dagger}|n-1\rangle=\frac{1}{\sqrt{n}\sqrt{n-1}}(\hat{a}^{\dagger})^2|n-2\rangle=\cdots=\frac{1}{\sqrt{n!}}(\hat{a}^{\dagger})^n|0\rangle. \tag{4.6.11}$$

由(4.6.1)式和(4.6.2)式解出 $\hat{x}$, $\hat{p}$,得

$$\hat{x}=\left(\frac{\hbar}{2m\omega}\right)^{\frac{1}{2}}(\hat{a}+\hat{a}^{\dagger}),$$

$$\hat{p} = -\mathrm{i}\left(\frac{m\hbar\omega}{2}\right)^{\frac{1}{2}}(\hat{a} - \hat{a}^{\dagger}),$$

代入线性谐振子的哈密顿：

$$\hat{H} = \frac{\hat{p}^2}{2m} + \frac{1}{2}m\omega^2 x^2,$$

得到 $\hat{H}$ 用 $\hat{a},\hat{a}^{\dagger}$ 表示的式子：

$$\hat{H} = \hbar\omega\left(\hat{a}^{\dagger}\hat{a} + \frac{1}{2}\right), \tag{4.6.12}$$

以 $\hat{N}$ 表示 $\hat{a}^{\dagger}\hat{a}$：

$$\hat{N} = \hat{a}^{\dagger}\hat{a}, \tag{4.6.13}$$

算符 $\hat{N}$ 的本征值是粒子数 n，这可由(4.6.8)式和(4.6.9)式两式得出

$$\hat{N}|n\rangle = \hat{a}^{\dagger}\hat{a}|n\rangle = \sqrt{n}\,\hat{a}^{\dagger}|n-1\rangle = n|n\rangle. \tag{4.6.14}$$

以 $|n\rangle$ 为基矢的表象称为**占有数表象**. 在这表象中表示算符 $\hat{a}$ 的矩阵的矩阵元由(4.6.8)式得出

$$\langle n'|\hat{a}|n\rangle = \sqrt{n}\ \delta_{n',n-1},$$

$\hat{a}^{\dagger}$ 的矩阵元由(4.6.9)式得出

$$\langle n'|\hat{a}^{\dagger}|n\rangle = \sqrt{n+1}\ \delta_{n',n+1},$$

即

$$a = \begin{pmatrix} 0 & \sqrt{1} & 0 & 0 & \cdots \\ 0 & 0 & \sqrt{2} & 0 & \cdots \\ 0 & 0 & 0 & \sqrt{3} & \cdots \\ \vdots & \vdots & \vdots & \vdots & \end{pmatrix},$$

$$a^{\dagger} = \begin{pmatrix} 0 & 0 & 0 & 0 & \cdots \\ \sqrt{1} & 0 & 0 & 0 & \cdots \\ 0 & \sqrt{2} & 0 & 0 & \cdots \\ 0 & 0 & \sqrt{3} & 0 & \cdots \\ \vdots & \vdots & \vdots & \vdots & \end{pmatrix}, \tag{4.6.15}$$

$$N = \begin{pmatrix} 0 & 0 & 0 & 0 & \cdots \\ 0 & 1 & 0 & 0 & \cdots \\ 0 & 0 & 2 & 0 & \cdots \\ 0 & 0 & 0 & 3 & \cdots \\ \vdots & \vdots & \vdots & \vdots & \end{pmatrix}. \tag{4.6.16}$$

这些行列式中行和列的顺序是按 $n=0,1,2,3,\cdots$ 编排的.

小　　结

1. 态 $\Psi(x,t)$ 在动量表象中的波函数是

$$c(p,t)=\int\Psi(x,t)\psi_p^*(x)\,\mathrm{d}x.$$

2. 矩阵表示:

设 $\hat{Q}u_n(x)=Q_nu_n(x)$, $\Psi(x,t)=\sum\limits_n a_n(t)u_n(x)$,则态 $\Psi(x,t)$ 在 $\hat{Q}$ 表象中的波函数是

$$\Psi=\begin{pmatrix}a_1(t)\\a_2(t)\\\vdots\\a_n(t)\\\vdots\end{pmatrix},\quad \Psi^\dagger=(a_1^*(t),a_2^*(t),\cdots,a_n^*(t),\cdots),$$

归一化条件:

$$\Psi^\dagger\Psi=1.$$

力学量 F 在 $\hat{Q}$ 表象中是一个矩阵

$$F=\begin{pmatrix}F_{11}&F_{12}&\cdots&F_{1m}&\cdots\\F_{21}&F_{22}&\cdots&F_{2m}&\cdots\\\vdots&\vdots&&\vdots&\\F_{n1}&F_{n2}&\cdots&F_{nm}&\cdots\\\vdots&\vdots&&\vdots&\end{pmatrix},$$

其中 $F_{nm}=\int u_n^*(x)\hat{F}u_m(x)\,\mathrm{d}x$.

力学量 F 在 Ψ 态期望值公式

$$\overline{F}=\Psi^\dagger F\Psi.$$

本征值方程

$$F\Psi=\lambda\Psi.$$

薛定谔方程

$$\mathrm{i}\hbar\frac{\mathrm{d}\Psi}{\mathrm{d}t}=H\Psi.$$

3. 狄拉克符号.态 Ψ 可用右矢 $|\Psi\rangle$ 描写,也可用左矢 $\langle\Psi|$ 描写.

$$\langle \Phi | \Psi \rangle = \langle \Psi | \Phi \rangle^*.$$

以 $|x\rangle$($\langle x|$)表示坐标表象中的基右矢(基左矢),则

$$\langle x | \Psi \rangle = \Psi(x,t),$$

$$\langle \Psi | x \rangle = \Psi^*(x,t),$$

$$| \Psi \rangle = \int | x \rangle \mathrm{d}x \langle x | \Psi \rangle,$$

$$\langle \Psi | = \int \langle \Psi | x \rangle \mathrm{d}x \langle x |,$$

$$\int | x \rangle \mathrm{d}x \langle x | = 1.$$

设 $\hat{Q} | n \rangle = Q_n | n \rangle$, 则

$$| \Psi \rangle = \sum_n | n \rangle \langle n | \Psi \rangle,$$

$$\langle \Psi | = \sum_n \langle \Psi | n \rangle \langle n |.$$

本征函数 $|n\rangle$ 的封闭性:

$$\sum_n | n \rangle \langle n | = 1.$$

力学量 F 的矩阵元:

$$F_{mn} = \langle m | F | n \rangle.$$

4. 占有数表象:

以线性谐振子哈密顿 $\hat{H}$ 的本征右矢 $|n\rangle$ 为基右矢.

湮没算符 $\hat{a}$ 对 $|n\rangle$ 的作用:

$$\hat{a} | n \rangle = \sqrt{n} | n - 1 \rangle.$$

产生算符 $\hat{a}^\dagger$ 对 $|n\rangle$ 的作用:

$$\hat{a}^\dagger | n \rangle = \sqrt{n+1} | n + 1 \rangle.$$

线性谐振子哈密顿算符:

$$\hat{H} = \hbar\omega\left(\hat{a}^\dagger \hat{a} + \frac{1}{2}\right).$$

粒子数算符:

$$\hat{N} = \hat{a}^\dagger \hat{a}.$$

注:满足对易关系(4.6.3)式的算符称为玻色子算符(见第七章).

类似地,满足反对易关系的算符称为费米子算符:

$$\{\hat{a}, \hat{a}^\dagger\} \equiv \hat{a}\hat{a}^\dagger + \hat{a}^\dagger \hat{a} = 1, \quad \{\hat{a}, \hat{a}\} = \{\hat{a}^\dagger, \hat{a}^\dagger\} = 0.$$

由后面章节可知,玻色子在物理上遵循玻色-爱因斯坦统计分布,并有玻色-爱因斯坦凝聚.

同时,费米子则遵循费米-狄拉克统计分布,并服从泡利不相容原理.有趣的是,两种完全不同的算符却满足下述相同的对易关系：

$$[\hat{a},\hat{N}]=\hat{a},\quad [\hat{a}^{\dagger},\hat{N}]=-\hat{a}^{\dagger}.$$

我们以费米子为例,推导第二个对易关系.

$$[\hat{a}^{\dagger},\hat{N}]\equiv[\hat{a}^{\dagger},\hat{a}^{\dagger}\hat{a}]=-[\hat{a}^{\dagger}\hat{a},\hat{a}^{\dagger}]=-\hat{a}^{\dagger}\{\hat{a},\hat{a}^{\dagger}\}+\{\hat{a}^{\dagger},\hat{a}^{\dagger}\}\hat{a}=-\hat{a}^{\dagger}.$$

推导过程中,我们利用了关系$\{\hat{a}^{\dagger},\hat{a}^{\dagger}\}=0$,因而$\hat{a}^{\dagger}\hat{a}^{\dagger}=0$.这个推导虽然简单,却具有普遍性,出发点总是由物理规律得来的对易关系,最后结果经由单粒子对易(玻色子)或反对易(费米子)关系得到,中间步骤则是考虑了对易或反对易关系的数学恒等式.

习　题

4.1　求在动量表象中角动量 L_x 的矩阵元和 L_x^2 的矩阵元.

4.2　求一维无限深方势阱中粒子的坐标和动量在能量表象中的矩阵元.

4.3　求在动量表象中线性谐振子的能量本征函数.

4.4　求线性谐振子哈密顿量在动量表象中的矩阵元.

4.5　已知在 $\hat{L}^2$ 和 $\hat{L}_z$ 的共同表象中,算符 $\hat{L}_x$ 和 $\hat{L}_y$ 的矩阵分别为

$$L_x=\frac{\hbar\sqrt{2}}{2}\begin{pmatrix}0&1&0\\1&0&1\\0&1&0\end{pmatrix},\quad L_y=\frac{\hbar\sqrt{2}}{2}\begin{pmatrix}0&-\mathrm{i}&0\\\mathrm{i}&0&-\mathrm{i}\\0&\mathrm{i}&0\end{pmatrix},$$

求它们的本征值和归一化的本征函数.最后将矩阵 L_x 和 L_y 对角化.

4.6　求连续性方程的矩阵表示.

第五章　微 扰 理 论

前面几章介绍了量子力学的基本理论,并用这些理论求解了一些简单的问题.例如第二章中求得了粒子在一维无限深方势阱中的运动规律,线性谐振子的本征值和本征函数,讨论了势垒穿透的问题,第三章中又解出了氢原子体系的本征值和本征函数.

像这样可以用薛定谔方程准确求解的物理问题是很少的.在经常遇到的许多问题中,由于体系的哈密顿算符比较复杂,往往不能求得精确的解,而只能求近似解.因此,量子力学中用来求问题的近似解的方法(简称**近似方法**),就显得非常重要.近似方法通常是从简单问题的精确解出发来求较复杂问题的近似解.一般可以分为两大类:一类用于体系的哈密顿算符不是时间的显函数的情况,讨论的是定态问题,§5.1—§5.3的定态微扰理论、§5.4—§5.5的变分法都属于这一类.另一类用于体系的哈密顿算符是时间的显函数的情况,讨论的是体系状态之间的跃迁问题,§5.6—§5.7与时间有关的微扰理论就属于这一类,本章中还将应用这一类方法来讨论光的发射和吸收等问题.

§5.1　非简并定态微扰理论

假设体系的哈密顿算符 H 不显含时间,而且可以分为两部分:一部分是 $\hat{H}^{(0)}$,它的本征值 $E_n^{(0)}$ 和本征函数 $\psi_n^{(0)}$ 是已知的;另一部分 $\hat{H}'$ 很小,可以看成加于 $\hat{H}^{(0)}$ 上的微扰:

$$\hat{H}=\hat{H}^{(0)}+\hat{H}', \tag{5.1.1}$$

$$\hat{H}^{(0)}\psi_n^{(0)}=E_n^{(0)}\psi_n^{(0)}. \tag{5.1.2}$$

以 E_n 和 ψ_n 表示 H 的本征值和本征函数:

$$\hat{H}\psi_n=E_n\psi_n. \tag{5.1.3}$$

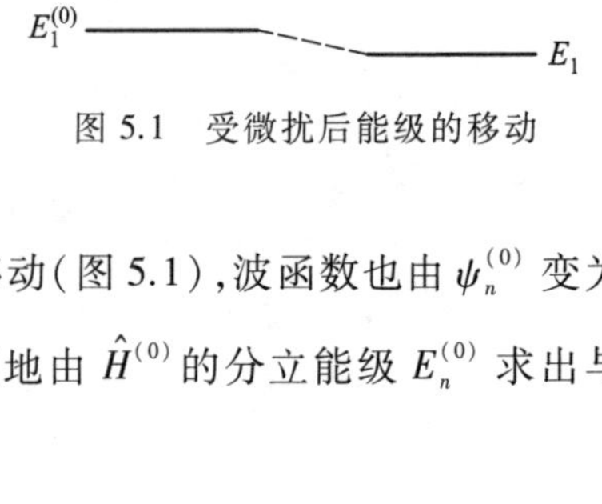

图 5.1　受微扰后能级的移动

如果没有微扰,则 $\hat{H}$ 就是 $\hat{H}^{(0)}$;E_n,ψ_n 就是 $E_n^{(0)},\psi_n^{(0)}$.微扰的引入使得体系的能级由 $E_n^{(0)}$ 变为 E_n,即能级发生移动(图5.1),波函数也由 $\psi_n^{(0)}$ 变为 ψ_n.本节和下两节要讨论的定态微扰理论,使我们可以近似地由 $\hat{H}^{(0)}$ 的分立能级 $E_n^{(0)}$ 求出与 $\hat{H}$ 相对应的能级 E_n,由波函数系 $\psi_n^{(0)}$ 求出 ψ_n.

微扰项 $\hat{H}'$很小这句话的确切含义，将在以后具体说明［见(5.1.22)式］．为了明显地表示出微小程度，将 $\hat{H}'$写为

$$\hat{H}' = \lambda \hat{H}^{(1)}, \tag{5.1.4}$$

其中 λ 是一个很小的实参量．由于 E_n 和 ψ_n 都和微扰有关，可以把它们看成表征微扰程度的参量 λ 的函数．将它们展开为 λ 的幂级数：

$$E_n = E_n^{(0)} + \lambda E_n^{(1)} + \lambda^2 E_n^{(2)} + \cdots, \tag{5.1.5}$$

$$\psi_n = \psi_n^{(0)} + \lambda \psi_n^{(1)} + \lambda^2 \psi_n^{(2)} + \cdots, \tag{5.1.6}$$

式中 $E_n^{(0)}$，$\psi_n^{(0)}$ 依次是体系未受微扰时的能量和波函数，称为零级近似能量和零级近似波函数．$\lambda E_n^{(1)}$ 和 $\lambda \psi_n^{(1)}$ 是能量和波函数的一级修正，等等．

将(5.1.1)式和(5.1.4)式—(5.1.6)式等式代入(5.1.3)式中，得到

$$\begin{aligned}&(\hat{H}^{(0)} + \lambda \hat{H}^{(1)})(\psi_n^{(0)} + \lambda \psi_n^{(1)} + \lambda^2 \psi_n^{(2)} + \cdots)\\ &= (E_n^{(0)} + \lambda E_n^{(1)} + \lambda^2 E_n^{(2)} + \cdots)(\psi_n^{(0)} + \lambda \psi_n^{(1)} + \lambda^2 \psi_n^{(2)} + \cdots),\end{aligned} \tag{5.1.7}$$

这个等式两边 λ 同次幂的系数应相等，由此得到下面一系列方程：

$$(\hat{H}^{(0)} - E_n^{(0)})\psi_n^{(0)} = 0, \tag{5.1.8}$$

$$(\hat{H}^{(0)} - E_n^{(0)})\psi_n^{(1)} = -(\hat{H}^{(1)} - E_n^{(1)})\psi_n^{(0)}, \tag{5.1.9}$$

$$(\hat{H}^{(0)} - E_n^{(0)})\psi_n^{(2)} = -(\hat{H}^{(1)} - E_n^{(1)})\psi_n^{(1)} + E_n^{(2)}\psi_n^{(0)}, \tag{5.1.10}$$

等等．方程(5.1.8)就是方程(5.1.2)．(5.1.9)式是 $\psi_n^{(1)}$ 所满足的微分方程，由它可以得出 $E_n^{(1)}$ 和 $\psi_n^{(1)}$．注意，如果 $\psi_n^{(1)}$ 是方程(5.1.9)的解，则由(5.1.8)式，$\psi_n^{(1)} + a\psi_n^{(0)}$ 也同样是方程的解，a 是任意常量．

引进 λ 的目的是为了更清楚地从方程(5.1.7)按数量级分出(5.1.8)式，(5.1.9)式等方程．这目的达到后，我们将 λ 省去(即设 $\lambda = 1$)，把 $\hat{H}^{(1)}$ 理解为 $\hat{H}'$，把 $E_n^{(1)}$，$\psi_n^{(1)}$ 理解为能量和波函数的一级修正，等等，这样不会有含糊不清之处．

下面讨论 $E_n^{(0)}$ 非简并的情况，即对应于这个本征值，$\hat{H}^{(0)}$ 的本征函数只有一个 $\psi_n^{(0)}$，它就是 ψ_n 的零级近似．设 $\psi_n^{(0)}$ 是归一化了的．为了求 $E_n^{(1)}$，以 $\psi_n^{(0)*}$ 左乘(5.1.9)式两边，并对整个空间积分，得

$$\begin{aligned}&\int \psi_n^{(0)*}(\hat{H}^{(0)} - E_n^{(0)})\psi_n^{(1)}\mathrm{d}V\\ &= E_n^{(1)}\int \psi_n^{(0)*}\psi_n^{(0)}\mathrm{d}V - \int \psi_n^{(0)*}\hat{H}'\psi_n^{(0)}\mathrm{d}V,\end{aligned} \tag{5.1.11}$$

注意：$\hat{H}^{(0)}$ 是厄米算符，$E_n^{(0)}$ 是实数，有

$$\int \psi_n^{(0)*}(\hat{H}^{(0)} - E_n^{(0)})\psi_n^{(1)}\mathrm{d}V = \int [(\hat{H}^{(0)} - E_n^{(0)})\psi_n^{(0)}]^*\psi_n^{(1)}\mathrm{d}V = 0,$$

于是由(5.1.11)式,并注意到 $\psi_n^{(0)}$ 的正交归一性得到

$$E_n^{(1)} = \int \psi_n^{(0)*} \hat{H}' \psi_n^{(0)} \mathrm{d}V = \langle \psi_n^{(0)} | H' | \psi_n^{(0)} \rangle, \tag{5.1.12}$$

即能量的一级修正 $E_n^{(1)}$ 等于 $\hat{H}'$在 $\psi_n^{(0)}$ 态中的期望值.

已知 $E_n^{(1)}$,由(5.1.9)式即可求得 $\psi_n^{(1)}$.为此我们将 $\psi_n^{(1)}$ 按 $\hat{H}^{(0)}$ 的本征函数系展开:

$$\psi_n^{(1)} = \sum_l a_l^{(1)} \psi_l^{(0)}, \tag{5.1.13}$$

由于 $\psi_n^{(1)}$ 加上 $a\psi_n^{(0)}$ 后仍是方程(5.1.9)的解,我们总可以选取 a 使得上面展开式中不含 $\psi_n^{(0)}$ ①:

$$\psi_n^{(1)} = \sum_l{}' a_l^{(1)} \psi_l^{(0)}. \tag{5.1.14}$$

上式右边求和号上角加一撇表示求和时不包括 $l=n$ 的项.将(5.1.14)式代入(5.1.9)式中,得

$$\sum_l{}' E_l^{(0)} a_l^{(1)} \psi_l^{(0)} - E_n^{(0)} \sum_l{}' a_l^{(1)} \psi_l^{(0)} = E_n^{(1)} \psi_n^{(0)} - \hat{H}' \psi_n^{(0)}.$$

以 $\psi_m^{(0)*}(m \neq n)$ 左乘上式两边后,对整个空间积分,并注意到 $\psi_l^{(0)}$ 的正交归一性:

$$\int \psi_m^{(0)*} \psi_l^{(0)} \mathrm{d}V = \langle \psi_m^{(0)} | \psi_l^{(0)} \rangle = \delta_{ml},$$

得到

$$\sum_l{}' E_l^{(0)} a_l^{(1)} \delta_{ml} - E_n^{(0)} \sum_l{}' a_l^{(1)} \delta_{ml} = -\int \psi_m^{(0)*} \hat{H}' \psi_n^{(0)} \mathrm{d}V, \tag{5.1.15}$$

记

$$\int \psi_m^{(0)*} \hat{H}' \psi_n^{(0)} \mathrm{d}V = H'_{mn}, \tag{5.1.16}$$

H'_{mn}称为微扰矩阵元.于是(5.1.15)式简化为

$$(E_n^{(0)} - E_m^{(0)}) a_m^{(1)} = H'_{mn}$$

或

$$a_m^{(1)} = \frac{H'_{mn}}{E_n^{(0)} - E_m^{(0)}}. \tag{5.1.17}$$

代入(5.1.14)式,得到

---

① (5.1.13)式与(5.1.14)式对 $\psi_n^{(1)}$ 的两种选取,只不过使总波函数差一个相因子.如果 ψ_n 和 $\psi_n^{(0)}$ 都归一化,由(5.1.13)式可得 $1=\langle \psi_n | \psi_n \rangle = \langle \psi_n^{(0)} + \lambda\psi_n^{(1)} | \psi_n^{(0)} + \lambda\psi_n^{(1)} \rangle = \langle \psi_n^{(0)} | \psi_n^{(0)} \rangle + \lambda \langle \psi_n^{(0)} | \psi_n^{(1)} \rangle + \lambda \langle \psi_n^{(1)} | \psi_n^{(0)} \rangle + 0 \,|\, = 1 + \lambda(a_n^{(1)} + a_n^{(1)*}) + O(\lambda^2)$.

于是 $a_n^{(1)} + a_n^{(1)*} = 0$,可得 $a_n^{(1)} = \mathrm{i}\gamma$($\gamma$ 为实数),代入(5.1.13)式得

$$\begin{aligned} \psi_n &= \psi_n^{(0)} + \lambda \mathrm{i}\gamma \psi_n^{(0)} + \lambda \sum_{l \neq n} a_l^{(1)} \psi_l^{(0)} + O(\lambda^2) \\ &= \mathrm{e}^{\mathrm{i}\lambda\gamma} \psi_n^{(0)} + \lambda \sum_{l \neq n} a_l^{(1)} \psi_l^{(0)} + O(\lambda^2) \\ &= \mathrm{e}^{\mathrm{i}\lambda\gamma} \left\{ \psi_n^{(0)} + \lambda \sum_{l \neq n} a_l^{(1)} \psi_l^{(0)} \right\} + O(\lambda^2) \end{aligned}$$

可见 $\psi_n^{(1)}$ 两种取法只相差相因子 $\mathrm{e}^{\mathrm{i}\lambda\gamma}$.取 $\gamma=0$,即 $a_n^{(1)}=0$.

$$\psi_n^{(1)} = \sum_m{}' \frac{H'_{mn}}{E_n^{(0)} - E_m^{(0)}}\psi_m^{(0)}. \tag{5.1.18}$$

为了求能量二级修正,把(5.1.18)式代入方程(5.1.10),并用 $\psi_n^{(0)*}$ 左乘方程(5.1.10)两边后,对整个空间积分,得

$$\int \psi_n^{(0)*}(\hat{H}^{(0)} - E_n^{(0)})\psi_n^{(2)}\,\mathrm{d}V$$
$$= -\sum_l{}' a_l^{(1)} H'_{nl} + E_n^{(1)} \sum_l{}' a_l^{(1)} \delta_{nl} + E_n^{(2)}.$$

这里用了 $\psi_n^{(0)}$ 的正交归一性.和(5.1.11)式左边一样,上式左边为零;右边第二项由于 $l \neq n$,也为零.于是有

$$E_n^{(2)} = \sum_l{}' a_l^{(1)} H'_{nl} = \sum_l{}' \frac{H'_{ln}H'_{nl}}{E_n^{(0)} - E_l^{(0)}}$$
$$= \sum_l{}' \frac{|H'_{nl}|^2}{E_n^{(0)} - E_l^{(0)}}. \tag{5.1.19}$$

最后一步是因为 $\hat{H}^{(1)}$ 是厄米算符,由(5.1.16)式有 $H'_{ln} = H'^{*}_{nl}$.

由(5.1.10)式还可以求出 $\psi_n^{(2)}$.用类似的步骤可以求得能量和波函数的更高级修正,这里不作详细推导.

将(5.1.12)式和(5.1.19)式两式代入(5.1.5)式,得到受微扰体系的能量为

$$E_n = E_n^{(0)} + H'_{nn} + \sum_m{}' \frac{|H'_{nm}|^2}{E_n^{(0)} - E_m^{(0)}} + \cdots, \tag{5.1.20}$$

将(5.1.18)式代入(5.1.6)式,得到所讨论体系的波函数为

$$\psi_n = \psi_n^{(0)} + \sum_m{}' \frac{H'_{mn}}{E_n^{(0)} - E_m^{(0)}}\psi_m^{(0)} + \cdots. \tag{5.1.21}$$

微扰理论适用的条件是级数(5.1.20)式和(5.1.21)式收敛.要判断级数是否收敛,必须知道级数的一般项.而所讨论的两个级数的高级项我们不知道.在这种情况下,我们只能要求级数的已知几项中后面的项远小于前面的项,由此得到理论适用的条件是

$$\left|\frac{H'_{mn}}{E_n^{(0)} - E_m^{(0)}}\right| \ll 1 \quad (E_n^{(0)} \neq E_m^{(0)}). \tag{5.1.22}$$

这就是本节开始时提到的 $\hat{H}'$很小的明确表示式.当(5.1.22)式被满足时,计算一级修正一般就可得到相当精确的结果.

由(5.1.22)式可以看出,微扰理论的方法能否适用不仅取决于矩阵元 H'_{mn}的大小,同时还取决于能级间的距离 $|E_n^{(0)} - E_m^{(0)}|$.例如,在库仑场中体系的能级与量子数 n 的平方成反比[见(3.3.20)式];当 n 大时,能级间的距离很小,在这种情况下,微扰理论只适用于计算低

能级(n 小)的修正,而不能用来计算高能级(n 大)的修正.

例　一电荷为 q 的线性谐振子受恒定弱电场 $\mathscr{E}$ 作用,电场沿正 x 方向.用微扰法求体系的定态能量和波函数.

解　体系的哈密顿量算符是

$$\hat{H}=-\frac{\hbar^2}{2m}\frac{\mathrm{d}^2}{\mathrm{d}x^2}+\frac{1}{2}m\omega^2x^2-q\mathscr{E}x,$$

采用§4.6中的线性谐振子占有数表象,利用粒子湮没算符 $\hat{a}$ 和产生算符 $\hat{a}^\dagger$ 表示:

$$\hat{H}=\hbar\omega\left(\hat{a}^\dagger a+\frac{1}{2}\right)-q\mathscr{E}\sqrt{\frac{\hbar}{2m\omega}}(\hat{a}^\dagger+\hat{a}).$$

在弱电场下,上式第二项很小,因此令

$$\hat{H}^{(0)}=\hbar\omega\left(\hat{a}^\dagger\hat{a}+\frac{1}{2}\right),$$

$$\hat{H}'=-q\mathscr{E}\sqrt{\frac{\hbar}{2m\omega}}(\hat{a}^\dagger+\hat{a}).$$

$\hat{H}^{(0)}$ 是线性谐振子的哈密顿量,它的本征值和本征态为 E_n 和 $|n\rangle$:

$$\hat{H}^{(0)}|n\rangle=\hbar\omega\left(n+\frac{1}{2}\right)|n\rangle$$

现在计算微扰对第 n 个能级的修正,由(5.1.12)式,能量的一级修正为零:

$$E_n^{(1)}=\langle n|\hat{H}'|n\rangle=-q\mathscr{E}\sqrt{\frac{\hbar}{2m\omega}}\langle n|\hat{a}^\dagger+\hat{a}|n\rangle=0,$$

因此,我们必须计算二级修正,(5.1.19)式中相关的微扰矩阵元 H'_{mn} 为

$$\begin{aligned}H'_{mn}=\langle m|\hat{H}'|n\rangle&=-q\mathscr{E}\sqrt{\frac{\hbar}{2m\omega}}\langle m|\hat{a}^\dagger+\hat{a}|n\rangle\\&=-q\mathscr{E}\sqrt{\frac{\hbar}{2m\omega}}(\sqrt{n+1}\langle m|n+1\rangle+\sqrt{n}\langle m|n-1\rangle)\\&=-q\mathscr{E}\sqrt{\frac{\hbar}{2m\omega}}(\sqrt{n+1}\delta_{m,n+1}+\sqrt{n}\delta_{m,n-1}).\end{aligned}$$

这里利用了§4.6中产生湮没算符的性质:$\hat{a}^\dagger|n\rangle=\sqrt{n+1}|n+1\rangle$,$\hat{a}|n\rangle=\sqrt{n}|n-1\rangle$,以及态矢量之间的正交归一性:$\langle m|n\rangle=\delta_{m,n}$.

代入能量的二级修正公式:

$$\begin{aligned}E_n^{(2)}&=\sum_m{}'\frac{|H'_{mn}|^2}{E_n^{(0)}-E_m^{(0)}}\\&=\frac{\hbar q^2\mathscr{E}^2}{2m\omega}\left[\frac{n+1}{E_n^{(0)}-E_{n+1}^{(0)}}+\frac{n}{E_n^{(0)}-E_{n-1}^{(0)}}\right],\end{aligned}$$

因为线性谐振子两相邻能级间隔是 $\hbar\omega$,所以

$$E_n^{(2)}=\frac{\hbar q^2\mathscr{E}^2}{2m\omega}\left[-\frac{n+1}{\hbar\omega}+\frac{n}{\hbar\omega}\right]=-\frac{q^2\mathscr{E}^2}{2m\omega^2}.$$

上式表明,能级移动与 n 无关,即与振子的状态无关.

波函数的一级修正是

$$\begin{aligned}\psi_n^{(1)}&=\sum_m{}'\frac{H'_{mn}}{E_n^{(0)}-E_m^{(0)}}\psi_m^{(0)}\\&=-q\mathscr{E}\sqrt{\frac{\hbar}{2m\omega}}\left[\frac{\sqrt{n+1}\psi_{n+1}^{(0)}}{E_n^{(0)}-E_{n+1}^{(0)}}+\frac{\sqrt{n}\psi_{n-1}^{(0)}}{E_n^{(0)}-E_{n-1}^{(0)}}\right]\\&=q\mathscr{E}\sqrt{\frac{1}{2\hbar m\omega^3}}\left[\sqrt{n+1}\psi_{n+1}^{(0)}-\sqrt{n}\psi_{n-1}^{(0)}\right].\end{aligned}$$

上式对 $n\geqslant1$ 成立.如果讨论基态,$n=0$,则上式括号中只有第一项,而无第二项.

实际上,这个问题中的能级移动可以直接准确求出.体系的哈密顿算符可写为

$$\begin{aligned}\hat{H}&=-\frac{\hbar^2}{2m}\frac{\mathrm{d}^2}{\mathrm{d}x^2}+\frac{1}{2}m\omega^2x^2-q\mathscr{E}x\\&=-\frac{\hbar^2}{2m}\frac{\mathrm{d}^2}{\mathrm{d}x^2}+\frac{1}{2}m\omega^2\left(x-\frac{q\mathscr{E}}{m\omega^2}\right)^2-\frac{q^2\mathscr{E}^2}{2m\omega^2}\\&=-\frac{\hbar^2}{2m}\frac{\mathrm{d}^2}{\mathrm{d}x'^2}+\frac{1}{2}m\omega^2x'^2-\frac{q^2\mathscr{E}^2}{2m\omega^2},\end{aligned}$$

式中 $x'=x-\frac{q\mathscr{E}}{m\omega^2}$.由此可见,所讨论体系仍是一个线性谐振子,它的每一个能级都比无电场时线性谐振子的相应能级低$\frac{q^2\mathscr{E}^2}{2m\omega^2}$,平衡点向右移动了$\frac{q\mathscr{E}}{m\omega^2}$.

不难求得$\langle\psi_n|x|\psi_n\rangle=\frac{q\mathscr{E}}{m\omega^2}$.正(负)离子沿(反)电场方向移动$\frac{q\mathscr{E}}{m\omega^2}$,即在外电场下产生电偶极矩 $D=\frac{2q^2\mathscr{E}}{m\omega^2}$,可得极化率$\chi=\frac{D}{\mathscr{E}}=\frac{2q^2}{m\omega^2}$.

§ 5.2　简并情况下的微扰理论

上一节(5.1.11)式以后的结果只适用于 $E_n^{(0)}$ 不是简并的情况.假设 $E_n^{(0)}$ 是 k 度简并.属于 $\hat{H}^{(0)}$ 的本征值 $E_n^{(0)}$ 有 k 个本征函数:$\phi_1,\phi_2,\cdots,\phi_k$,

$$\hat{H}^{(0)}\psi_i=E_n^{(0)}\phi_i,\quad i=1,2,\cdots,k. \tag{5.2.1}$$

在这种情况下,首先遇到的问题是如何从这 k 个 ϕ_i 中挑选出零级近似波函数.作为零级近似波函数,它必须使方程(5.1.9)有解.据这个条件,我们把零级近似波函数 $\psi_n^{(0)}$ 写成 k 个 ϕ_i 的线性组合:

$$\psi_n^{(0)} = \sum_{i=1}^{k} c_i^{(0)} \phi_i, \tag{5.2.2}$$

系数 $c_i^{(0)}$ 可按下面的步骤由方程(5.1.9)写出.

将(5.2.2)式代入(5.1.9)式中,有

$$(\hat{H}^{(0)} - E_n^{(0)})\psi_n^{(1)} = E_n^{(1)} \sum_{i=1}^{k} c_i^{(0)} \phi_i - \sum_{i=1}^{k} c_i^{(0)} \hat{H}' \phi_i.$$

以 ϕ_l^* 左乘上式两边,并对整个空间积分.上式左边为零(类似(5.1.11)式左边),得

$$\sum_{i=1}^{k} (\hat{H}'_{li} - E_n^{(1)} \delta_{li}) c_i^{(0)} = 0, \quad l = 1,2,\cdots,k, \tag{5.2.3}$$

式中:

$$\hat{H}'_{li} = \int \phi_l^* \hat{H}' \phi_i \mathrm{d}V. \tag{5.2.4}$$

(5.2.3)式是以系数 $c_i^{(0)}$ 为未知量的一次齐次方程组,与(4.3.6)式类似,非零解的条件是系数行列式为0,

$$\det | H'_{li} - E_n^{(1)} \delta_{li} | = 0,$$

即

$$\begin{vmatrix} H'_{11} - E_n^{(1)} & H'_{12} & \cdots & H'_{1k} \\ H'_{21} & H'_{22} - E_n^{(1)} & \cdots & H'_{2k} \\ \vdots & \vdots & & \vdots \\ H'_{k1} & H'_{k2} & \cdots & H'_{kk} - E_n^{(1)} \end{vmatrix} = 0. \tag{5.2.5}$$

这个行列式方程称为**久期方程**,解这个方程可以得到能量一级修正 $E_n^{(1)}$ 的 k 个根 $E_{nj}^{(1)}(j=1,2,\cdots,k)$.因为 $E_n = E_n^{(0)} + E_n^{(1)}$,若 $E_n^{(1)}$ 的 k 个根都不相等,则一级微扰可以将 k 度简并完全消除;若 $E_n^{(1)}$ 有几个重根,说明简并只是部分被消除,必须进一步考虑能量的二级修正,才有可能使能级完全分裂开来.

为了确定能量 $E_{nj} = E_n^{(0)} + E_{nj}^{(1)}$ 所对应的零级近似波函数,把 $E_{nj}^{(1)}$ 的值代入(5.2.3)式中解出一组 $c_i^{(0)}$,再代入(5.2.2)式即得.

§5.3　氢原子的一级斯塔克效应

简并情况下的微扰理论可以用来解释氢原子在外电场作用下所产生的谱线分裂现象,这现象称为氢原子的**斯塔克**(Stark)**效应**.我们知道,由于电子在氢原子中受到球对称的库仑

场的作用,第 n 个能级有 n^2 度简并.下面将看到,加入外电场后,势场的对称性受到破坏,能级会发生分裂,使简并部分地被消除.

氢原子在外电场中,它的哈密顿算符包括两部分:$\hat{H}=\hat{H}_0+\hat{H}'$,$\hat{H}_0$ 是未加外电场时氢原子体系的哈密顿算符:

$$\hat{H}_0=-\frac{\hbar}{2m}\nabla^2-\frac{e^2}{4\pi\varepsilon_0 r},\tag{5.3.1}$$

$\hat{H}'$是电子在外电场中的势能.设外电场$\mathscr{E}$是均匀的,方向沿 z 轴,则

$$\hat{H}'=e\,\mathscr{E}\cdot\boldsymbol{r}=e\mathscr{E}z=e\mathscr{E}r\cos\theta.\tag{5.3.2}$$

通常的外电场强度比起原子内部的电场强度来说是很小的(一般外电场到 10^2 V/m 已算很强,而原子内部电场约为 10^{11} V/m,所以可以把外电场看成微扰).$\hat{H}_0$ 的本征值和本征函数已在 § 3.3 中求出.当 $n=2$ 时,本征值是

$$E_2^{(0)}=-\frac{m}{2\hbar^2n^2}\left(\frac{e^2}{4\pi\varepsilon_0}\right)^2=-\frac{m}{8\hbar^2}\left(\frac{e^2}{4\pi\varepsilon_0}\right)^2=-\frac{1}{8a_0}\frac{e^2}{4\pi\varepsilon_0},\tag{5.3.3}$$

式中 $a_0=\dfrac{\hbar^2}{m}\dfrac{4\pi\varepsilon_0}{e^2}$是第一玻尔轨道半径.属于这个能级有四个简并态,它们的波函数是

$$\left.\begin{aligned}
\phi_1&\equiv\psi_{200}=R_{20}(r)\,\mathrm{Y}_{00}(\theta,\varphi)\\
&=\frac{1}{4\sqrt{2\pi}}\left(\frac{1}{a_0}\right)^{\frac{3}{2}}\left(2-\frac{r}{a_0}\right)\mathrm{e}^{-\frac{r}{2a_0}}\\
\phi_2&\equiv\psi_{210}=R_{21}(r)\,\mathrm{Y}_{10}(\theta,\varphi)\\
&=\frac{1}{4\sqrt{2\pi}}\left(\frac{1}{a_0}\right)^{\frac{3}{2}}\left(\frac{r}{a_0}\right)\mathrm{e}^{-\frac{r}{2a_0}}\cos\theta\\
\phi_3&\equiv\psi_{211}=R_{21}(r)\,\mathrm{Y}_{11}(\theta,\varphi)\\
&=\frac{-1}{8\sqrt{\pi}}\left(\frac{1}{a}\right)^{\frac{3}{2}}\left(\frac{r}{a_0}\right)\mathrm{e}^{-\frac{r}{2a_0}}\sin\theta\,\mathrm{e}^{\mathrm{i}\varphi}\\
\phi_4&\equiv\psi_{21-1}=R_{21}(r)\,\mathrm{Y}_{1-1}(\theta,\varphi)\\
&=\frac{1}{8\sqrt{\pi}}\left(\frac{1}{a_0}\right)^{\frac{3}{2}}\left(\frac{r}{a_0}\right)\mathrm{e}^{-\frac{r}{2a_0}}\sin\theta\,\mathrm{e}^{-\mathrm{i}\varphi}
\end{aligned}\right\}.\tag{5.3.4}$$①

由上一节可知,求一级能量修正值,须解久期方程(5.2.5)式.为此,先求出 $\hat{H}'$在(5.3.4)式各态间的矩阵元.由球谐函数的奇偶性,可以看出,除矩阵元 H'_{12}不等于零外,其他矩阵元都是零,所以只要计算 H'_{12}和 H'_{21}:

$$H'_{12}=H'_{21}=\int\phi_1^*\hat{H}'\phi_2\mathrm{d}V$$

① 由 § 5.9 电偶极跃迁选择定则 $\Delta m=0$,$\Delta l=\pm1$[见(5.9.4)式].基矢(5.3.4)按 $\Delta m=0$ 排列,可使 H'方块对角化,便于求解.对于 n 大的问题,这种基矢排列的优点更明显.

$$= e\mathscr{E}\int_0^\infty R_{20}(r)rR_{21}(r)r^2\mathrm{d}r\int Y_{00}\cos\theta Y_{10}\mathrm{d}\Omega.$$

由于 $Y_{00}=\sqrt{\dfrac{1}{4\pi}}$，$Y_{10}=\sqrt{\dfrac{3}{4\pi}}\cos\theta$，有 $Y_{00}\cos\theta=\dfrac{1}{\sqrt{3}}Y_{10}$，上述角度积分为$\dfrac{1}{\sqrt{3}}$.

$$H'_{12}=H'_{21}=\frac{e\mathscr{E}}{\sqrt{3}}\int_0^\infty R_{20}R_{21}r^3\mathrm{d}r$$

$$=\frac{1}{24}\frac{e\mathscr{E}}{a_0^4}\int_0^\infty\left(2-\frac{r}{a_0}\right)r^4\mathrm{e}^{-\frac{r}{a_0}}\mathrm{d}r=-3e\mathscr{E}a_0, \tag{5.3.5}$$

将这结果代入久期方程(5.2.5)中，得

$$\begin{vmatrix} -E_2^{(1)} & -3e\mathscr{E}a_0 & 0 & 0 \\ -3e\mathscr{E}a_0 & -E_2^{(1)} & 0 & 0 \\ 0 & 0 & -E_2^{(1)} & 0 \\ 0 & 0 & 0 & -E_2^{(1)} \end{vmatrix}=0,$$

即

$$(E_2^{(1)})^2[(E_2^{(1)})^2-(3e\mathscr{E}a_0)^2]=0.$$

这方程的四个根是

$$\left.\begin{aligned} E_{21}^{(1)}&=3e\mathscr{E}a_0 \\ E_{22}^{(1)}&=-3e\mathscr{E}a_0 \\ E_{23}^{(1)}&=E_{24}^{(1)}=0 \end{aligned}\right\}. \tag{5.3.6}$$

由此可见，在外电场的作用下，原来是四度简并的能级，在一级修正中将分裂为三个能级，简并部分地被消除.

图 5.2 表示能级的分裂情况.左边是没有外电场时的能级和跃迁，右边是加进外电场后的情况.原来简并的能级在外电场作用下分裂为三个能级，一个在原来的上面，另一个在原来的下面，能量差都是 $3e\mathscr{E}a_0$.这样，没有外电场时的一条谱线，在外电场中就分裂成三条；它们的频率一条比原来稍小，一条稍大，另一条与原来的相等.由(5.2.3)式可以求得属于这些能级的零级近似波函数.将(5.3.5)式代入(5.2.3)式中，得到一组线性方程：

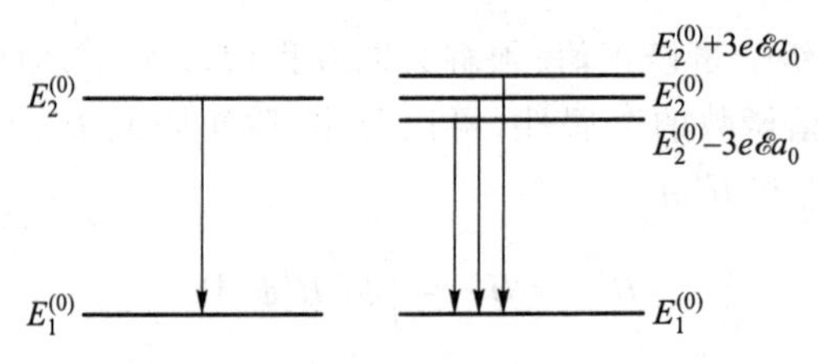

图 5.2　在电场中氢原子能级的分裂

$$\left.\begin{aligned}-3e\mathscr{E}a_0c_2^{(0)}-E_2^{(1)}c_1^{(0)}&=0\\-3e\mathscr{E}a_0c_1^{(0)}-E_2^{(1)}c_2^{(0)}&=0\\E_2^{(1)}c_3^{(0)}&=0\\E_2^{(1)}c_4^{(0)}&=0\end{aligned}\right\},\tag{5.3.7}$$

再将(5.3.6)式中 $E_2^{(1)}$ 的几个数值分别代入上式:

(1) 当 $E_2^{(1)}=E_{21}^{(1)}=3e\mathscr{E}a_0$ 时,解(5.3.7)式,得 $c_1^{(0)}=-c_2^{(0)}$,$c_3^{(0)}=c_4^{(0)}=0$,所以对应于能级 $E_2^{(0)}+3e\mathscr{E}a_0$ 的零级近似波函数是

$$\psi_{21}^{(0)}=\frac{1}{\sqrt{2}}(\phi_1-\phi_2)=\frac{1}{\sqrt{2}}(\psi_{200}-\psi_{210}),$$

$\dfrac{1}{\sqrt{2}}$是归一化因子.

(2) 当 $E_2^{(1)}=E_{22}^{(1)}=-3e\mathscr{E}a_0$ 时,解(5.3.7)式,得 $c_1^{(0)}=c_2^{(0)}$,$c_3^{(0)}=c_4^{(0)}=0$,因而对应于能级 $E_2^{(0)}-3e\mathscr{E}a_0$ 的零级近似波函数为

$$\psi_{22}^{(0)}=\frac{1}{\sqrt{2}}(\phi_1+\phi_2)=\frac{1}{\sqrt{2}}(\psi_{200}+\psi_{210}).$$

(3) 当 $E_2^{(1)}=E_{23}^{(1)}=E_{24}^{(1)}=0$ 时,解出 $c_1^{(0)}=c_2^{(0)}=0$,$c_3^{(0)}$ 和 $c_4^{(0)}$ 为不同时等于零的常量.因而对应于能级为 $E_2^{(0)}$ 的零级近似波函数为

$$\left.\begin{array}{l}\psi_{23}^{(0)}\\\psi_{24}^{(0)}\end{array}\right\}=c_3^{(0)}\phi_3+c_4^{(0)}\phi_4=c_3^{(0)}\psi_{211}+c_4^{(0)}\psi_{21-1}.$$

不妨仍用原来零级波函数:

$$\text{对于 } E_2^{(1)}=E_{23}^{(1)},\quad \psi_{23}^{(0)}=\psi_{211},\quad \psi_{24}^{(0)}=0.$$

$$\text{对于 } E_2^{(1)}=E_{24}^{(1)},\quad \psi_{23}^{(0)}=0,\quad \psi_{24}^{(0)}=\psi_{21-1}.$$

上面的结果说明,处于零级近似态 $\psi_{21}^{(0)}$,$\psi_{22}^{(0)}$,$\psi_{23}^{(0)}$ 和 $\psi_{24}^{(0)}$ 的原子就像具有大小为 $3ea_0$ 的永久电偶极矩一般.在 $\psi_{21}^{(0)}$ 和 $\psi_{22}^{(0)}$ 中,电偶极矩取向分别与外电场平行和反平行;在 $\psi_{23}^{(0)}$ 和 $\psi_{24}^{(0)}$ 态中,电偶极矩取向与外电场垂直.

§ 5.4 变 分 法

前面已讲过量子力学中用微扰法求解问题的条件是体系的哈密顿算符 $\hat{H}$ 可以分为 $\hat{H}_0$ 主 $\hat{H}'$ 两部分:

$$\hat{H}=\hat{H}_0+H',$$

其中 $\hat{H}_0$ 的本征值与本征函数是已知的，而 $\hat{H}'$ 很小[见(5.1.22)式].如果这些条件不能满足，微扰法就不能应用.本节我们介绍量子力学中求解问题的另一种近似方法——变分法.这个方法的应用不受上述条件的限制.

设体系哈密顿算符 $\hat{H}$ 的本征值由小到大的顺序排列为

$$E_0, E_1, E_2, \cdots, E_n, \cdots, \tag{5.4.1}$$

这些本征值对应的本征函数是

$$\psi_0, \psi_1, \psi_2, \cdots, \psi_n, \cdots, \tag{5.4.2}$$

E_0 和 ψ_0 是基态能量和基态波函数.为简单起见，我们假定 $\hat{H}$ 的本征值 E_n 是分立的，本征函数 ψ_n 组成正交归一系.于是有

$$\hat{H}\psi_n = E_n\psi_n. \tag{5.4.3}$$

设 ψ 是任意一个归一化的波函数.将 ψ 按 ψ_n 展开：

$$\psi = \sum_n a_n\psi_n, \tag{5.4.4}$$

在 ψ 所描写的状态中，体系能量的期望值是

$$\overline{H} = \int\psi^* H\psi \mathrm{d}V, \tag{5.4.5}$$

将(5.4.4)式代入(5.4.5)式，得

$$\overline{H} = \sum_{m,n} a_m^* a_n \int\psi_m^* \hat{H}\psi_n \mathrm{d}V,$$

应用(5.4.3)式有

$$\begin{aligned}\overline{H} &= \sum_{m,n} a_m^* a_n E_n \int\psi_m^* \psi_n \mathrm{d}V \\ &= \sum_{m,n} a_m^* a_n E_n \delta_{mn} \\ &= \sum_n |a_n|^2 E_n.\end{aligned} \tag{5.4.6}$$

由于 E_0 是基态能量，所以有 $E_0<E_n(n=1,2,\cdots)$，在上式中用 E_0 代 E_n，则

$$\overline{H} \geqslant E_0 \sum_n |a_n|^2 = E_0, \tag{5.4.7}$$

最后一步用了 ψ 的归一化条件 $\sum_n |a_n|^2 = 1$.

(5.4.6)式和(5.4.7)式给出：

$$E_0 \leqslant \int\psi^* \hat{H}\psi \mathrm{d}V, \tag{5.4.8}$$

这个不等式说明，用任意归一化波函数 ψ 算出 $\hat{H}$ 的平均值总是大于体系基态能量，而只有当

ψ 恰好是体系的基态波函数 ψ_0 时,$\hat{H}$ 的期望值才等于基态能量 E_0.

上面讨论中曾假定 ψ 是归一化的,如果 ψ 不是归一化的,那么(5.4.5)式应写为

$$\overline{H} = \frac{\int \psi^* \hat{H} \psi \mathrm{d}V}{\int \psi^* \psi \mathrm{d}V}, \tag{5.4.9}$$

(5.4.8)式则应写为

$$E_0 \leqslant \frac{\int \psi^* \hat{H} \psi \mathrm{d}V}{\int \psi^* \psi \mathrm{d}V}. \tag{5.4.10}$$

根据波函数 ψ 算出 $\hat{H}$ 的期望值总是不小于 E_0.我们可以选取很多 ψ 并算出 $\hat{H}$ 的期望值,这些期望值中最小的一个最接近 E_0.用变分法求体系基态能量的步骤是:选取含有参量 λ 的尝试波函数 $\psi(\lambda)$代入(5.4.5)式或(5.4.9)式中,并算出平均能量 $\overline{H}(\lambda)$,然后由

$$\frac{\mathrm{d}\overline{H}(\lambda)}{\mathrm{d}\lambda} = 0$$

求出 $H(\lambda)$的最小值.所得结果就是 E_0 的近似值.

§ 5.5　氦原子基态(变分法)

氦原子是由带正电荷 $2e$ 的原子核与核外两个电子组成的体系,由于核的质量比电子质量大得多,因此可以认为核是固定不动的.这样氦原子的哈密顿算符可写为

$$\hat{H} = -\frac{\hbar^2}{2m}\nabla_1^2 - \frac{\hbar^2}{2m}\nabla_2^2 - \frac{2}{r_1}\frac{e^2}{4\pi\varepsilon_0} - \frac{2}{r_2}\frac{e^2}{4\pi\varepsilon_0} + \frac{1}{r_{12}}\frac{e^2}{4\pi\varepsilon_0}, \tag{5.5.1}$$

式中,m 是电子质量,r_1 和 r_2 分别是第一个电子和第二个电子到核的距离,r_{12}是两个电子之间的距离.(5.5.1)式中右边第一和第二项分别是第一个电子和第二个电子的动能,第三和第四项分别是第一个电子和第二个电子在核电场中的势能,最后一项是两个电子的静电相互作用能.

现在应用变分法求 $\hat{H}$ 的基态能量.第一步要选取适当的尝试波函数.在(5.5.1)式中如果最后一项不存在,$\hat{H}$ 变为

$$\hat{H}_0 = -\frac{\hbar^2}{2m}\nabla_1^2 - \frac{2}{r_1}\frac{e^2}{4\pi\varepsilon_0} - \frac{\hbar^2}{2m}\nabla_2^2 - \frac{2}{r_2}\frac{e^2}{4\pi\varepsilon_0},$$

这时两个电子互不相关地在核电场中运动. $\hat{H}_0$ 的基态本征函数可用分离变量法解薛定谔方程得出,它是两个类氢原子基态本征函数的乘积,即

$$\Psi(\boldsymbol{r}_1,\boldsymbol{r}_2)=\psi_{100}(\boldsymbol{r}_1)\psi_{100}(\boldsymbol{r}_2),\tag{5.5.2}$$

式中 ψ_{100}是类氢原子的基态波函数：

$$\psi_{100}(\boldsymbol{r})=\frac{1}{\sqrt{\pi}}\left(\frac{Z}{a_0}\right)^{\frac{3}{2}}\mathrm{e}^{-\frac{Z}{a_0}r},\tag{5.5.3}$$

Z 是原子序数，在现在情况下 $Z=2$.将上式代入(5.5.2)式，得

$$\Psi(\boldsymbol{r}_1,\boldsymbol{r}_2)=\frac{Z^3}{\pi a_0^3}\mathrm{e}^{-\frac{Z}{a_0}(r_1+r_2)}.\tag{5.5.4}$$

在两个电子间有相互作用[(5.5.1)式最后一项]时，两电子会相互屏蔽，核的有效电荷不是 $2e$.因此我们把 Z 看成参量，把(5.5.4)式作为尝试波函数，将(5.5.1)式、(5.5.4)式代入(5.4.5)式中得

$$\begin{aligned}\overline{H}&=\iint\Psi^*(\boldsymbol{r}_1,\boldsymbol{r}_2)\hat{H}\Psi(\boldsymbol{r}_1,\boldsymbol{r}_2)\mathrm{d}V_1\mathrm{d}V_2\\&=\left(\frac{Z^3}{\pi a_0^3}\right)^2\iint\Big[-\frac{\hbar^2}{2m}\mathrm{e}^{-\frac{Z}{a_0}(r_1+r_2)}(\nabla_1^2+\nabla_2^2)\mathrm{e}^{-\frac{Z}{a_0}(r_1+r_2)}\\&\quad-2\frac{e^2}{4\pi\varepsilon_0}\left(\frac{1}{r_1}+\frac{1}{r_2}\right)\mathrm{e}^{-\frac{2Z}{a_0}(r_1+r_2)}+\frac{1}{r_{12}}\frac{e^2}{4\pi\varepsilon_0}\mathrm{e}^{-\frac{2Z}{a_0}(r_1+r_2)}\Big]\mathrm{d}V_1\mathrm{d}V_2\\&=\left(\frac{Z^3}{\pi a_0^3}\right)^2\iint\Big[-\frac{\hbar^2}{2m}\mathrm{e}^{-\frac{Z}{a_0}(r_1+r_2)}(\nabla_1^2+\nabla_2^2)\mathrm{e}^{-\frac{Z}{a_0}(r_1+r_2)}\Big]\mathrm{d}V_1\mathrm{d}V_2\\&\quad-\left(\frac{Z^3}{\pi a_0^3}\right)^2\iint 2\frac{e^2}{4\pi\varepsilon_0}\left(\frac{1}{r_1}+\frac{1}{r_2}\right)\mathrm{e}^{-\frac{2Z}{a_0}(r_1+r_2)}\mathrm{d}V_1\mathrm{d}V_2\\&\quad+\left(\frac{Z^3}{\pi a_0^3}\right)^2\iint\frac{1}{r_{12}}\frac{e^2}{4\pi\varepsilon_0}\mathrm{e}^{-\frac{2Z}{a_0}(r_1+r_2)}\mathrm{d}V_1\mathrm{d}V_2.\end{aligned}\tag{5.5.5}$$

上式右边的第一项及第二项积分很容易算出，我们直接写出它们的结果：

$$\left(\frac{Z^3}{\pi a_0^3}\right)^2\iint\Big[-\frac{\hbar^2}{2m}\mathrm{e}^{-\frac{Z}{a_0}(r_1+r_2)}(\nabla_1^2+\nabla_2^2)\mathrm{e}^{-\frac{Z}{a_0}(r_1+r_2)}\Big]\mathrm{d}V_1\mathrm{d}V_2=\frac{e^2Z^2}{4\pi\varepsilon_0a_0},\tag{5.5.6}$$

$$\left(\frac{Z^3}{\pi a_0^3}\right)^2\iint\Big[-2\frac{e^2}{4\pi\varepsilon_0}\left(\frac{1}{r_1}+\frac{1}{r_2}\right)\mathrm{e}^{-\frac{2Z}{a_0}(r_1+r_2)}\Big]\mathrm{d}V_1\mathrm{d}V_2=-\frac{e^2Z}{\pi\varepsilon_0a_0}.\tag{5.5.7}$$

(5.5.5)式右边最后一项可写成如下形式：

$$\begin{aligned}I&=\left(\frac{Z^3}{\pi a_0^3}\right)^2\iint\frac{1}{r_{12}}\frac{e^2}{4\pi\varepsilon_0}\mathrm{e}^{-\frac{2Z}{a_0}(r_1+r_2)}\mathrm{d}V_1\mathrm{d}V_2\\&=\left(\frac{Z^3}{\pi a_0^3}\right)^2\frac{e^2}{4\pi\varepsilon_0}\int\mathrm{d}V_2\mathrm{e}^{-\frac{2Z}{a_0}r_2}\int\mathrm{d}V_1\frac{1}{r_{12}}\mathrm{e}^{-\frac{2Z}{a_0}r_1},\end{aligned}$$

$\frac{1}{r_{12}}$可以展开为 $\boldsymbol{r}_1$ 和 $\boldsymbol{r}_2$ 夹角 Θ 的勒让德多项式①(参见 § 7.9 中另一种求法):

$$\frac{1}{r_{12}}=\begin{cases}\frac{1}{r_2}\sum_{l=0}^{\infty}\left(\frac{r_1}{r_2}\right)^l \mathrm{P}_l(\cos\Theta), & 0\leqslant r_1\leqslant r_2\\ \frac{1}{r_1}\sum_{l=0}^{\infty}\left(\frac{r_2}{r_1}\right)^l \mathrm{P}_l(\cos\Theta), & r_2\leqslant r_1<\infty\end{cases}, \tag{5.5.8}$$

$\mathrm{d}V_1$ 积分时 $\boldsymbol{r}_2$ 可视为确定的参量. 取 $\boldsymbol{r}_2$ 方向为 z_1 轴对 $\mathrm{d}V_1$ 积分. 在 Θ 角的积分中,利用 $\mathrm{P}_0(x)=1$,以及 $\mathrm{P}_l(x)$ 正交归一条件:

$$\int_{-1}^{1}\mathrm{P}_l(x)\,\mathrm{d}x=\int_{-1}^{1}\mathrm{P}_l(x)\mathrm{P}_0(x)\,\mathrm{d}x=2\delta_{l,0}, \tag{5.5.9}$$

其中 $x=\cos\Theta$.

可见(5.5.8)式展开式中,只有 $l=0$ 项对 I 积分有贡献.

$$I=\left(\frac{Z^3}{\pi a_0^3}\right)^2\frac{e^2}{4\pi\varepsilon_0}\int\mathrm{d}V_2\mathrm{e}^{-\frac{2Z}{a_0}r_2}.4\pi\left(\frac{1}{r_2}\int_0^{r_2}\mathrm{d}r_1r_1^2\mathrm{e}^{-\frac{2Z}{a_0}r_1}+\int_{r_2}^{\infty}\mathrm{d}r_1r_1\mathrm{e}^{-\frac{2Z}{a_0}r_1}\right),$$

式中,$\int\mathrm{d}V_2=\int_0^{\infty}4\pi r_2^2\mathrm{d}r_2, 0\leqslant r_2<\infty$,上述积分不难求得

$$I=\frac{5Z}{8a_0}\frac{e^2}{4\pi\varepsilon_0}. \tag{5.5.10}$$

将(5.5.6)式,(5.5.7)式和(5.5.10)式三式代入(5.5.5)式有

$$\overline{H}=\frac{e^2}{4\pi\varepsilon_0}\frac{1}{a_0}\left(Z^2-4Z+\frac{5}{8}Z\right), \tag{5.5.11}$$

对上式中的参量 Z 求变分,得到 $\overline{H}(Z)$ 为最小值的条件是

$$\frac{\mathrm{d}\overline{H}(Z)}{\mathrm{d}Z}=\frac{e^2}{4\pi\varepsilon_0}\frac{1}{a_0}\left(2Z-4+\frac{5}{8}\right)=0.$$

由此得出当 Z 取下列值时 $\overline{H}$ 为最小:

$$2Z_{\min}=4-\frac{5}{8}=\frac{27}{8},$$

$$Z_{1\min}=\frac{27}{16}=1.69,$$

将 $Z_{\min}$ 代入(5.5.11)式,可得氦原子基态能量的上限:

① 这个公式可由 $\mathrm{P}_l(x)$ 的母函数证明.可参见:梁昆淼.数学物理方法.刘法,缪国庆,修订.3 版.北京:高等教育出版社,1998:291.

$$E_0 \approx \frac{e^2}{4\pi\varepsilon_0 a_0}\left[Z_{\min}^2 - \frac{27}{8}Z_{\min}\right] = -2.85\frac{e^2}{4\pi\varepsilon_0 a_0}. \tag{5.5.12}$$

用实验方法得出氦原子基态能量为$-2.904\frac{e^2}{4\pi\varepsilon_0 a_0}$.而用微扰法计算能量,准确到第一级近似的结果为$-2.75\frac{e^2}{4\pi\varepsilon_0 a_0}$.在这个问题中用微扰法所得结果并不精确,原因是氦原子的哈密顿算符(5.5.1)中$\frac{e^2}{4\pi\varepsilon_0 r_{12}}$与$-\frac{2e^2}{4\pi\varepsilon_0 r}$相比,在数量级上不一定很小,而在适当地选取尝试波函数后,用变分法求得的氦原子基态能量比微扰法更接近实验值.

基态的近似波函数是

$$\Psi(\boldsymbol{r}_1,\boldsymbol{r}_2) = \frac{27^3}{16^3\pi a_0^3}\mathrm{e}^{-\frac{27}{16a_0}(r_1+r_2)}. \tag{5.5.13}$$

§ 5.6　与时间有关的微扰理论

在 § 5.1— § 5.3 定态微扰理论中讨论了分立能级的能量和波函数的修正.所讨论体系的哈密顿算符不含时间,因而求解的是定态薛定谔方程.本节讨论体系哈密顿算符含有与时间相关的微扰的情况,即体系哈密顿算符 $\hat{H}(t)$ 由 $\hat{H}_0$ 和 $\hat{H}'(t)$ 这两部分组成:

$$\hat{H}(t) = \hat{H}_0 + \hat{H}'(t), \tag{5.6.1}$$

其中 $\hat{H}_0$ 与时间无关,仅微扰部分 $\hat{H}'(t)$ 与时间有关.由于 $\hat{H}(t)$ 与时间有关,体系的波函数要由含时间的薛定谔方程准确解出,通常是很困难的.下面要讨论的与时间有关的微扰理论,使我们能够由 $\hat{H}_0$ 的定态波函数近似地计算出有微扰时的波函数,从而可以计算无微扰体系在微扰作用下由一个量子态跃迁到另一个量子态的跃迁概率.下一节中将用这些结果讨论原子的光发射和吸收等问题.

体系波函数 Ψ 所满足的薛定谔方程是

$$\mathrm{i}\hbar\frac{\partial\Psi}{\partial t} = \hat{H}(t)\Psi, \tag{5.6.2}$$

设 $\hat{H}_0$ 的本征能量 ϵ_n 和本征函数 ϕ_n 为已知:

$$\hat{H}_0\phi_n = \epsilon_n\phi_n, \tag{5.6.3}$$

将 Ψ 按 $\hat{H}_0$ 的定态波函数 $\Phi_n = \phi_n\mathrm{e}^{-\frac{\mathrm{i}}{\hbar}\epsilon_n t}$ 展开:

$$\Psi = \sum_n a_n(t)\Phi_n, \tag{5.6.4}$$

代入(5.6.2)式,得

$$i\hbar\sum_n \Phi_n \frac{da_n(t)}{dt} + i\hbar\sum_n a_n(t)\frac{\partial \Phi_n}{\partial t}$$

$$= \sum_n a_n(t)\hat{H}_0\Phi_n + \sum_n a_n(t)\hat{H}'\Phi_n, \tag{5.6.5}$$

利用 $i\hbar\frac{\partial \Phi_n}{\partial t}=\hat{H}_0\Phi_n$,消去上式左边第二项和右边第一项后,上式简化为

$$i\hbar\sum_n \Phi_n \frac{da_n(t)}{dt} = \sum_n a_n(t)\hat{H}'\Phi_n,$$

以 Φ_m^* 左乘上式两边,然后对整个空间积分,可得

$$i\hbar\sum_n \frac{da_n(t)}{dt}\int \Phi_m^*\Phi_n dV = \sum_n a_n(t)\int \Phi_m^*\hat{H}'\Phi_n dV,$$

将 $\int \Phi_m^*\Phi_n dV = \delta_{mn}$ 代入后,有

$$i\hbar\frac{da_m(t)}{dt} = \sum_n a_n(t)H'_{mn}(t)e^{i\omega_{mn}t}, \tag{5.6.6}$$

其中

$$H'_{mn}(t) = \int \phi_m^*\hat{H}'(t)\phi_n dV \tag{5.6.7}$$

是微扰矩阵元,

$$\omega_{mn} = \frac{1}{\hbar}(\epsilon_m - \epsilon_n) \tag{5.6.8}$$

是体系从 ϵ_n 能级跃迁到 ϵ_m 能级的玻尔频率.方程(5.6.6)是方程(5.6.2)通过(5.6.4)式改写的结果,因而方程(5.6.6)就是薛定谔方程的另一种表示形式.

类似§5.1,记 $\hat{H}'(t)=\lambda\hat{H}^{(1)}(t)$,并将 $a_n(t)$ 展开成 λ 的幂级数,

$$a_n(t) = a_n^{(0)} + \lambda a_n^{(1)}(t) + \cdots,$$

代入(5.6.6)式:

$$i\hbar\left\{\frac{da_m^{(0)}}{dt} + \lambda\frac{da_m^{(1)}(t)}{dt} + \cdots\right\} = \sum_n (a_n^{(0)} + \lambda a_n^{(1)}(t) + \cdots)\lambda H_{mn}^{(1)}(t)e^{i\omega_{mn}t},$$

由于等式两边相同幂次 λ 项相等,可得

$$\frac{da_m^{(0)}}{dt} = 0, \tag{5.6.9}$$

$$i\hbar\lambda\frac{da_m^{(1)}(t)}{dt} = \sum_n a_n^{(0)}\lambda H_{mn}^{(1)}(t)e^{i\omega_{mn}t} = \sum_n a_n^{(0)}H'_{mn}(t)e^{i\omega_{mn}t}, \tag{5.6.10}$$

由(5.6.9)式可知 $a_m^{(0)}$ 不随时间改变,由不存在微扰时体系所处的初始状态决定.设微扰在 $t=$

0 时开始引入，这时体系处于 $\hat{H}_0$ 的第 k 个本征态 Φ_k，则由(5.6.4)式，有

$$a_n^{(0)}(0)=\delta_{nk}, \tag{5.6.11}$$

由(5.6.10)式

$$\mathrm{i}\hbar\frac{\mathrm{d}a_m^{(1)}(t)}{\mathrm{d}t}=\sum_n\delta_{nk}H'_{mn}(t)\mathrm{e}^{\mathrm{i}\omega_{mn}t}=H'_{mk}(t)\mathrm{e}^{\mathrm{i}\omega_{mk}t},$$

由此得出方程(5.6.6)的一级近似解为

$$a_m^{(1)}(t)=\frac{1}{\mathrm{i}\hbar}\int_0^t H'_{mk}(t')\mathrm{e}^{\mathrm{i}\omega_{mk}t'}\mathrm{d}t', \tag{5.6.12}$$

根据(5.6.4)式，在 t 时刻发现体系处于 Φ_m 态的概率是 $|a_m(t)|^2$，所以体系在微扰作用下由初态 Φ_k 跃迁到终态 Φ_m 的概率为

$$W_{k\to m}=|a_m^{(1)}(t)|^2. \tag{5.6.13}$$

下面我们较具体地讨论微扰随时间变化的两种情况.由第二种情况得出的结论，可以用来讨论原子对光波的吸收和发射的问题.

§5.7　跃迁概率

下面我们按照两种不同情况来计算 $a_m(t)$ 和 $W_{k\to m}$.

(1) 设 $\hat{H}'$ 在 $0\leqslant t\leqslant t_1$ 这段时间之内不为零但与时间无关.体系在 $t=0$ 时所处的状态假设为 Φ_k.在 $\hat{H}'$ 作用下，体系跃迁到连续分布的或接近连续分布的末态 Φ_m.这些末态的能量 ϵ_m 在初态能量 ϵ_k 上下连续分布.以 $\rho(m)\mathrm{d}\epsilon_m$ 表示在 $\epsilon_m\to\epsilon_m+\mathrm{d}\epsilon_m$ 能量范围之内这些末态的数目，则 $\rho(m)$ 就是这些末态的态密度.从初态到末态的跃迁概率是各种可能的跃迁概率之和，所以由(5.6.13)式，从初态到这些末态的跃迁概率为

$$W=\sum_m|a_m^{(1)}(t)|^2\to\int_{-\infty}^{\infty}|a_m^{(1)}(t)|^2\rho(m)\mathrm{d}\epsilon_m, \tag{5.7.1}$$

由(5.6.12)式，对我们所讨论的 $\hat{H}'$ 有

$$a_m^{(1)}(t)=-\frac{H'_{mk}}{\hbar}\frac{\mathrm{e}^{\mathrm{i}\omega_{mk}t}-1}{\omega_{mk}},$$

于是

$$|a_m^{(1)}(t)|^2=\frac{|H'_{mk}|^2}{\hbar^2\omega_{mk}^2}(\mathrm{e}^{\mathrm{i}\omega_{mk}t}-1)(\mathrm{e}^{-\mathrm{i}\omega_{mk}t}-1)$$

$$=\frac{2|H'_{mk}|^2}{\hbar^2\omega_{mk}^2}(1-\cos\omega_{mk}t)$$

$$= \frac{4|H'_{mk}|^2}{\hbar^2} \frac{\sin^2 \frac{\omega_{mk}t}{2}}{\omega_{mk}^2}. \tag{5.7.2}$$

将上式代入(5.7.1)式,并注意 $d\epsilon_m = \hbar d\omega_{mk}$,则得

$$W = \frac{4}{\hbar}\int_{-\infty}^{\infty} |H'_{mk}|^2 \rho(m) \frac{\sin^2 \frac{\omega_{mk}t}{2}}{\omega_{mk}^2} d\omega_{mk}. \tag{5.7.3}$$

(5.7.3)式中积分号下的因子 $\sin^2 \frac{\omega_{mk}t}{2} \Big/ \omega_{mk}^2$ 在 t 足够大时可以写成 δ 函数的形式.为此我们证明公式:

$$\lim_{t\to\infty} \frac{\sin^2 xt}{\pi t x^2} = \delta(x). \tag{5.7.4}$$

由于当 $x \neq 0$ 时,上式左边的极限为零;当 $x = 0$ 时,

$$\frac{\sin xt}{xt} = 1,$$

因而有

$$\lim_{t\to\infty} \frac{\sin^2 xt}{\pi t x^2} = \lim_{t\to\infty} \frac{t}{\pi}\left(\frac{\sin xt}{xt}\right)^2 = \lim_{t\to\infty} \frac{t}{\pi} \to \infty,$$

此外,再作变量置换 $xt = u$,将(5.7.4)式左边对 x 积分,得

$$\int_{-\infty}^{\infty} \frac{\sin^2 xt}{\pi t x^2} dx = \frac{1}{\pi}\int_{-\infty}^{\infty} \frac{\sin^2 u}{u^2} du = 1,$$

上式的积分中用了定积分的公式:

$$\int_{-\infty}^{\infty} \frac{\sin^2 u}{u^2} du = \pi,$$

因此,(5.7.4)式左边确实具有 δ 函数所应有的性质,于是(5.7.4)式得证.

利用公式(5.7.4),令 $x = \frac{\omega_{mk}}{2}$,则(5.7.3)式改写为

$$W = \frac{2\pi t}{\hbar}\int_{-\infty}^{\infty} |H'_{mk}|^2 \rho(m) \delta(\omega_{mk}) d\omega_{mk}. \tag{5.7.5}$$

我们只考虑 $|H'_{mk}|$ 和 $\rho(m)$ 都随 ϵ_m 平滑变化的情况,因此它们都可以近似地移到积分号外面,于是

$$W = \frac{2\pi t}{\hbar} |H'_{mk}|^2 \rho(m)$$

或单位时间的跃迁概率为

$$w = \frac{W}{t} = \frac{2\pi}{\hbar} |H'_{mk}|^2 \rho(m). \tag{5.7.6}$$

这个重要公式常被称为费米黄金定则.

公式(5.7.6)中的态密度$\rho(m)$的具体形式取决于体系末态的具体情况.下面我们就一个常遇到的情况进行讨论.设末态是自由粒子动量的本征函数,采用箱归一化[见§3.2]:

$$\varphi_m(\boldsymbol{r}) = L^{-\frac{3}{2}} \exp\left(\frac{\mathrm{i}}{\hbar}\boldsymbol{p} \cdot \boldsymbol{r}\right),$$

因为在箱内,动量的本征值是

$$p_x = \frac{2\pi\hbar n_x}{L}, \quad p_y = \frac{2\pi\hbar n_y}{L}, \quad p_z = \frac{2\pi\hbar n_z}{L},$$

式中 n_x, n_y, n_z 是零或正负整数.每一组$\{n_x, n_y, n_z\}$的值确定一个态,所以动量在

$$p_x \to p_x + \mathrm{d}p_x, \quad p_y \to p_y + \mathrm{d}p_y, \quad p_z \to p_z + \mathrm{d}p_z$$

范围内态的数目是

$$\left(\frac{L}{2\pi\hbar}\right)^3 \mathrm{d}p_x \mathrm{d}p_y \mathrm{d}p_z.$$

用极坐标表示,则动量大小和方向在

$$p \to p + \mathrm{d}p, \quad \theta \to \theta + \mathrm{d}\theta, \quad \varphi \to \varphi + \mathrm{d}\varphi \tag{5.7.7}$$

范围内态的数目是

$$\left(\frac{L}{2\pi\hbar}\right)^3 p^2 \mathrm{d}p \sin\theta \mathrm{d}\theta \mathrm{d}\varphi,$$

能量为

$$\epsilon_m = \frac{p^2}{2m}$$

的末态有许多个.在这些态中,动量大小都是p,但方向不同.以$\rho(m)\mathrm{d}\epsilon_m$表示动量在(5.7.7)式范围内的态数目,则

$$\rho(m)\mathrm{d}\epsilon_m = \left(\frac{L}{2\pi\hbar}\right)^3 p^2 \mathrm{d}p \sin\theta \mathrm{d}\theta \mathrm{d}\varphi,$$

因为

$$\epsilon_m = \frac{p^2}{2m}, \quad \mathrm{d}\epsilon_m = \frac{p}{m}\mathrm{d}p,$$

所以

$$\rho(m)=\left(\frac{L}{2\pi\hbar}\right)^{3}mp\sin\theta\mathrm{d}\theta\mathrm{d}\varphi. \tag{5.7.8}$$

这就是动量大小为 p,方向在立体角 $\mathrm{d}\Omega=\sin\theta\mathrm{d}\theta\mathrm{d}\varphi$ 内的末态的态密度.

(2) 假设微扰

$$\hat{H}'(t)=\hat{A}\cos\omega t$$

从 $t=0$ 开始作用于体系.为便于讨论,我们将 $\hat{H}'(t)$ 写成指数形式:

$$\hat{H}'(t)=\hat{F}(\mathrm{e}^{\mathrm{i}\omega t}+\mathrm{e}^{-\mathrm{i}\omega t}), \tag{5.7.9}$$

式中 $\hat{F}$ 是与时间无关的微扰算符.在 $\hat{H}_0$ 的第 k 个本征态 ϕ_k 和第 m 个本征态 ϕ_m 之间的微扰矩阵元是

$$H'_{mk}=\int\phi_m^*\hat{H}'(t)\phi_k\mathrm{d}V=F_{mk}(\mathrm{e}^{\mathrm{i}\omega t}+\mathrm{e}^{-\mathrm{i}\omega t}), \tag{5.7.10}$$

式中:

$$F_{mk}=\int\phi_m^*\hat{F}\phi_k\mathrm{d}V, \tag{5.7.11}$$

将(5.7.10)式代入(5.6.12)式中,得

$$\begin{aligned}a_m(t)&=\frac{F_{mk}}{\mathrm{i}\hbar}\int_0^t[\mathrm{e}^{\mathrm{i}(\omega_{mk}+\omega)t'}+\mathrm{e}^{\mathrm{i}(\omega_{mk}-\omega)t'}]\mathrm{d}t'\\&=-\frac{F_{mk}}{\hbar}\left[\frac{\mathrm{e}^{\mathrm{i}(\omega_{mk}+\omega)t}-1}{\omega_{mk}+\omega}+\frac{\mathrm{e}^{\mathrm{i}(\omega_{mk}-\omega)t}-1}{\omega_{mk}-\omega}\right].\end{aligned} \tag{5.7.12}$$

当 $\omega=\omega_{mk}$时,上式右边第二项的分子分母都等于零.利用数学分析中求极限的法则,同时将分子与分母对$(\omega_{mk}-\omega)$求微商,可以得出这一项与 t 成比例.由于第一项不随时间增加,因而当 $\omega\approx\omega_{mk}$时,仅第二项起主要作用.当 $\omega\approx-\omega_{mk}$时,用相同的方法,可以得出与上述相反的结果,即第一项随时间的增加而加大,第二项却不随时间增加,所以这时起主要作用的是第一项.当 $\omega\neq\pm\omega_{mk}$时,(5.7.12)式右边两项都不随时间增加.由此可见,只有当

$$\omega=\pm\omega_{mk}\quad 或\quad \epsilon_m=\epsilon_k\pm\hbar\omega \tag{5.7.13}$$

时才出现明显的跃迁.这就是说,只有当外界微扰含有频率 ω_{mk}时,体系才能从 Φ_k 态跃迁到 Φ_m 态,这时体系吸收或发射的能量是 $\hbar\omega_{mk}$.这说明我们所讨论的跃迁是一个**共振现象**.因此,我们只需讨论 $\omega\approx\pm\omega_{mk}$的情况.

将(5.7.12)式代入(5.6.13)式,当 $\omega\approx\omega_{mk}$时,(5.7.12)式右边只取第二项.当 $\omega\approx-\omega_{mk}$时,则只取第一项.于是得到由 Φ_k 态跃迁到 Φ_m 态的概率为

$$W_{k\to m}=|a_m(t)|^2=\frac{4|F_{mk}|^2\sin^2\frac{1}{2}(\omega_{mk}\pm\omega)t}{\hbar^2(\omega_{mk}\pm\omega)^2}, \tag{5.7.14}$$

当 $\omega\approx-\omega_{mk}$时,上式右边都取正号,当 $\omega\approx\omega_{mk}$时,则都取负号.

利用公式(5.7.4),令 $x=\frac{1}{2}(\omega_{mk}\pm\omega)$,并用公式 $\delta(ax)=\frac{1}{a}\delta(x)$,则(5.7.14)式可改写为

$$W_{k\to m}=\frac{\pi t}{\hbar^2}|F_{mk}|^2\delta\left(\frac{\omega_{mk}\pm\omega}{2}\right)=\frac{2\pi t}{\hbar^2}|F_{mk}|^2\delta(\omega_{mk}\pm\omega),\tag{5.7.15}$$

将 $\omega_{mk}=\frac{1}{\hbar}(\epsilon_m-\epsilon_k)$代入上式,有

$$W_{k\to m}=\frac{2\pi t}{\hbar}|F_{mk}|^2\delta(\epsilon_m-\epsilon_k\pm\hbar\omega),\tag{5.7.16}$$

以 t 除 $W_{k\to m}$,得到单位时间内体系由 Φ_k 态跃迁到 Φ_m 态的概率

$$w_{k\to m}=\frac{2\pi}{\hbar^2}|F_{mk}|^2\delta(\omega_{mk}\pm\omega)=\frac{2\pi}{\hbar}|F_{mk}|^2\delta(\epsilon_m-\epsilon_k\pm\hbar\omega).\tag{5.7.17}$$

由于 δ 函数只有在宗量等于零时本身才不为零,所以(5.7.16)式和(5.7.17)式两式中的 δ 函数把能量守恒条件(5.7.13)式明显地表示出来.当 $\epsilon_k>\epsilon_m$ 时,(5.7.17)式可改写为

$$w_{k\to m}=\frac{2\pi}{\hbar}|F_{mk}|^2\delta(\epsilon_m-\epsilon_k+\hbar\omega),\tag{5.7.18}$$

即仅当 $\epsilon_m=\epsilon_k-\hbar\omega$ 时,跃迁概率才不为零,体系由 Φ_k 态跃迁到 Φ_m 态,发射出能量 $\hbar\omega$ 的光子.当 $\epsilon_k<\epsilon_m$ 时,(5.7.17)式给出

$$w_{k\to m}=\frac{2\pi}{\hbar}|F_{mk}|^2\delta(\epsilon_m-\epsilon_k-\hbar\omega),\tag{5.7.19}$$

这时只有 $\epsilon_m=\epsilon_k+\hbar\omega$ 时,跃迁概率才不为零.跃迁过程中,体系吸收能量为 $\hbar\omega$ 的光子.

在(5.7.16)式中,将 m 和 k 对调,即得体系由 Φ_m 态跃迁到 Φ_k 态的概率.因为 $\hat{F}$ 是厄米算符,$|F_{mk}|^2=|F_{km}|^2$,所以有

$$W_{m\to k}=W_{k\to m},\tag{5.7.20}$$

即体系由 Φ_m 态跃迁到 Φ_k 态的概率,与由 Φ_k 态跃迁到 Φ_m 态的概率相等.

现在我们讨论初态 k 是分立的,末态 m 是连续的情况,这时 $\epsilon_m>\epsilon_k$.假设微扰 $\hat{H}'(t)=\hat{A}\cos\omega t$ 只在 $t=0$ 到 $t=t'$这段时间内对体系有作用.由(5.7.14)式在 $t\geqslant t'$的时刻,体系由 k 态跃迁到 m 态的概率为

$$W_{k\to m}=\frac{4|F_{mk}|^2\sin^2\frac{1}{2}(\omega_{mk}-\omega)t'}{\hbar^2(\omega_{mk}-\omega)^2},$$

这个式子作为$(\omega_{mk}-\omega)$的函数画在图 5.3 中.由图可以看出跃迁概率主要在主峰范围内,即 $\omega_{mk}-\omega$ 从$-\frac{2\pi}{t'}$到$\frac{2\pi}{t'}$范围内明显不为零,在这个范围以外跃迁概率很小.在这过程中,能量守

恒 $E_m = E_k + \hbar\omega$ 或 $\omega_{mk} = \omega$ 不是严格成立的，它只在图 5.3 中原点处严格成立. 因为 $\omega_{mk} - \omega$ 只要在 $-\frac{2\pi}{t'}$ 到 $\frac{2\pi}{t'}$ 范围内，跃迁概率都不为零，所以 ω_{mk} 不仅可以取 ω 的值，还可以取 $\omega - \frac{2\pi}{t'}$ 到 $\omega + \frac{2\pi}{t'}$ 之间的任何值，即 ω_{mk} 的不确定范围是

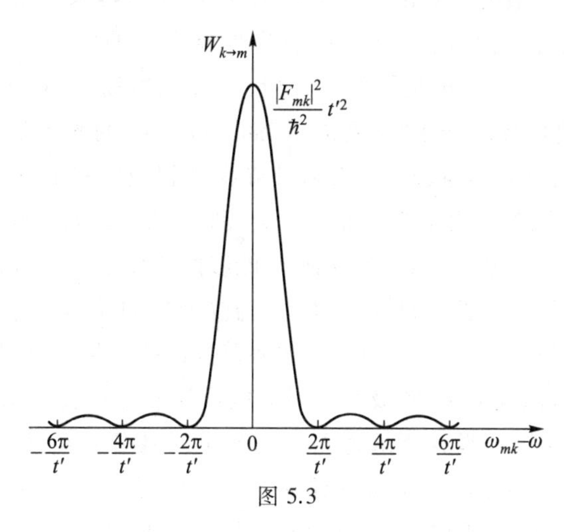

图 5.3

$$\Delta\omega_{mk} \sim \frac{1}{t'}.$$

由于 k 是分立能级，E_k 是确定的，所以 ω_{mk} 的不确定也就是末态能量 E_m 的不确定，即

$$\Delta\omega_{mk} = \Delta\left(\frac{E_m - E_k}{\hbar}\right) = \frac{1}{\hbar}\Delta E_m,$$

由此有

$$t'\Delta E_m \sim \hbar. \tag{5.7.21}$$

我们可以把这个微扰过程看成测量末态能量 E_m 的过程. t' 是测量的时间间隔. (5.7.21) 式说明能量的不确定范围 ΔE_m 与测量的时间间隔之乘积有 $\hbar$ 的数量级. 这个关系有普遍的意义，在一般情况下，当用于测量能量的时间为 Δt，所测得的能量不确定范围为 ΔE 时，有

$$\Delta E \Delta t \sim \hbar, \tag{5.7.22}$$

这个式子称为**能量时间的不确定关系**. 由这个关系可知，测量能量越准确（ΔE 小），则用于测量的时间越长（Δt 大）.

§ 5.8　光的发射和吸收

原子对光的发射和吸收是原子体系与光相互作用所产生的现象. 完全用量子理论解释这类现象属于量子电动力学的范围，在这里不讨论. 本节中我们采取较简单的讨论方式，即用量子力学处理原子体系，而光波则仍用经典理论中的电磁波描写. 这样的讨论只能解释吸

收与受激发射，而不能说明自发发射.为了把自发发射也包括在讨论中，我们在进行量子力学讨论之前，先介绍爱因斯坦关于发射系数和吸收系数的一般讨论.

（1）爱因斯坦的发射和吸收系数

爱因斯坦在 1917 年建立了以旧量子论为基础的光的发射和吸收理论.

设某原子体系分立能谱的能级由小到大排列：$\epsilon_1<\epsilon_2<\cdots<\epsilon_k<\cdots<\epsilon_m<\cdots$.原子由较高能级到较低能级的跃迁可以分为两种：一种是在不受外界影响的情况下体系由能级 ϵ_m 跃迁到 ϵ_k，这种跃迁称为自发跃迁.另一种是体系在外界（例如辐射场）作用下由 ϵ_m 跃迁到 ϵ_k，这种跃迁称为受激跃迁.在这两种跃迁中，都有能量 $\hbar\omega_{mk}=\epsilon_m-\epsilon_k$ 的光子从原子中发射出来.原子由较低能级 ϵ_k 到较高能级 ϵ_m 的跃迁，只有从外界得到相应能量 $\epsilon_m-\epsilon_k$ 的情况下（例如吸收能量为 $\hbar\omega_{mk}$ 的光子）才能发生.为了描述原子在 ϵ_m 和 ϵ_k 两能级间的跃迁概率，爱因斯坦引进三个系数 A_{mk}，B_{mk} 和 B_{km}.A_{mk} 称为由 ϵ_m 能级到 ϵ_k 能级的自发发射系数，它表示原子在单位时间内由 ϵ_m 能级自发跃迁到 ϵ_k 能级的概率.B_{mk} 称为受激发射系数，B_{km} 称为吸收系数.它们的意义如下：设作用于原子的光波在 $\omega\to\omega+\mathrm{d}\omega$ 频率范围内的能量密度是 $I(\omega)\mathrm{d}\omega$，则在单位时间内原子由 ϵ_m 能级受激跃迁到 ϵ_k 能级并发射出能量为 $\hbar\omega_{mk}$ 的光子的概率是 $B_{mk}I(\omega_{mk})$；原子由 ϵ_k 能级跃迁到 ϵ_m 能级并吸收能量为 $\hbar\omega_{mk}$ 的光子的概率是 $B_{km}I(\omega_{mk})$.

爱因斯坦利用热力学体系的平衡条件建立了 A_{mk}、B_{mk} 和 B_{km} 之间的关系.在光波作用下，单位时间内体系从 ϵ_m 能级跃迁到 ϵ_k 能级的概率是 $A_{mk}+B_{mk}I(\omega_{mk})$，从 ϵ_k 能级跃迁到 ϵ_m 能级的概率是 $B_{km}I(\omega_{mk})$.设处于 ϵ_k 和 ϵ_m 能级的原子数目分别是 N_k 和 N_m，当这些原子与电磁辐射在绝对温度 T 下处于平衡时，必须满足下列条件：

$$N_m[A_{mk}+B_{mk}I(\omega_{mk})]=N_kB_{km}I(\omega_{mk}),\tag{5.8.1}$$

根据麦克斯韦-玻耳兹曼分布可知，N_k 和 N_m 分别是

$$N_k=C(T)\mathrm{e}^{-\frac{\epsilon_k}{k_\mathrm{B}T}},$$

$$N_m=C(T)\mathrm{e}^{-\frac{\epsilon_m}{k_\mathrm{B}T}},$$

式中，k_B 是玻耳兹曼常量，$C(T)$ 是温度 T 的某一函数.由此有

$$\frac{N_k}{N_m}=\mathrm{e}^{-\frac{\epsilon_k-\epsilon_m}{k_\mathrm{B}T}}=\mathrm{e}^{\frac{\hbar\omega_{mk}}{k_\mathrm{B}T}T}.\tag{5.8.2}$$

由(5.8.1)式解出 $I(\omega_{mk})$：

$$I(\omega_{mk})=\frac{A_{mk}}{\dfrac{N_k}{N_m}B_{km}-B_{mk}},$$

以(5.8.2)式代入上式，得

$$I(\omega_{mk})=\frac{A_{mk}}{B_{km}\mathrm{e}^{\frac{\hbar\omega_{mk}}{k_\mathrm{B}T}}-B_{mk}}=\frac{A_{mk}}{B_{km}}\frac{1}{\mathrm{e}^{\frac{\hbar\omega_{mk}}{k_\mathrm{B}T}}-\dfrac{B_{mk}}{B_{km}}}.\tag{5.8.3}$$

此外,我们知道在热平衡时,黑体辐射的普朗克公式[见(1.2.1)式]是

$$\rho(\nu)=\frac{8\pi h\nu^3}{c^3}\frac{1}{\mathrm{e}^{-\frac{h\nu}{k_\mathrm{B}T}}-1}, \tag{5.8.4}$$

$\rho(\nu)\mathrm{d}\nu$ 和 $I(\omega)\mathrm{d}\omega$ 是同一能量密度的两种写法,所以有

$$\rho(\nu)\mathrm{d}\nu=I(\omega)\mathrm{d}\omega,$$

而 $\omega=2\pi\nu,\mathrm{d}\omega=2\pi\mathrm{d}\nu$,代入上式得到 $\rho(\nu)$ 和 $I(\omega)$ 的关系是

$$\rho(\nu)=2\pi I(\omega). \tag{5.8.5}$$

将(5.8.3)式和(5.8.4)式代入上式,有

$$\frac{A_{mk}}{B_{km}}\cdot\frac{1}{\mathrm{e}^{\frac{\hbar\omega_{mk}}{k_\mathrm{B}T}}-\frac{B_{mk}}{B_{km}}}=\frac{4h\nu_{mk}^3}{c^3}\frac{1}{\mathrm{e}^{\frac{h\nu_{mk}}{k_\mathrm{B}T}}-1},$$

注意:$\hbar\omega_{mk}=h\nu_{mk}$,比较上式两边,有

$$B_{mk}=B_{km}, \tag{5.8.6}$$

$$A_{mk}=\frac{4h\nu_{mk}^3}{c^3}B_{km}=\frac{\hbar\omega_{mk}^3}{c^3\pi^2}B_{mk}. \tag{5.8.7}$$

(5.8.6)式是上节中用量子力学已经得到过的,即由 ϵ_m 能级跃迁到 ϵ_k 能级的概率与由 ϵ_k 能级跃迁到 ϵ_m 能级的概率相等.(5.8.7)式使我们可以从受激发射系数 B_{mk} 得出自发发射系数 A_{mk}.

(2) 用微扰理论计算发射和吸收系数

下面我们将建立光的发射和吸收的量子力学理论,即用量子力学方法来讨论原子体系在光波的作用下状态改变的情况.在讨论中,光波以经典理论中的电磁波来描写,这样可以求得概率系数 B_{mk} 和 B_{km},再利用关系式(5.8.7),即可求得自发跃迁概率系数 A_{mk}.由于这个理论中没有考虑电磁场的量子化,A_{mk} 不能直接被推导出来.

当光射到原子上时,光波中的电场 $\mathscr{E}$ 和磁场 $\mathscr{B}$ 都对原子中的电子有作用.在电场中,电子的能量是 $U_{\mathscr{E}}=e\,\mathscr{E}\cdot\boldsymbol{r}$;磁场对电子的作用是由于电子在原子中运动时具有磁矩 $\boldsymbol{M}$,因而电子在磁场中的能量是 $U_{\mathscr{B}}=-\boldsymbol{M}\cdot\mathscr{B}$.我们来比较这两种能量的大小.$U_{\mathscr{E}}$ 的数量级是 $e\mathscr{E}a_0$,a_0 是玻尔轨道半径;由第三章习题 3.4 知

$$M_z=-\frac{e}{2m}L_z,$$

L_z 是角动量 z 分量,它的数量级是 $\hbar$,由此得

$$U_{\mathscr{B}}\approx\frac{e\hbar}{m}\mathscr{B},$$

因为

$$\mathscr{E}\approx\mathscr{B}c,$$

于是有

$$U_{\mathscr{B}} \approx \frac{e\hbar}{mc}\mathscr{E},$$

所以两种能量之比是

$$\frac{U_{\mathscr{B}}}{U_{\mathscr{E}}} \approx \frac{e\hbar\mathscr{E}}{mc} \bigg/ e\mathscr{E}a_0 = \frac{1}{\hbar c}\frac{e^2}{4\pi\varepsilon_0} = \alpha = \frac{1}{137},$$

α 是精细结构常数.由此可见,和电场的作用相比较,磁场对电子的作用可以略去.下面我们只考虑光波中电场对电子的作用.

首先考虑沿 z 轴传播的平面单色偏振光,它的电场是

$$\mathscr{E}_x = \mathscr{E}_0\cos\left(\frac{2\pi z}{\lambda} - \omega t\right), \quad \mathscr{E}_y = \mathscr{E}_z = 0, \tag{5.8.8}$$

这个电场对电子的作用存在于电子出现的空间,即原子内部.以原子中心为坐标原点,则在我们的讨论中,(5.8.8)式中 z 的变化范围就是原子的线度 a_0.假设光波波长远大于原子线度(可见光的波长 $\lambda = 10^{-6}$ m,而 $a_0 \approx 10^{-10}$ m),即 $\lambda \gg a_0$,则 $\frac{2\pi a_0}{\lambda} \ll 1$,因而(5.8.8)式中的 $\frac{2\pi z}{\lambda}$ 可以略去:

$$\mathscr{E}_x = \mathscr{E}_0\cos\omega t, \tag{5.8.9}$$

电子在这电场中的势能改写为

$$H' = ex\mathscr{E}_x,$$

§5.3 中已讲过,这个能量远小于电子在原子中的势能,因而 H' 可以看成微扰,并用上一节的微扰理论处理.把 H' 写成(5.7.9)式的形式,有

$$H' = \frac{e\mathscr{E}_0 x}{2}(e^{i\omega t} + e^{-i\omega t}), \tag{5.8.10}$$

所以上节中的算符 $\hat{F}$,在现在的情况下是

$$\hat{F} = \frac{1}{2}e\mathscr{E}_0 x, \tag{5.8.11}$$

代入(5.7.19)式中,得到单位时间内原子由 Φ_k 态跃迁到 Φ_m 态的概率是

$$\begin{aligned} w_{k\to m} &= \frac{\pi e^2\mathscr{E}_0^2}{2\hbar}|x_{mk}|^2\delta(\epsilon_m - \epsilon_k - \hbar\omega) \\ &= \frac{\pi e^2\mathscr{E}_0^2}{2\hbar^2}|x_{mk}|^2\delta(\omega_{mk} - \omega). \end{aligned} \tag{5.8.12}$$

光波的能量密度是

$$I = \frac{1}{2}\overline{\left(\epsilon_0\mathscr{E}^2 + \frac{\mathscr{B}^2}{\mu_0}\right)},$$

式中横线表示对时间平均，即对时间积分一周期并用周期去除.将(5.8.9)式代入，并注意

$$\overline{\epsilon_0 \mathscr{E}^2} = \frac{\overline{\mathscr{B}^2}}{\mu_0} = \frac{\epsilon_0}{2}\mathscr{E}_0^2,$$

得到

$$I = \frac{1}{2}\epsilon_0 \mathscr{E}_0^2,$$

于是(5.8.12)式写为

$$w_{k\to m} = \frac{\pi e^2}{\varepsilon_0 \hbar^2} I \mid x_{mk} \mid^2 \delta(\omega_{mk} - \omega). \tag{5.8.13}$$

以上仅对入射光是单色偏振光的情况进行了讨论.我们知道，单色光只是理想的情况；实际上光源发出的光，频率都是在一定范围内连续分布的.这种光的能量密度按一定的频率间隔计算，通常把频率在 $\omega \to \omega + \mathrm{d}\omega$ 之间的能量密度用 $I(\omega)\mathrm{d}\omega$ 表示.用 $I(\omega)\mathrm{d}\omega$ 代替(5.8.13)式中的 I，并对入射光的频率分布范围积分，即得在频率连续分布的入射光作用下，原子在单位时间内由 Φ_k 态跃迁到 Φ_m 态的概率：

$$\begin{aligned} w_{k\to m} &= \frac{\pi e^2}{\varepsilon_0 \hbar^2} \mid x_{mk} \mid^2 \int I(\omega)\delta(\omega_{mk} - \omega)\mathrm{d}\omega \\ &= \frac{\pi e^2}{\varepsilon_0 \hbar^2} \mid x_{mk} \mid^2 I(\omega_{mk}), \end{aligned} \tag{5.8.14}$$

在计算的最后一步，我们假设入射光的频率谱包含 ω_{mk} 在内.

到现在为止，我们仍假定光波中各种频率的分波都是沿 x 方向偏振的，所以上面的公式中只含有 x 的矩阵元.如果入射光各向同性，且偏振是无规则的，则原子体系在单位时间内由 Φ_k 态跃迁到 Φ_m 态的概率，应是(5.8.14)式对所有偏振方向求平均值：

$$\begin{aligned} w_{k\to m} &= \frac{\pi e^2}{3\varepsilon_0 \hbar^2} I(\omega_{mk})[\mid x_{mk} \mid^2 + \mid y_{mk} \mid^2 + \mid z_{mk} \mid^2] \\ &= \frac{\pi e^2}{3\varepsilon_0 \hbar^2} I(\omega_{mk}) \mid \boldsymbol{r}_{mk} \mid^2. \end{aligned}$$

根据本节(1)中的讨论，这个概率也等于 $B_{mk} I(\omega_{mk})$，所以有

$$B_{mk} = \frac{\pi e^2}{3\varepsilon_0 \hbar^2} \mid \boldsymbol{r}_{mk} \mid^2, \tag{5.8.15}$$

式中 $e\boldsymbol{r}$ 为电子的电偶极矩.(5.8.15)式是我们略去光波中磁场的作用并将电场近似地用(5.8.9)式表示后得到的，这样讨论的跃迁称为**电偶极跃迁**，这种近似称为**电偶极近似**.

其余两个爱因斯坦概率系数，可由公式(5.8.6)和(5.8.7)求得：

$$B_{km}=B_{mk}=\frac{\pi e^2}{3\varepsilon_0\hbar^2}|\boldsymbol{r}_{mk}|^2,\tag{5.8.16}$$

$$A_{mk}=\frac{\hbar\omega_{mk}^3}{c^3\pi^2}B_{mk}=\frac{e^2\omega_{mk}^3}{3\pi\varepsilon_0\hbar c^3}|\boldsymbol{r}_{mk}|^2.\tag{5.8.17}$$

由(5.8.3)式及(5.8.6)式两式可知,当体系与辐射场处于热平衡时,自发发射概率与受激发射概率之比是

$$\frac{A_{mk}}{B_{mk}I(\omega_{mk})}=\mathrm{e}^{\frac{\hbar\omega_{mk}}{k_\mathrm{B}T}}-1,\tag{5.8.18}$$

当 $\omega_{mk}=\frac{k_\mathrm{B}T}{\hbar}\ln 2$ 时,这两个概率相等;若 $T=300\ \mathrm{K}$,则 $\omega_{mk}=2.74\times10^{13}\ \mathrm{s}^{-1}$,对应的波长是 6.9×10^{-5} m.可见光的波长远小于这个数值,因而对于可见光的辐射,原子的受激发射概率和自发发射概率比起来完全可以略去;在发射光谱中,可见光区的谱线是由自发跃迁而来的.

利用公式(5.8.17)可以计算自发跃迁的辐射强度.A_{mk}是单位时间内原子由受激态 Φ_m 自发地跃迁到较低能态 Φ_k 的概率.在这跃迁中,原子发射出能量为 $\hbar\omega_{mk}$的光子.由此可知,单位时间内原子发射出的能量为

$$\frac{\mathrm{d}E}{\mathrm{d}t}=\hbar\omega_{mk}A_{mk}=\frac{e^2\omega_{mk}^4}{3\pi\varepsilon_0c^3}|\boldsymbol{r}_{mk}|^2,\tag{5.8.19}$$

设处于受激态 Φ_m 的原子数是 N_m,则频率为 ω_{mk}的总辐射强度 J_{mk}是

$$J_{mk}=N_m\frac{e^2\omega_{mk}^4}{3\pi\varepsilon_0c^3}|\boldsymbol{r}_{mk}|^2.\tag{5.8.20}$$

处于受激态 Φ_m 的 N_m 个原子中,在时间 $\mathrm{d}t$ 内自发跃迁到低能态 Φ_k 的数目是

$$\mathrm{d}N_m=-A_{mk}N_m\mathrm{d}t,$$

积分后得到 N_m 随时间变化的规律:

$$N_m(t)=N_m(0)\mathrm{e}^{-A_{mk}t}=N_m(0)\mathrm{e}^{-\frac{t}{\tau_{mk}}},$$

式中 $N_m(0)$是 $t=0$ 时 N_m 的值,而

$$\tau_{mk}=\frac{1}{A_{mk}}$$

是原子由 Φ_m 态自发跃迁到 Φ_k 态的平均寿命.原子处于 Φ_m 态的平均寿命则为

$$\tau_m=\frac{1}{\sum\limits_k A_{mk}},$$

式中 $\sum\limits_k$ 是对所有能量比 Φ_m 态低的能态求和.

微波量子放大器和激光器都是应用受激发射现象的器件.前者受激发射的频率在微波区,后者在可见光区和红外区.微波量子放大器是噪声极低的放大器;作为振荡器,频率极为稳定.激光器可以产生相干性很好、方向性很强和单色性很高的光束.作为光源,它的亮度可以远远超过最强的普通光源,而谱线宽度则远小于普通光源.由于这些特点,它的用途极为广泛.对这类器件的详细讨论超出了本书范围.在这里,我们只从量子力学的角度作简单的说明.

考虑工作物质中原子体系在 Φ_k 态与 Φ_m 态之间的跃迁.为了获得受激发射必须具备两个条件:

(1) 单位时间内由 Φ_m 态到 Φ_k 态的受激发射应超过由 Φ_k 态到 Φ_m 态的吸收.为此在高能态 Φ_m 的粒子数 N_m 要大于处于低能态 Φ_k 的粒子数 N_k.由于平衡时 $N_k>N_m$,因而 $N_m>N_k$ 的情况称为**粒子数反转**.在各种类型的微波量子放大器和激光器中,采用了不同的方法以获得粒子数反转.

(2) 自发发射应远小于受激发射.由(5.8.18)式可知,对于微波(波长远大于 0.000 06 m),自发发射概率远小于受激发射概率,这个条件自动被满足.但是对于可见光,像前面已指出的,在热平衡时自发发射概率大于受激发射概率;为使上述条件得到满足,在激光器中用一个谐振腔来产生强辐射场,使辐射密度远大于热平衡时的数值,以增加受激发射的概率.

§5.9 选择定则

上一节中,我们得到原子在光波作用下,由 Φ_k 态跃迁到 Φ_m 态的概率与 $|\boldsymbol{r}_{mk}|^2$ 成正比.因而当矩阵元 $|\boldsymbol{r}_{mk}|=0$ 时,在上节所取的近似内,这种跃迁就不能实现.我们称这种不能实现的跃迁为**禁戒跃迁**.要实现 Φ_k 态到 Φ_m 态的跃迁,必须满足 $|\boldsymbol{r}_{mk}|\neq 0$ 的条件.由这个条件可以得出光谱线的选择定则.

设原子中的电子在中心力场中运动,电子的波函数可写为

$$\psi_{nlm}(r,\theta,\varphi)=C_{lm}R_{nl}(r)\mathrm{P}_l^m(\cos\theta)\mathrm{e}^{\mathrm{i}m\varphi}, \tag{5.9.1}$$

式中 $R_{nl}(r)$ 是径向函数,$\mathrm{P}_l^m(\cos\theta)$ 是连带勒让德多项式.现在用这个波函数来计算 $\boldsymbol{r}_{mk}$ 的三个分量 x_{mk},y_{mk},z_{mk},求出它们不为零的条件.

先计算 z_{mk}.设初态的量子数为 n,l,m,末态量子数为 n',l',m'.因为 $z=r\cos\theta$,所以

$$\begin{aligned}z_{n'l'm',nlm}&=\int\psi_{n'l'm'}^{*}r\cos\theta\psi_{nlm}\mathrm{d}V\\&=C_{l'm'}C_{lm}\int_0^\infty R_{n'l'}(r)R_{nl}(r)r^3\mathrm{d}r\int_0^\pi \mathrm{P}_{l'}^{m'}(\cos\theta)\mathrm{P}_l^m(\cos\theta)\times\\&\quad\cos\theta\sin\theta\mathrm{d}\theta\int_0^{2\pi}\mathrm{e}^{\mathrm{i}(m-m')\varphi}\mathrm{d}\varphi,\end{aligned}\tag{5.9.2}$$

上式右边对 φ 的积分是

$$\int_0^{2\pi} e^{i(m-m')\varphi} d\varphi = \begin{cases} 0, & m' \neq m \\ 2\pi, & m' = m \end{cases}. \tag{5.9.3}$$

对 θ 的积分不为零的条件,可以利用连带勒让德函数所满足的下列公式①得出:

$$\cos\theta P_l^m(\cos\theta) = \frac{l+m}{2l+1} P_{l-1}^m(\cos\theta) + \frac{l-m+1}{2l+1} P_{l+1}^m(\cos\theta),$$

将这式子代入积分中,并只考虑 $m'=m$ 的情况[因为 $m'\neq m$ 时,由(5.9.3)式已知 $z_{n'l'm',nlm}=0$],则由连带勒让德函数的正交性可以直接得出积分不为零的条件是 $l'=l\pm1$,所以 $z_{n'l'm',nlm}$ 不为零的条件是

$$m' = m, \qquad l' = l \pm 1. \tag{5.9.4}$$

为了求出 $x_{n'l'm',nlm}$ 和 $y_{n'l'm',nlm}$ 不同时为零的条件,我们引进两个新的变量 $\eta,\eta^\dagger$:

$$\eta = x - iy = r\sin\theta e^{-i\varphi},$$

$$\eta^\dagger = x + iy = r\sin\theta e^{i\varphi},$$

显然,x 和 y 的矩阵元不同时为零的条件与 η 和 $\eta^\dagger$ 的矩阵元不同时为零的条件相同.η 和 $\eta^\dagger$ 的矩阵元依次为

$$\begin{aligned} \eta_{n'l'm',nlm} &= \int \psi_{n'l'm'}^* \eta \psi_{nlm} dV \\ &= C_{l'm'} C_{lm} \int_0^\infty R_{n'l'}(r) R_{nl}(r) r^3 dr \int_0^\pi P_{l'}^{m'}(\cos\theta) P_l^m(\cos\theta) \sin^2\theta d\theta \times \\ &\quad \int_0^{2\pi} e^{i(m-m'-1)\varphi} d\varphi, \end{aligned} \tag{5.9.5}$$

$$\begin{aligned} \eta^\dagger_{n'l'm',nlm} &= \int \psi_{n'l'm'}^* \eta^\dagger \psi_{nlm} dV \\ &= \int_0^\infty R_{n'l'}(r) R_{nl}(r) r^3 dr \int_0^\pi P_{l'}^{m'}(\cos\theta) P_l^m(\cos\theta) \sin^2\theta d\theta \times \\ &\quad \int_0^{2\pi} e^{i(m-m'+1)\varphi} d\varphi. \end{aligned} \tag{5.9.6}$$

上两式中对 φ 的积分,前者仅当 $m'=m-1$ 时不为零,后者仅当 $m'=m+1$ 时不为零.利用公式

$$\begin{aligned} \sin\theta P_l^m(\cos\theta) &= \frac{1}{2l+1}[P_{l+1}^{m+1}(\cos\theta) - P_{l-1}^{m+1}(\cos\theta)] \\ &= \frac{(l+m)(l+m-1)}{2l+1} P_{l-1}^{m-1}(\cos\theta) - \\ &\quad \frac{(l-m+1)(l-m+2)}{2l+1} P_{l+1}^{m-1}(\cos\theta) \end{aligned}$$

和连带勒让德函数的正交性,可以求得(5.9.5)式和(5.9.6)式两式中对 θ 积分不为零的条件

① 泡令,威耳孙.量子力学导论.陈洪生,译.北京:科学出版社,1964:118.

是 $l'=l\pm1$.所以 η 和 $\eta^\dagger$ 的矩阵元不同时为零的条件为

$$m'=m\pm1,\quad l'=l\pm1. \tag{5.9.7}$$

综合(5.9.4)式和(5.9.7)式两式,我们得到 $\boldsymbol{r}_{n'l'm',nlm}$ 不为零的条件是

$$\left.\begin{array}{l}\Delta l=l'-l=\pm1\\ \Delta m=m'-m=0,\ \pm1\end{array}\right\}, \tag{5.9.8}$$

这就是角量子数和磁量子数的选择定则.由于(5.9.2)式,(5.9.5)式和(5.9.6)式三式中对 r 的积分在 n 和 n' 取任何整数值时均不恒等于零,所以对于总量子数 n 没有选择定则.如果跃迁概率为零,则需计算比偶极近似更高的高级近似.如果在任何级近似中跃迁概率均为零,则这种跃迁称为**严格禁戒跃迁**.

小　　结

1. 定态微扰理论

适用范围:求分立能级及所属波函数的修正,适用条件是

$$\left|\frac{H'_{mn}}{E_n^{(0)}-E_m^{(0)}}\right|\ll1,\quad E_n^{(0)}\neq E_m^{(0)}.$$

(1) 非简并情况

$$E_n=E_n^{(0)}+H'_{nn}+\sum_m{}'\frac{|H'_{nm}|^2}{E_n^{(0)}-E_m^{(0)}}+\cdots,$$

$$\psi_n=\psi_n^{(0)}+\sum_m{}'\frac{H'_{mn}}{E_n^{(0)}-E_m^{(0)}}\psi_m^{(0)}+\cdots.$$

(2) 简并情况　能量的一级修正由下列久期方程解出:

$$\begin{vmatrix}H'_{11}-E_n^{(1)} & H'_{12} & \cdots & H'_{1k}\\ H'_{21} & H'_{22}-E_n^{(1)} & \cdots & H'_{2k}\\ \vdots & \vdots & & \vdots\\ H'_{k1} & H'_{k2} & \cdots & H'_{kk}-E_n^{(1)}\end{vmatrix}=0.$$

零级近似波函数由

$$\sum_{i=1}^{k}(H'_{li}-E_n^{(1)}\delta_{li})c_i^{(0)}=0,\quad l=1,2,\cdots,k$$

解出 $c_i^{(0)}$,代入 $\psi_n^{(0)}=\sum_{i=1}^{k}c_i^{(0)}\phi_i$ 得出.

2. 与时间有关的微扰理论

(1) 由初态 Φ_k 跃迁到终态 Φ_m 的概率

$$W_{k\to m}=|a_m(t)|^2=\frac{1}{\hbar^2}\left|\int_0^t H'_{mk}\mathrm{e}^{\mathrm{i}\omega_{mk}t'}\mathrm{d}t'\right|^2.$$

若作用于体系的是周期微扰：$\hat{H}'(t)=\hat{F}(\mathrm{e}^{\mathrm{i}\omega t}+\mathrm{e}^{-\mathrm{i}\omega t})$，则

$$W_{k\to m}=\frac{2\pi t}{\hbar}|F_{mk}|^2\delta(\epsilon_m-\epsilon_k\pm\hbar\omega).$$

（2）能量和时间的测不准关系：

$$\Delta E\Delta t\sim\hbar.$$

（3）光的发射与吸收　爱因斯坦概率系数：

$$B_{km}=B_{mk}=\frac{\pi e^2}{3\varepsilon_0\hbar^2}|\boldsymbol{r}_{mk}|^2,$$

$$A_{mk}=\frac{\hbar\omega_{mk}^3}{c^3\pi^2}B_{mk}=\frac{e^2\omega_{mk}^3}{3\pi\varepsilon_0\hbar c^3}|\boldsymbol{r}_{mk}|^2.$$

原子由 $\boldsymbol{\Phi}_m$ 态自发跃迁到 $\boldsymbol{\Phi}_k$ 态的辐射强度

$$J_{mk}=N_m\frac{e^2\omega_{mk}^4}{3\pi\varepsilon_0c^3}|\boldsymbol{r}_{mk}|^2.$$

（4）偶极跃迁中角量子数与磁量子数的选择定则

$$\Delta l=\pm1,\quad\Delta m=0,\ \pm1.$$

*补充资料

简并能级的二级修正可以由本章结果推广得之.我们知道，$E_n^{(0)}$ 非简并时，$E_n^{(1)}=\langle n|H'|n\rangle$，$E_n^{(2)}=\left\langle n\left|\left(\sum_m{}'\frac{H'|m\rangle\langle m|H'}{E_n^{(0)}-E_m^{(0)}}\right)\right|n\right\rangle$.其能级的一级、二级修正分别是 H' 和 $F_n=\sum_m{}'\frac{H'|m\rangle\langle m|H'}{E_n^{(0)}-E_m^{(0)}}$ 在 $E_n^{(0)}$ 态的矩阵元.当 $E_n^{(0)}$ 简并时，能级的一级修正由久期方程(5.2.5)求得，也就是 H'在 $E_n^{(0)}$ 简并子空间的对角化本征值.因而，可以推论 $E_n^{(0)}$ 的二级能量修正可由算符 F_n 在 $E_n^{(0)}$ 简并子空间的对角化求得.有兴趣的读者可循(5.2.5)式的推导，证明此推论①.

例　平面转子长度为 a，两粒子约化质量为 m_0，转动惯量为 $I=m_0a^2$.求弱电场 $\mathscr{E}$ 作用下转子的能量.

解　未受电场微扰作用时，转子的定态薛定谔方程为

$$-\frac{\hbar^2}{2I}\frac{\mathrm{d}^2\psi^{(0)}}{\mathrm{d}\varphi^2}=E^{(0)}\psi^{(0)},\qquad\frac{\mathrm{d}^2\psi^{(0)}}{\mathrm{d}\varphi^2}+\frac{2E^{(0)}I}{\hbar^2}\psi^{(0)}=0,$$

满足 φ 周期性条件的波函数为 $\psi_{\pm m}^{(0)}=\frac{1}{\sqrt{2\pi}}\mathrm{e}^{\pm\mathrm{i}m\varphi}$，相应能量本征值 $E_m^{(0)}=\frac{\hbar^2m^2}{2I}(m=0,1,\cdots)$.

---

①　参见：Schiff L I.Quantum Mechanics.3rd ed.New York：McGraw-Hill，1968.

显然，除 $m=0$ 外，对所有 m 值(整数)，$E_m^{(0)}$ 都是二重简并. 在弱电场$\mathscr{E}$作用下，微扰哈密顿量(取$\mathscr{E}$方向为 z 轴)：

$$H'=-\boldsymbol{d}\cdot\boldsymbol{\mathscr{E}}=-d\mathscr{E}\cos\varphi,$$

$$H'_{mm'}=\langle m|H'|m'\rangle=\int_0^{2\pi}\psi_m^{(0)*}H'\psi_{m'}^{(0)}\mathrm{d}\varphi=-\frac{d\mathscr{E}}{2\pi}\int_0^{2\pi}\mathrm{e}^{\mathrm{i}(m'-m)\varphi}\cos\varphi\mathrm{d}\varphi$$

$$=-\frac{d\mathscr{E}}{4\pi}\int_0^{2\pi}\{\mathrm{e}^{\mathrm{i}(m'-m+1)\varphi}+\mathrm{e}^{\mathrm{i}(m'-m-1)\varphi}\}\mathrm{d}\varphi$$

$$=-\frac{d\mathscr{E}}{2}\{\delta_{m',m-1}+\delta_{m',m+1}\}=\begin{cases}-\dfrac{d\mathscr{E}}{2}, & m'=m\pm1\\ 0, & \text{其他}\end{cases},$$

能量的一级修正都等于 0：

$$E_m^{(1)}=H'_{mm}=0.$$

对于简并能级二级修正，要对算符 F_m 在简并子空间求本征值. 先计算出 F_m 的矩阵元($m'=\pm m$)：

$$\langle m|F_m|m'\rangle=\sum_{l\neq\pm m}\frac{\langle m|H'|l\rangle\langle l|H'|m'\rangle}{E_m^{(0)}-E_l^{(0)}}$$

$$=\left(\frac{d\mathscr{E}}{2}\right)^2\sum_{l\neq\pm m}\frac{(\delta_{l,m-1}+\delta_{l,m+1})(\delta_{m',l-1}+\delta_{m',l+1})}{E_m^{(0)}-E_l^{(0)}}$$

$$=\left(\frac{d\mathscr{E}}{2}\right)^2\left(\frac{\delta_{m',m-2}+\delta_{m',m}}{E_m^{(0)}-E_{m-1}^{(0)}}+\frac{\delta_{m',m}+\delta_{m',m+2}}{E_m^{(0)}-E_{m+1}^{(0)}}\right),$$

当 $m\neq\pm1$ 时，F_m 矩阵非对角元$\langle m|F_m|m'\rangle=0$，其对角元即本征值，可应用非简并微扰论计算 $E_m^{(2)}$：

$$E_m^{(2)}=\sum_{n\neq m}\frac{|H'_{mn}|^2}{E_m^{(0)}-E_n^{(0)}}=\left(\frac{d\mathscr{E}}{2}\right)^2\sum_{n\neq m}\frac{(\delta_{n,m-1}+\delta_{n,m+1})^2}{E_m^{(0)}-E_n^{(0)}}$$

$$=\left(\frac{d\mathscr{E}}{2}\right)^2\left(\frac{1}{E_m^{(0)}-E_{m-1}^{(0)}}+\frac{1}{E_m^{(0)}-E_{m+1}^{(0)}}\right)=\frac{d^2\mathscr{E}^2I}{\hbar^2}\frac{1}{4m^2-1}\quad(m\neq1).$$

$m=1$ 时，F_1 矩阵非对角元不为零，要求 F_1 的本征值：

$$\begin{pmatrix}\langle-1|F_1|-1\rangle & \langle-1|F_1|1\rangle\\ \langle1|F_1|-1\rangle & \langle1|F_1|1\rangle\end{pmatrix}=\frac{d^2\mathscr{E}^2I}{\hbar^2}\begin{pmatrix}\dfrac{1}{3} & \dfrac{1}{2}\\ \dfrac{1}{2} & \dfrac{1}{3}\end{pmatrix},$$

对角化得本征值：

$$E_{1,1}^{(2)}=-\frac{d^2\mathscr{E}^2I}{6\hbar^2},\quad E_{1,2}^{(2)}=\frac{5d^2\mathscr{E}^2I}{6\hbar^2}.$$

习　题

5.1　如果类氢原子的核不是点电荷，而是半径为 r_0、电荷均匀分布的小球，计算这种效应对类氢原子基态能量的一级修正.

5.2　转动惯量为 I，电偶极矩为 D 的空间转子处在均匀电场 $\mathscr{E}$ 中，如果电场较小，用微扰法求转子基态能量的一级修正.

5.3　设一体系未受微扰作用时只有两个能级：E_{01} 及 E_{02}，现在受到微扰 $\hat{H}'$ 的作用，微扰矩阵元为 $H'_{12}=H'_{21}=a$，$H'_{11}=H'_{22}=b$；a，b 都是实数.用微扰公式求能量至二级修正值.

5.4　设在 $t=0$ 时，氢原子处于基态，以后由于受到单色光的照射而电离.设单色光的电场可以近似地表示为 $\mathscr{E}\sin\omega t$，$\mathscr{E}$ 及 ω 均为常量；电离后电子的波函数近似地以平面波表示.求这单色光的最小频率和在时刻 t 跃迁到电离态的概率.

5.5　基态氢原子处于平行板电场中，若电场是均匀的且随时间按指数下降，即

$$\mathscr{E}=\begin{cases}0, & \text{当 } t\leqslant 0\\ \mathscr{E}_0 e^{-\frac{t}{\tau}}, & \text{当 } t\geqslant 0(\tau \text{ 为大于零的参量})\end{cases},$$

求经过长时间后氢原子处在 2p 态的概率.

5.6　计算氢原子由第一激发态到基态的自发发射概率.

5.7　计算氢原子由 2p 态跃迁到 1s 态时所发出的光谱线强度.

5.8　求线性谐振子偶极跃迁的选择定则.

第六章　散　　射

§6.1　碰撞过程　散射截面

上面几节所讨论的定态微扰理论，只适用于求分立能级的能量和对波函数修正，而不适用于处理体系能量组成连续谱的情况.在第二章讨论势垒穿透时我们看到，当粒子被力场散射时，粒子的能量组成连续谱，这类问题能准确求解的也很少，因而也需要用微扰理论.

在量子力学中，散射现象也称为碰撞现象.研究粒子与力场（或粒子与粒子）碰撞的过程有很重要的实际意义.我们对原子内部结构的了解就是通过粒子与原子碰撞而取得的.例如卢瑟福由 α 粒子散射的研究，发现原子中心有一个重核.弗兰克、赫兹等人所进行的电子与原子碰撞的实验，证明了玻尔关于原子有定态的假设.此外，对原子核、基本粒子的研究也主要是通过碰撞过程；在宇宙射线、气体放电、气体分子碰撞等现象中，碰撞过程也占有重要的地位.

在下面几节讨论碰撞过程的计算方法之前，我们先在这里介绍处理碰撞过程所需要的一些基本概念.

若一粒子与另一粒子碰撞的过程中，只有动能和动量的交换，粒子内部状态并无改变，则称这种碰撞为弹性碰撞（或弹性散射）；若碰撞中粒子内部状态有所改变（例如原子被激发或电离），则称为非弹性碰撞（或非弹性散射）.本书中只讨论弹性碰撞的问题.

为了描写粒子被另一粒子或力场散射的情况，考虑一束粒子流（例如电子流）沿着 z 轴向粒子 A（例如原子）射来（图 6.1），A 称为散射中心.设 A 的质量比入射粒子的质量大得多，由碰撞而引起的 A 的运动可以略去.入射粒子受 A 的作用而偏离原来的运动方向，发生散射.粒子被散射后的运动方向与入射方向之间的夹角 θ，称为散射角.单位时间内散射到面积元 $\mathrm{d}S$ 上的粒子数 $\mathrm{d}n$ 应与 $\mathrm{d}S$ 成正比，而与 $\mathrm{d}S$ 到 A 点距离 r 的平方成反比，即与 $\mathrm{d}S$ 对 A 所张的立体角成比例：

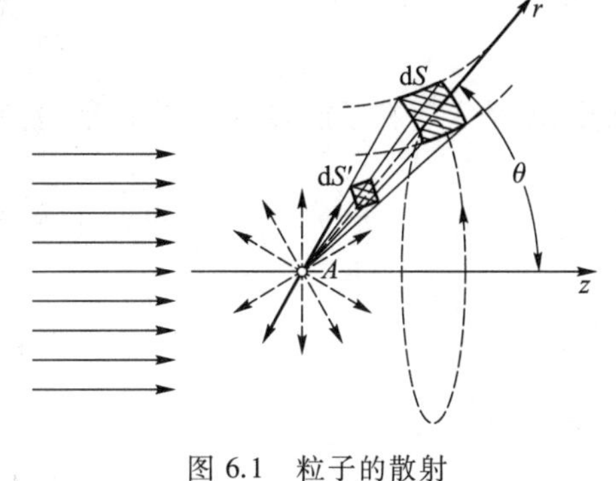

图 6.1　粒子的散射

$$\mathrm{d}n \sim \frac{\mathrm{d}S}{r^2} = \mathrm{d}\Omega,$$

同时，$\mathrm{d}n$ 还应与入射粒子流强度 N 成正比.这个强度的定义是：垂直于入射粒子流前进的方

向取一单位面积 S_0，单位时间内穿过 S_0 的粒子数就是入射粒子流强度 N.这样就有

$$dn \sim N d\Omega,$$

以 $q(\theta,\varphi)$ 表示这个比例关系中的比例系数，在一般情况下，它与观察的方向 (θ,φ) 有关，因而上式可写为

$$dn = q(\theta,\varphi) N d\Omega. \tag{6.1.1}$$

当强度 N 固定时，单位时间内散射到 (θ,φ) 方向的粒子数 dn 由 $q(\theta,\varphi)$ 决定.$q(\theta,\varphi)$ 与入射粒子、散射中心的性质以及它们之间的相互作用和相对动能有关.它的量纲可由(6.1.1)式中其余各量的量纲得出，因为

$$[dn] = \frac{1}{T}, \quad [N] = \frac{1}{L^2 T},$$

所以有

$$[q] = \left[\frac{dn}{N d\Omega}\right] = L^2,$$

即 $q(\theta,\varphi)$ 具有面积的量纲.我们称 $q(\theta,\varphi)$ 为**微分散射截面**.如果在垂直于入射粒子流的前进方向取面积 $q(\theta,\varphi) d\Omega$，则单位时间内穿过这个面积的粒子数等于 dn.

将 $q(\theta,\varphi) d\Omega$ 对所有的方向积分，得

$$Q = \int q(\theta,\varphi) d\Omega = \int_0^{\pi}\int_0^{2\pi} q(\theta,\varphi) \sin\theta d\theta d\varphi, \tag{6.1.2}$$

Q 称为**总散射截面**，

上面关于微分散射截面和总散射截面的定义，在量子力学和经典力学中同样适用.

下面我们讨论量子力学中如何由解薛定谔方程来计算散射截面.

取散射中心为坐标原点.用 $U(\boldsymbol{r})$ 表示入射粒子与散射中心之间的相互作用势能，则体系的薛定谔方程写为

$$-\frac{\hbar^2}{2m}\nabla^2\psi + U\psi = E\psi, \tag{6.1.3}$$

式中，m 是入射粒子质量，E 是它的能量.为方便起见，令

$$k^2 = \frac{2mE}{\hbar^2} = \frac{p^2}{\hbar^2}, \tag{6.1.4}$$

$$v = \frac{p}{m} = \frac{\hbar k}{m}, \tag{6.1.5}$$

$$V(\boldsymbol{r}) = \frac{2m}{\hbar^2} U(\boldsymbol{r}), \tag{6.1.6}$$

则(6.1.3)式改写为

$$\nabla^2\psi + [k^2 - V(\boldsymbol{r})]\psi = 0. \tag{6.1.7}$$

我们观察被散射粒子都是在离开散射中心很远的地方，所以只需讨论 $r\to\infty$ 时 ψ 的行为就够了. 假设 $r\to\infty$ 时，$U(\boldsymbol{r})\to 0$①，即在粒子远离散射中心时，两者之间的相互作用趋于零. 这样，在无限远的地方，波函数应由两部分组成：一部分是描写入射粒子的平面波 $\psi_1 = A\mathrm{e}^{\mathrm{i}kz}$；另一部分是描写散射粒子的球面散射波.

$$\psi_2 = f(\theta,\varphi)\,\frac{\mathrm{e}^{\mathrm{i}kr}}{r},$$

这个波是由散射中心向外传播的：

$$\psi \xrightarrow[r\to\infty]{} \psi_1 + \psi_2 = A\mathrm{e}^{\mathrm{i}kz} + f(\theta,\varphi)\,\frac{\mathrm{e}^{\mathrm{i}kr}}{r}, \tag{6.1.8}$$

这里考虑的是弹性散射，所以散射波的能量没有改变，即波矢 k 的数值不变. 上式中的 $f(\theta,\varphi)$ 仅是 θ 和 φ 的函数，而与 r 无关. 容易证明，(6.1.8)式在 $r\to\infty$ 时满足方程(6.1.7).

在(6.1.8)式中，取 $A=1$，则 $|\psi_1|^2=1$，这表明每单位体积只有一个入射粒子. 入射波的概率流密度是

$$\begin{aligned} J_z &= \frac{\mathrm{i}\hbar}{2m}\left(\psi_1\frac{\partial\psi_1^*}{\partial z} - \psi_1^*\frac{\partial\psi_1}{\partial z}\right) \\ &= \frac{\mathrm{i}\hbar}{2m}(-\mathrm{i}k\psi_1\psi_1^* - \mathrm{i}k\psi_1^*\psi_1) = v, \end{aligned} \tag{6.1.9}$$

这也就是入射粒子流强度，即(6.1.1)式中的 N. 散射波的概率流密度是

$$\begin{aligned} J_r &= \frac{\mathrm{i}\hbar}{2m}\left(\psi_2\frac{\partial\psi_2^*}{\partial r} - \psi_2^*\frac{\partial\psi_2}{\partial r}\right) \\ &= \frac{\mathrm{i}\hbar}{2m}|f(\theta,\varphi)|^2\left(-\frac{\mathrm{i}k}{r^2} - \frac{\mathrm{i}k}{r^2}\right) \\ &= \frac{v}{r^2}|f(\theta,\varphi)|^2, \end{aligned} \tag{6.1.10}$$

它表示单位时间内穿过球面上单位面积的粒子数，故单位时间穿过面积 $\mathrm{d}S$ 的粒子数是

$$\mathrm{d}n = J_r\mathrm{d}S = \frac{v}{r^2}|f(\theta,\varphi)|^2\mathrm{d}S = v|f(\theta,\varphi)|^2\mathrm{d}\Omega. \tag{6.1.11}$$

因为 $v=N$，比较(6.1.11)式与(6.1.1)式两式，可知微分散射截面是

$$q(\theta,\varphi) = |f(\theta,\varphi)|^2, \tag{6.1.12}$$

所以知道了 $f(\theta,\varphi)$，就可求得 $q(\theta,\varphi)$. $f(\theta,\varphi)$ 称为**散射振幅**. $f(\theta,\varphi)$ 的具体形式通过求薛定谔方程(6.1.7)的解并要求在 $r\to\infty$ 时解具有(6.1.8)式的形式而得出. 下面几节中将具体讨论如何求方程(6.1.7)的解.

---

① 严格地讲，$r\to\infty$ 时 $U(\boldsymbol{r})$ 要比 $\frac{1}{r}$ 更快地趋于零(6.1.8)式才成立，下面的讨论中我们假设 $U(\boldsymbol{r})$ 满足这个条件.

§6.2　中心力场中的弹性散射(分波法)

本节我们介绍在粒子受到中心力场的弹性散射时,从解方程(6.1.7)而求出散射截面的一种方法,下一节中将介绍另一种方法,这两种方法各有自己的应用范围.

在中心力场的情况下,势能 $U(r)$ 只与粒子到散射中心的距离 r 有关,与 $\boldsymbol{r}$ 的方向无关.方程(6.1.7)写为

$$\nabla^2\psi + [k^2 - V(r)]\psi = 0, \tag{6.2.1}$$

取沿粒子入射方向并通过散射中心的轴线为极轴(图 6.1),这个轴是我们所讨论问题中的旋转对称轴,波函数 ψ 和散射振幅 f 都与 φ 角无关.

由 §3.3 的讨论我们知道具有中心势场的薛定谔方程(6.2.1)的一般解可写为

$$\psi(r,\theta,\varphi) = \sum_{lm} R_l(r)\mathrm{Y}_{lm}(\theta,\varphi),$$

现在 ψ 既与 φ 无关,所以 $m=0$,即 $\mathrm{Y}_{lm}(\theta,\varphi)=\mathrm{Y}_{l0}(\theta,\varphi)=\mathrm{P}_l(\cos\theta)$,因而方程(6.2.1)的一般解写为

$$\psi(r,\theta) = \sum_{l} R_l(r)\mathrm{P}_l(\cos\theta), \tag{6.2.2}$$

这个展开式中每一项都具有不同的角动量,称为一个分波,$R_l(r)\mathrm{P}_l(\cos\theta)$ 是第 l 个分波,对应的总角动量量子数为 l,每一个分波都是方程(6.2.1)的解.通常称 $l=0,1,2,\cdots$ 的分波分别为 s,p,d,…分波.径向函数 $R_l(r)$ 满足下列方程:

$$\frac{1}{r^2}\frac{\mathrm{d}}{\mathrm{d}r}\left(r^2\frac{\mathrm{d}R_l(r)}{\mathrm{d}r}\right) + \left[k^2 - V(r) - \frac{l(l+1)}{r^2}\right]R_l(r) = 0. \tag{6.2.3}$$

令

$$R_l(r) = \frac{u_l(r)}{r}, \tag{6.2.4}$$

则 $u_l(r)$ 满足方程:

$$\frac{\mathrm{d}^2u_l}{\mathrm{d}r^2} + \left[k^2 - V(r) - \frac{l(l+1)}{r^2}\right]u_l = 0, \tag{6.2.5}$$

由于 f 只是 θ 的函数,与 φ 角无关,ψ 的渐近表示式(6.1.8)写为

$$\psi \xrightarrow[r\to\infty]{} A\mathrm{e}^{\mathrm{i}kz} + \frac{f(\theta)}{r}\mathrm{e}^{\mathrm{i}kr}. \tag{6.2.6}$$

为了和(6.2.4)式相比较,我们来求(6.2.3)式在 $r\to\infty$ 时的渐近解.根据我们的假设,当 r 趋于无限大时 $V(r)$ 趋近于零,所以当 $r\to\infty$ 时,(6.2.5)式化为

$$\frac{\mathrm{d}^2u_l(r)}{\mathrm{d}r^2} + k^2u_l(r) = 0,$$

它的解是

$$u_l(r)=A'_l\sin(kr+\delta'_l),$$

由此有

$$R_l(r)\xrightarrow[r\to\infty]{}\frac{A'_l}{r}\sin(kr+\delta'_l)=\frac{A_l\sin\left(kr-\frac{1}{2}l\pi+\delta_l\right)}{kr},\tag{6.2.7}$$

这里为了下面讨论方便,我们引入了

$$A_l=kA'_l,$$

$$\delta_l=\delta'_l+\frac{1}{2}l\pi,$$

将(6.2.7)式代入(6.2.2)式,得到(6.2.1)式的渐近解为

$$\psi(r,\theta)\xrightarrow[r\to\infty]{}\sum_{l=0}^{\infty}\frac{A_l}{kr}\sin\left(kr-\frac{1}{2}l\pi+\delta_l\right)\mathrm{P}_l(\cos\theta),\tag{6.2.8}$$

把(6.2.8)式写成(6.2.6)式的形式就可以求得散射振幅$f(\theta)$,为此目的我们利用数学中将平面波 $\mathrm{e}^{\mathrm{i}kz}$按球面波展开的公式①:

$$\mathrm{e}^{\mathrm{i}kz}=\mathrm{e}^{\mathrm{i}kr\cos\theta}=\sum_{l=0}^{\infty}(2l+1)\mathrm{i}^l\mathrm{j}_l(kr)\mathrm{P}_l(\cos\theta),\tag{6.2.9}$$

式中 $\mathrm{j}_l(kr)$是球面贝塞耳函数,它和贝塞耳函数 $\mathrm{J}_{l+\frac{1}{2}}(kr)$的关系,以及它的渐近表示式是

$$\mathrm{j}_l(kr)=\sqrt{\frac{\pi}{2kr}}\mathrm{J}_{l+\frac{1}{2}}(kr)\xrightarrow[r\to\infty]{}\frac{1}{kr}\sin\left(kr-\frac{1}{2}l\pi\right),\tag{6.2.10}$$

将(6.2.9)式的渐近式代入(6.2.6)式中并令它和(6.2.8)式相等,得到

$$\sum_{l=0}^{\infty}(2l+1)\mathrm{i}^l\frac{1}{kr}\sin\left(kr-\frac{1}{2}l\pi\right)\mathrm{P}_l(\cos\theta)+\frac{f(\theta)}{r}\mathrm{e}^{\mathrm{i}kr}$$

$$=\sum_{l=0}^{\infty}\frac{A_l}{kr}\sin\left(kr-\frac{1}{2}l\pi+\delta_l\right)\mathrm{P}_l(\cos\theta),$$

利用公式

$$\sin\alpha=\frac{1}{2\mathrm{i}}(\mathrm{e}^{\mathrm{i}\alpha}-\mathrm{e}^{-\mathrm{i}\alpha})$$

将上式中的正弦函数写成指数函数,得

① 这个公式的证明可以在有关数学书中找到,参见:郭敦仁.数学物理方法.北京:人民教育出版社,1965:321.

$$\left[2kif(\theta)+\sum_{l=0}^{\infty}(2l+1)\mathrm{i}^{l}\mathrm{e}^{-\frac{\mathrm{i}}{2}l\pi}\mathrm{P}_{l}(\cos\theta)-\sum_{l=0}^{\infty}A_{l}\mathrm{e}^{\mathrm{i}\left(\delta_{l}-\frac{1}{2}l\pi\right)}\mathrm{P}_{l}(\cos\theta)\right]\mathrm{e}^{ikr}+$$

$$\left[\sum_{l=0}^{\infty}(2l+1)\mathrm{i}^{l}\mathrm{e}^{\frac{\mathrm{i}}{2}l\pi}\mathrm{P}_{l}(\cos\theta)-\sum_{l=0}^{\infty}A_{l}\mathrm{e}^{-\mathrm{i}\left(\delta_{l}-\frac{1}{2}l\pi\right)}\mathrm{P}_{l}(\cos\theta)\right]\mathrm{e}^{-ikr}$$

$$=0.$$

要使这个等式成立，式中 e^{ikr}和 e^{-ikr}前的系数必须分别等于零：

$$2kif(\theta)+\sum_{l=0}^{\infty}(2l+1)\mathrm{i}^{l}\mathrm{e}^{-\frac{\mathrm{i}}{2}l\pi}\mathrm{P}_{l}(\cos\theta)$$

$$=\sum_{l=0}^{\infty}A_{l}\mathrm{e}^{\mathrm{i}\left(\delta_{l}-\frac{1}{2}l\pi\right)}\mathrm{P}_{l}(\cos\theta),\tag{6.2.11}$$

$$\sum_{l=0}^{\infty}(2l+1)\mathrm{i}^{l}\mathrm{e}^{\frac{\mathrm{i}}{2}l\pi}\mathrm{P}_{l}(\cos\theta)$$

$$=\sum_{l=0}^{\infty}A_{l}\mathrm{e}^{-\mathrm{i}\left(\delta_{l}-\frac{1}{2}l\pi\right)}\mathrm{P}_{l}(\cos\theta),\tag{6.2.12}$$

在(6.2.12)式两边乘以 $\mathrm{P}_{l'}(\cos\theta)$后，对 θ 从 $0\to\pi$ 积分，并利用勒让德多项式的正交性

$$\int_{0}^{\pi}\mathrm{P}_{l}(\cos\theta)\mathrm{P}_{l'}(\cos\theta)\sin\theta\mathrm{d}\theta=\frac{2}{2l+1}\delta_{ll'},\tag{6.2.13}$$

可以得到

$$A_{l}=(2l+1)\mathrm{i}^{l}\mathrm{e}^{\mathrm{i}\delta_{l}}.$$

将这结果代入(6.2.11)式，并利用 $\mathrm{i}^{l}=\mathrm{e}^{\frac{\mathrm{i}}{2}l\pi}$就得到

$$2kif(\theta)=\sum_{l}(2l+1)(\mathrm{e}^{2\mathrm{i}\delta_{l}}-1)\mathrm{P}_{l}(\cos\theta)$$

$$=\sum_{l}(2l+1)\mathrm{P}_{l}(\cos\theta)2\mathrm{i}\mathrm{e}^{\mathrm{i}\delta_{l}}\sin\delta_{l},$$

$$f(\theta)=\frac{1}{k}\sum_{l=0}^{\infty}(2l+1)\mathrm{P}_{l}(\cos\theta)\mathrm{e}^{\mathrm{i}\delta_{l}}\sin\delta_{l}.\tag{6.2.14}$$

由上式可以看出，求散射振幅 $f(\theta)$ 的问题归结为求 δ_l.从(6.2.10)式和(6.2.7)式可知 $\left(kr-\frac{1}{2}l\pi\right)$ 是入射波第 l 个分波的位相，$\left(kr-\frac{1}{2}l\pi+\delta_l\right)$ 是散射波第 l 个分波的位相.所以 δ_l 是入射波经过散射后第 l 个分波的相位移动（简称相移）.δ_l 的具体数值要解出方程(6.2.3)后才能求得.将(6.2.14)式代入(6.1.12)式中，得到微分散射截面的表示式：

$$q(\theta)=|f(\theta)|^{2}=\frac{1}{k^{2}}\left|\sum_{l=0}^{\infty}(2l+1)\mathrm{P}_{l}(\cos\theta)\mathrm{e}^{\mathrm{i}\delta_{l}}\sin\delta_{l}\right|^{2},\tag{6.2.15}$$

利用(6.2.13)式，得到总散射截面

$$Q = 2\pi\int_0^\pi q(\theta)\sin\theta\mathrm{d}\theta = \frac{2\pi}{k^2}\sum_{l=0}^{\infty}\sum_{l'=0}^{\infty}(2l+1)(2l'+1)\times$$

$$\left[\int_0^\pi \mathrm{P}_l(\cos\theta)\mathrm{P}_{l'}(\cos\theta)\sin\theta\mathrm{d}\theta\right]\mathrm{e}^{\mathrm{i}\delta_l}\mathrm{e}^{-\mathrm{i}\delta_{l'}}\sin\delta_l\sin\delta_{l'}$$

$$= \frac{4\pi}{k^2}\sum_{l=0}^{\infty}\sum_{l'=0}^{\infty}(2l+1)(2l'+1)\frac{\delta_{ll'}}{2l+1}\mathrm{e}^{\mathrm{i}(\delta_l-\delta_{l'})}\sin\delta_l\sin\delta_{l'}$$

$$= \frac{4\pi}{k^2}\sum_{l=0}^{\infty}(2l+1)\sin^2\delta_l$$

$$\equiv \sum_{l=0}^{\infty}Q_l, \tag{6.2.16}$$

式中

$$Q_l = \frac{4\pi}{k^2}(2l+1)\sin^2\delta_l, \tag{6.2.17}$$

是第 l 个分波的散射截面.

由(6.2.14)式,因为 $\mathrm{P}_l(1)=1$,所以 $f(0)$ 的虚部是

$$\mathrm{Im}\,f(0) = \frac{1}{k}\sum_{l=0}^{\infty}(2l+1)\sin^2\delta_l,$$

因而(6.2.16)式又可以写成如下形式:

$$Q = \frac{4\pi}{k}\mathrm{Im}\,f(0). \tag{6.2.18}$$

公式(6.2.18)称为**光学定理**.它表明向前($\theta=0$)散射振幅的虚部与总散射截面成正比,反映了散射中概率流守恒的物理意义.在向前散射区域,入射平面波与散射球面波相消干涉,减少的概率流传播到所有其他方向.实际上,可以非常一般地证明光学定理,适用于非弹性散射、重排碰撞等各种情况,具有广泛用途.

由上面的讨论可以看出,用分波法求散射截面的问题归结为计算相移 δ_l.如果(6.2.16)式中的级数收敛得很快,我们只需计算前面几个分波的相移就可以得到足够准确的结果.反之,如果这个级数收敛得很慢,要得到较好的结果就需要算出许多个分波的相移,而通常计算相移是相当复杂的,因而在这种情况下分波法就变得很不方便.所以,尽管从原则上说,分波法是解散射问题的普遍方法,但在实际上,这个方法有一定的适用范围.下面我们对这个问题进行讨论.

设产生散射的势场 $V(r)$ 的作用范围是以散射中心为球心、以 a 为半径的球内.当 $r>a$ 时,$V(r)$ 的值可略去不计,则入射波仅在这范围内受到散射,产生相移.由(6.2.9)式,入射波第 l 个分波的径向函数是 $\mathrm{j}_l(kr)$.根据数学中对球面贝塞尔函数性质的分析,$\mathrm{j}_l(kr)$ 的第一个极大值的位置在 $r=\frac{l}{k}$ 附近,而当 r 很小时,$\mathrm{j}_l(kr)$ 随着 kr 很快地趋近零,l 越大,$\mathrm{j}_l(kr)$ 趋近零也越快.如果 $\mathrm{j}_l(kr)$ 的第一极大值位于势场的作用范围以外,即 $\frac{l}{k}>a$,则在势场作用范围($r\leqslant$

a)内 $\mathrm{j}_l(kr)$ 的值很小,亦即第 l 个分波受到势场的影响很小,散射所产生的相移 δ_l 可以略去不计.这样,相移 δ_l 只要从 $l=0$ 算到 $l\sim ka$ 就够了.特别是当 a 小到使 $ka\ll 1$ 时,只需计算一个相移 δ_0 就能很准确地得出散射截面.由此可见,分波法在低能散射$\left(\text{入射粒子能量}\dfrac{\hbar^2k^2}{2m}\text{很小}\right)$的情况下最为适用.

这个结论也可以从准经典的估计得出.当动量为 $\hbar k$ 的入射粒子的角动量 L 大于 $\hbar ka$ 时,粒子轨道与散射中心的距离大于 a,即轨道在势场作用球之外,势场对粒子不产生散射.因为 $L=l\hbar$,所以受势场散射的条件是

$$l\leqslant ka,$$

这就是上面得到的结论.

§6.3　方形势阱与势垒所产生的散射

作为应用分波法的一个例子,我们讨论低能粒子受球对称方形势阱的散射.入射粒子能量很小,它的德布罗意波长比势场作用范围大得多.质子和中子的低能散射可以近似地归结为这种情况.以 a 表示方形势阱的范围,于是粒子的势能可写为

$$U(r)=\begin{cases}U_0, & r\leqslant a\\ 0, & r>a\end{cases},$$

在势阱的情况下 $U_0<0$.因为$\dfrac{1}{k}\gg a$,即 $ka\ll 1$,所以只需讨论 s 波散射($l=0$)就够了.在方程(6.2.5)中令 $l=0$ 得

$$\left.\begin{aligned}&\frac{\mathrm{d}^2u}{\mathrm{d}r^2}+k'^2u=0, \quad r\leqslant a\\ &\frac{\mathrm{d}^2u}{\mathrm{d}r^2}+k^2u=0, \quad r>a\end{aligned}\right\}, \tag{6.3.1}$$

式中,$k^2=\dfrac{2mE}{\hbar^2}$,$k'^2=k^2-\dfrac{2mU_0}{\hbar^2}$.

方程(6.3.1)的解是

$$\left.\begin{aligned}&u(r)=A\sin(k'r+\delta'_0), \quad r\leqslant a\\ &u(r)=B\sin(kr+\delta_0), \quad r>a\end{aligned}\right\}, \tag{6.3.2}$$

由波函数标准条件,$R=\dfrac{u(r)}{r}$在 $r=0$ 处为有限,所以 $\delta'_0=0$.在 $r=a$ 处$\dfrac{1}{u(r)}\dfrac{\mathrm{d}u}{\mathrm{d}r}$为连续,得

$$k\cot(ka+\delta_0)=k'\cot k'a, \tag{6.3.3}$$

由此得到相移

$$\delta_0 = \arctan\left(\frac{k}{k'}\tan k'a\right) - ka, \tag{6.3.4}$$

由公式(6.2.16),总散射截面为

$$\begin{aligned} Q \approx Q_0 &= \frac{4\pi}{k^2}\sin^2\delta_0 \\ &= \frac{4\pi}{k^2}\sin^2\left[\arctan\left(\frac{k}{k'}\tan k'a\right) - ka\right]. \end{aligned} \tag{6.3.5}$$

在粒子能量很低 $k\to 0$ 的情况下,因为 $x\to 0$ 时 $\arctan x\approx x$,所以(6.3.4)式可简化为

$$\delta_0 \approx ka\left[\frac{\tan k_0 a}{k_0 a} - 1\right] \ll 1,$$

式中

$$k_0 = \frac{\sqrt{2m|U_0|}}{\hbar} \approx k',$$

(6.3.5)式化为

$$Q \approx \frac{4\pi}{k^2}\sin^2\delta_0 \approx \frac{4\pi}{k^2}\delta_0^2 \approx 4\pi a^2\left(\frac{\tan k_0 a}{k_0 a} - 1\right)^2. \tag{6.3.6}$$

如果散射场不是势阱而是方形势垒,即 $U_0>0$,那么在(6.3.6)式中将 k_0 换成 $\mathrm{i}k_0$,$k\to 0$ 时总散射截面为

$$Q \approx 4\pi a^2\left(\frac{\operatorname{th} k_0 a}{k_0 a} - 1\right)^2. \tag{6.3.7}$$

当 $U_0\to\infty$ 时,$k_0\to\infty$,于是有

$$\operatorname{th} k_0 a = \frac{\mathrm{e}^{k_0 a} - \mathrm{e}^{-k_0 a}}{\mathrm{e}^{k_0 a} + \mathrm{e}^{-k_0 a}} \to 1,$$

代入(6.3.7)式得

$$Q \approx 4\pi a^2.$$

在这种情况下,总散射截面等于半径为 a 的球面面积.它与经典情况不同.在经典情况下,总散射截面就是作为散射中心的硬球的最大截面面积,即 πa^2.所以在量子力学中计算得到的截面是经典值的 4 倍.

上面我们看到,给定粒子相互作用的势场 $U(r)$后,用分波法可以求出低能散射的相移和散射截面.如果不知道势场 $U(r)$的具体形式,则可先由实验测定散射截面和相移,然后通过分波法所给出的势场和相移的关系来确定势场,这是研究基本粒子间相互作用所常用的方法.

§6.4　玻恩近似

前面讲的分波法在入射粒子的动能较大时,应用起来很不方便.如果入射粒子的动能比粒子与散射中心相互作用的势能大得多,以致势能 $U(\boldsymbol{r})$ 可以看成微扰时,可用本节介绍的玻恩近似法来计算散射截面.

体系的哈密顿写为

$$H = H_0 + H',$$

其中 $H_0 = \dfrac{p^2}{2m}$ 是自由粒子的哈密顿,$H' \equiv U(\boldsymbol{r})$.

取箱归一化的动量本征函数 $L^{-\frac{3}{2}} \mathrm{e}^{\mathrm{i}\boldsymbol{k}\cdot\boldsymbol{r}}$ 作为 H_0 的本征函数,这种归一化描写在体积 L^3 内有一个粒子.微扰使粒子从动量为 $\hbar\boldsymbol{k}$ 的初态跃迁到动量为 $\hbar\boldsymbol{k}'$ 的末态.根据能量守恒,有

$$|\boldsymbol{k}'|^2 = |\boldsymbol{k}|^2 \equiv k^2.$$

入射粒子流强度为 vL^{-3},其中 $v = \dfrac{\hbar k}{m}$.根据(6.1.1)式,单位时间内散射到立体角 $\mathrm{d}\Omega$ 内的粒子数为

$$\mathrm{d}n = vL^{-3} q(\theta,\varphi)\,\mathrm{d}\Omega. \tag{6.4.1}$$

另一方面,由(5.7.8)式知动量大小为 $\hbar k$,方向在立体角 $\mathrm{d}\Omega$ 内的末态的态密度是(注意:$p = \hbar k$)

$$\rho = \left(\frac{L}{2\pi\hbar}\right)^3 m\hbar k\,\mathrm{d}\Omega,$$

将此式代入(5.7.6)式也得出单位时间内散射到立体角 $\mathrm{d}\Omega$ 内的粒子数:

$$\begin{aligned}\mathrm{d}n &= \frac{2\pi}{\hbar}\left| -L^{-3}\int U(\boldsymbol{r})\,\mathrm{e}^{\mathrm{i}(\boldsymbol{k}'-\boldsymbol{k})\cdot\boldsymbol{r}}\mathrm{d}\boldsymbol{r}\right|^2 \frac{L^3 mk}{8\pi^3\hbar^2}\mathrm{d}\Omega \\ &= vL^{-3}\cdot\frac{mk}{4\pi^2\hbar^3 v}\left| -\int U(\boldsymbol{r})\,\mathrm{e}^{\mathrm{i}(\boldsymbol{k}'-\boldsymbol{k})\cdot\boldsymbol{r}}\mathrm{d}\boldsymbol{r}\right|^2 \mathrm{d}\Omega.\end{aligned} \tag{6.4.2}$$

比较(6.4.1)式和(6.4.2)式,注意到 $v = \dfrac{\hbar k}{m}$,立即可得

$$q(\theta) = \frac{m^2}{4\pi^2\hbar^4}\left| -\int U(\boldsymbol{r})\,\mathrm{e}^{\mathrm{i}(\boldsymbol{k}-\boldsymbol{k}')\cdot\boldsymbol{r}}\mathrm{d}\boldsymbol{r}\right|^2. \tag{6.4.3}$$

上式的绝对值符号之内保留负号是因为用其他方法算出的散射振幅 $f(\theta)$ 有一负号.引进矢量

$$\boldsymbol{K} = \boldsymbol{k}' - \boldsymbol{k}, \tag{6.4.4}$$

它的数值是

$$K = 2k\sin\frac{\theta}{2},$$

其中 θ 是散射角,$\hbar K$ 是散射引起动量的变化.

对于中心势场 $U(r)$,(6.4.3)式的积分可以简化为(取积分空间 z 轴与 $\boldsymbol{K}$ 平行):

$$\int U(\boldsymbol{r})\mathrm{e}^{-\mathrm{i}\boldsymbol{K}\cdot\boldsymbol{r}}\mathrm{d}\boldsymbol{r} = \int_0^\infty U(r)r^2\mathrm{d}r\int_0^\pi \mathrm{e}^{-\mathrm{i}Kr\cos\theta}\sin\theta\mathrm{d}\theta\int_0^{2\pi}\mathrm{d}\varphi = \frac{4\pi}{K}\int_0^\infty rU(r)\sin(Kr)\mathrm{d}r,$$

因而

$$q(\theta) = \frac{4m^2}{K^2\hbar^4}\left|\int_0^\infty rU(r)\sin(Kr)\mathrm{d}r\right|^2, \tag{6.4.5}$$

若势能 $U(r)$已知,由上式即可求得微分散射截面.

如果势能可以近似地表示为球形对称的方势垒或势阱:

$$U(r) = \begin{cases} U_0, & r \leqslant a \\ 0, & r > a \end{cases},$$

那么玻恩近似条件就容易得出.

根据 § 6.2 的讨论,如果散射波的相移很小,特别是 s 分波的相移很小,就说明势场对散射波的影响很小,因而把势场看成微扰是合理的,所以分析 s 分波相移就可以得出玻恩近似成立的条件.

由方程(6.3.3),注意到 $k' = k\left(1-\frac{U_0}{E}\right)^{\frac{1}{2}}$,得

$$k\left(1 - \frac{U_0}{E}\right)^{\frac{1}{2}}\cot\left\{ka\left(1 - \frac{U_0}{E}\right)^{\frac{1}{2}}\right\} = k\cot(ka + \delta_0), \tag{6.4.6}$$

当粒子能量很高时,$E \gg U_0$,$\left(1-\frac{U_0}{E}\right)^{\frac{1}{2}} \approx 1 - \frac{U_0}{2E}$,于是上式左边余切的宗量可写为 $\left\{ka\left(1-\frac{U_0}{2E}\right)\right\} = \left\{ka - \frac{kaU_0}{2E}\right\}$,当此宗量与 ka 只相差一小角时,相移 δ_0 就很小.于是玻恩近似有效的条件是

$$\left|\frac{kaU_0}{2E}\right| = \left|\frac{aU_0}{\hbar v}\right| \ll 1, \tag{6.4.7}$$

v 是入射粒子的经典速度.由此可见,玻恩近似适用于粒子的高能散射.分波法则适用于低能散射,两种方法相互补充.

在势阱情况下($U_0<0$),玻恩近似对低能散射也可能有效.由(6.4.6)式,当 $ka \ll 1$,$E \ll |U_0|$ 时,有

$$\tan\delta_0 \approx \left(-\frac{E}{U_0}\right)^{\frac{1}{2}}\tan\left\{\frac{(-2mU_0)^{\frac{1}{2}}a}{\hbar}\right\}, \tag{6.4.8}$$

所以只要$(-2mU_0)^{\frac{1}{2}}a/\hbar$不是很接近$\frac{\pi}{2}$，$\delta_0$就很小，于是玻恩近似就可以应用.

作为应用玻恩近似的一个例子，我们计算一个高速带电粒子（带电$Z'e$）被一中性原子散射的散射截面.原子核所产生的电场被原子内部的电子所屏蔽，这种屏蔽库仑场可以表示为

$$U(r)=-\frac{ZZ'e^2}{4\pi\varepsilon_0 r}e^{-\frac{r}{a}}, \tag{6.4.9}$$

式中，a为原子半径，Z为原子序数.

将(6.4.9)式代入(6.4.5)式得

$$\begin{aligned} q(\theta) &= \frac{4m^2Z^2Z'^2}{K^2\hbar^4}\left(\frac{e^2}{4\pi\varepsilon_0}\right)^2\left|\int_0^\infty \sin Kre^{-\frac{r}{a}}\mathrm{d}r\right|^2 \\ &= \frac{4m^2Z^2Z'^2}{\hbar^4}\left(\frac{e^2}{4\pi\varepsilon_0}\right)^2\frac{1}{\left(K^2+\frac{1}{a^2}\right)^2}, \end{aligned} \tag{6.4.10}$$

如果

$$Ka=2ka\sin\frac{\theta}{2}\gg 1, \tag{6.4.11}$$

则(6.4.10)式中分母内的$\frac{1}{a^2}$项可以略去，结果得到微分散射截面：

$$q(\theta)=\frac{Z'^2Z^2}{4m^2v^4}\left(\frac{e^2}{4\pi\varepsilon_0}\right)^2\csc^4\frac{\theta}{2}. \tag{6.4.12}$$

(6.4.12)式就是卢瑟福（Rutherford）散射公式.它首先由卢瑟福用经典力学方法计算库仑散射（不考虑屏蔽作用）得出，这说明(6.4.11)式是经典力学方法可以适用的条件.(6.4.11)式要求散射角θ比较大，能量比较大，这时散射在原子核附近发生，即入射粒子深入原子内部，因而核外电子不起屏蔽作用.当θ角很小时，条件(6.4.11)式不被满足，卢瑟福公式不能成立，这时就必须用公式(6.4.10).

§6.5 质心系与实验室坐标系

在前几节中，我们已看到计算微分散射截面都是在质心系中进行的，这是因为在质心系中两粒子碰撞的问题可归结为一个粒子在力场中散射的问题，因而计算比较简单.但是实验结果的测量通常是在实验室坐标系（固定在实验室中的坐标系）中进行的.为了把计算得出的散射截面变换到实验室坐标系中去，必须首先把质心系中的角度θ变换到实验室坐标系中去.

设碰撞过程是质量为 m_1，速度为 $\boldsymbol{v}_1$ 的粒子沿 z 轴撞击质量为 m_2 的粒子，后者在被撞击前静止于实验室坐标系中，则两粒子的质量中心以速度

$$\boldsymbol{v}_m=\frac{m_1\boldsymbol{v}_1}{m_1+m_2} \tag{6.5.1}$$

运动[见图 6.2(a)].

在质心坐标系中粒子 m_1 的速度是

$$\boldsymbol{v}_1'=\boldsymbol{v}_1-\frac{m_1\boldsymbol{v}_1}{m_1+m_2}=\frac{m_2\boldsymbol{v}_1}{m_1+m_2}, \tag{6.5.2}$$

而粒子 m_2 的运动速度是[见图 6.2(b)]

$$\boldsymbol{v}_2'=-\frac{m_1\boldsymbol{v}_1}{m_1+m_2}, \tag{6.5.3}$$

碰撞后两粒子由质量中心向两边以相反方向运动，每个粒子运动速度的大小与碰撞前相同(这可由动量守恒和能量守恒定律来证明).设碰撞后粒子 m_1 的速度 $\boldsymbol{u}_1$ 与 z 轴成 θ 角，它的大小为

$$u_1'=\frac{m_2v_1}{m_1+m_2}.$$

设在实验室坐标系中，m_1 在碰撞后的速度 $\boldsymbol{u}_1$ 与 z 轴成 θ_0 角[见图 6.2(c)]，因为

$$\boldsymbol{u}_1=\boldsymbol{v}_m+\boldsymbol{u}_1', \tag{6.5.4}$$

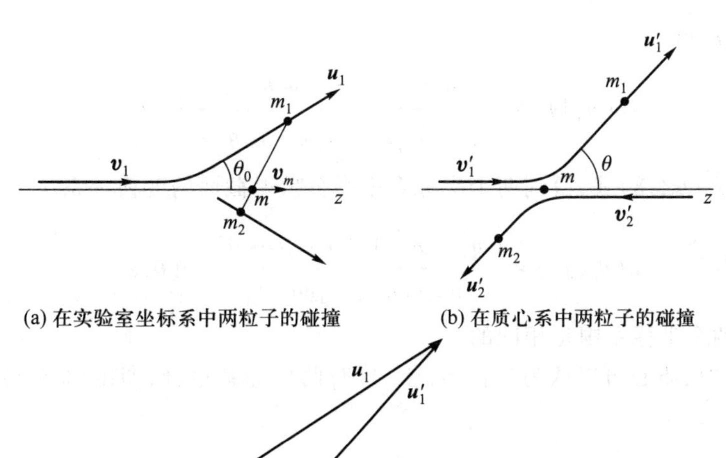

(a) 在实验室坐标系中两粒子的碰撞　(b) 在质心系中两粒子的碰撞

(c) 实验室坐标系与质心系中散射角的关系

图 6.2

所以

$$u_1\cos\theta_0=v_m+u_1'\cos\theta, \tag{6.5.5}$$

$$u_1\sin\theta_0=u_1'\sin\theta, \tag{6.5.6}$$

以(6.5.5)式两边除(6.5.6)式两边,并注意

$$\frac{u_1'}{v_m}=\frac{m_2}{m_1},$$

则得

$$\tan\theta_0=\frac{m_2\sin\theta}{m_1+m_2\cos\theta},\tag{6.5.7}$$

这就是两坐标系中散射角之间的关系.

根据微分散射截面的定义(6.1.1)式,由于$\frac{\mathrm{d}n}{N}$在两坐标系中应该是相同的,因此

$$q(\theta,\varphi)\,\mathrm{d}\Omega=q(\theta_0,\varphi_0)\,\mathrm{d}\Omega_0,$$

即

$$q(\theta,\varphi)\sin\theta\mathrm{d}\theta\mathrm{d}\varphi=q(\theta_0,\varphi_0)\sin\theta_0\mathrm{d}\theta_0\mathrm{d}\varphi_0,$$

因为 $\mathrm{d}\varphi=\mathrm{d}\varphi_0$,所以

$$q(\theta,\varphi)\sin\theta\mathrm{d}\theta=q(\theta_0,\varphi_0)\sin\theta_0\mathrm{d}\theta_0,\tag{6.5.8}$$

由(6.5.7)式,得

$$\cos\theta_0=\frac{m_1+m_2\cos\theta}{\sqrt{m_1^2+m_2^2+2m_1m_2\cos\theta}},$$

将上式进行微分,得到

$$\sin\theta_0\mathrm{d}\theta_0=\frac{m_2^2(m_2+m_1\cos\theta)}{(m_2^2+m_1^2+2m_1m_2\cos\theta)^{\frac{3}{2}}}\sin\theta\mathrm{d}\theta,\tag{6.5.9}$$

将(6.5.9)式代入(6.5.8)式,得到两个坐标系中微分散射截面的变换关系:

$$q(\theta_0,\varphi_0)=\frac{(m_1^2+m_2^2+2m_1m_2\cos\theta)^{\frac{3}{2}}}{m_2^2\,|m_2+m_1\cos\theta|}q(\theta,\varphi).\tag{6.5.10}$$

总散射截面在两个坐标系中是相同的.

当 $m_2\gg m_1$ 时,质心可以认为是在 m_2 上,这时两坐标系重合,即由(6.5.7)式与(6.5.10)式知

$$\theta=\theta_0,$$
$$q(\theta_0,\varphi_0)=q(\theta,\varphi).$$

小　　结

1. 微分散射截面 $q(\theta,\varphi)$ 是单位时间内散射到 (θ,φ) 方向单位立体角内的粒子数$\frac{\mathrm{d}n}{\mathrm{d}\Omega}$与

入射粒子流强度 N 之比：

$$q(\theta,\varphi)=\frac{\mathrm{d}n}{N\mathrm{d}\Omega},$$

总散射截面

$$Q=\int q(\theta,\varphi)\mathrm{d}\Omega.$$

2. 中心力场中的弹性散射

(1) 分波法

微分散射截面

$$q(\theta)=\frac{1}{k^2}\left|\sum_{l=0}^{\infty}(2l+1)\mathrm{P}_l(\cos\theta)\mathrm{e}^{\mathrm{i}\delta_l}\sin\delta_l\right|^2,$$

第 l 个分波的散射截面

$$Q_l=\frac{4\pi}{k^2}(2l+1)\sin^2\delta_l,$$

总散射截面

$$Q=\sum_{l=0}^{\infty}Q_l.$$

适用范围：低能散射.$l\geqslant ka$ 的分波散射截面可略去.

方形势阱的低能弹性散射($ka\ll1$)：

微分散射截面

$$q(\theta)=\frac{1}{k^2}\sin^2\left[\arctan\left(\frac{k}{k'}\tan k'a\right)-ka\right],$$

总散射截面

$$Q\approx4\pi q(\theta).$$

方形势垒的低能散射($k\to0$)：

微分散射截面

$$q(\theta)=a^2\left(\frac{\mathrm{th}\ k_0a}{k_0a}-1\right)^2,$$

总散射截面

$$Q\approx4\pi q(\theta).$$

(2) 玻恩近似法

适用条件：

$$\frac{U_0a}{\hbar v}\ll1,$$

微分散射截面

$$q(\theta,\varphi)=\frac{4m^2}{K^2\hbar^4}\left|\int_0^\infty rU(r)\sin Kr\mathrm{d}r\right|^2.$$

屏蔽库仑场的散射：

$$q(\theta)=\frac{4m^2Z'^2Z^2}{\left(4m^2v^2\sin^2\frac{\theta}{2}+\frac{\hbar^2}{a^2}\right)^2}\left(\frac{e^2}{4\pi\varepsilon_0}\right)^2,$$

当 $Ka\gg1$ 时，上式归结为卢瑟福散射公式.

3. 由质心系中的微分散射截面求实验室坐标系中的微分散射截面

$$q(\theta_0,\varphi_0)=\frac{(m_1^2+m_2^2+2m_1m_2\cos\theta)^{\frac{3}{2}}}{m_2^2\,|m_2+m_1\cos\theta|}q(\theta,\varphi).$$

习　题

6.1　粒子受到势能为 $U(r)=\frac{a}{r^2}$ 的场的散射，求 s 分波的微分散射截面.

6.2　慢速粒子受到势能为

$$U(r)=\begin{cases}U_0, & \text{当 } r<a \text{ 时}\\ 0, & \text{当 } r<a \text{ 时}\end{cases}$$

的场的散射，若 $E<U_0$，$U_0>0$，求散射截面.

6.3　只考虑 s 分波，求慢速粒子受到势能为 $U(r)=\frac{a}{r^4}$ 的场的散射时的散射截面.

6.4　用玻恩近似法求粒子在势能为 $U(r)=U_0\mathrm{e}^{-a^2r^2}$ 的场中散射时的散射截面.

6.5　用玻恩近似法求粒子在势能为

$$U(r)=\begin{cases}\frac{Ze^2}{4\pi\varepsilon_0 r}-\frac{r}{b}, & \text{当 } r<a\\ 0, & \text{当 } r>a\end{cases}$$

的场中散射时的微分散射截面，式中 $b=\frac{4\pi\varepsilon_0a^2}{Ze^2}$.

6.6　用玻恩近似法求粒子在势能为 $U(r)=-U_0\mathrm{e}^{-\frac{r}{a}}(a>0)$ 的场中散射时的微分散射截面，并讨论在什么条件下，可以应用玻恩近似法.

第七章　自　旋

前面几章我们看到，从薛定谔方程出发可以解释许多微观现象.例如计算谐振子和氢原子的能级从而得出它们的谱线频率，计算粒子被势场散射时的散射截面以及原子对光的吸收和发射系数等.计算结果在相当精确的范围内与实验符合.但是这个理论还有较大的局限性.首先，我们知道微观粒子都有自旋，薛定谔方程没有把自旋包含进去，因而用前面已建立的理论还不能解释牵涉到自旋的微观现象，如塞曼效应等.

本章中我们将把自旋引进量子力学理论.首先复习一下证明电子具有自旋的实验事实，讨论具有自旋的粒子态函数和自旋角动量的性质.

§7.1　电子自旋

许多实验事实证明电子具有自旋，下面叙述的施特恩-格拉赫（Stern-Gerlach）实验是其中的一个.

图7.1中由K射出的处于s态的氢原子束通过狭缝B和不均匀磁场，最后射到照片P上，实验结果是照片上出现两条分立的线.这说明氢原子具有磁矩，所以原子束通过非均匀磁场时受到力的作用而发生偏转；而且由分立线只有两条这一事实可知，原子的磁矩在磁场中只有两种取向，即它们是空间量子化的.这可由下面的讨论看出.假设原子的磁矩为$\boldsymbol{\mu}$，它在沿z方向的外磁场$\mathscr{B}$中的势能为

$$U=-\boldsymbol{\mu}\cdot\mathscr{B}=-\mu\mathscr{B}_z\cos\theta,$$

式中θ是原子磁矩$\boldsymbol{\mu}$和外磁场$\mathscr{B}$之间的夹角.原子在z方向所受的力是

$$F_z=-\frac{\partial U}{\partial z}=\mu\frac{\partial\mathscr{B}_z}{\partial z}\cos\theta.$$

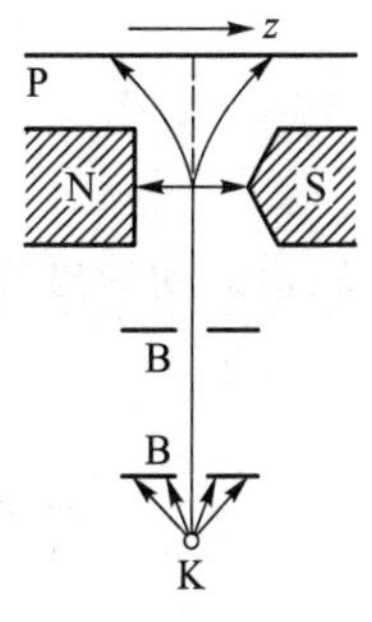

图7.1　施特恩-格拉赫实验

如果原子磁矩在空间可以取任何方向的话，$\cos\theta$应当可以从+1连续变化到-1.这样在照片上应该得到一个连续的带，但实验结果只有两条分立的线，对应于$\cos\theta=+1$和$\cos\theta=-1$.

由于实验中用的射线是处于s态的氢原子，角量子数$l=0$，原子没有轨道角动量，因而也没有轨道磁矩（见第三章习题4），所以原子所具有的磁矩是电子固有的磁矩，即电子自旋磁矩（原子核质量大，核自旋磁矩贡献可忽略）.

由光谱线的精细结构也得出电子具有自旋的结论.应用分辨率较高的分光镜或摄谱仪可以观察到钠原子光谱中 2p→1s 的谱线是由两条靠得很近的谱线所组成的.仔细观察其他原子光谱也可以发现这种双谱线现象.这种双谱线结构称为光谱线的精细结构.只有考虑了电子的自旋,光谱线的精细结构才能得到解释.

乌伦贝克(Uhlenbeck)和古兹密特(Goudsmit)为了解释这些现象,在 1925 年提出了下面的假设:

(1) 每个电子具有自旋角动量 $\boldsymbol{S}$,它在空间任何方向上的投影只能取两个数值:

$$S_z = \pm \frac{\hbar}{2}. \tag{7.1.1}$$

(2) 每个电子具有自旋磁矩 $\boldsymbol{\mu}_s$,它和自旋角动量 $\boldsymbol{S}$ 的关系是

$$\boldsymbol{\mu}_s = -\frac{e}{m_e}\boldsymbol{S}, \tag{7.1.2}$$

式中 $-e$ 是电子的电荷,m_e 是电子的质量.$\boldsymbol{\mu}_s$ 在空间任意方向上的投影,只能取两个数值:

$$\mu_{Sz} = \pm \frac{e\hbar}{2m_e} = \pm \mu_B, \tag{7.1.3}$$

μ_B 是玻尔磁子.

由(7.1.2)式,电子自旋磁矩和自旋角动量之比是

$$\frac{\mu_{Sz}}{S_z} = -\frac{e}{m_e}, \tag{7.1.4}$$

这个比值 $-\frac{e}{m_e}$ 称为电子自旋的磁旋比.我们知道轨道角动量和轨道磁矩的关系是

$$\boldsymbol{\mu}_L = -\frac{e}{2m}\boldsymbol{L} \tag{7.1.5}$$

即轨道运动的磁旋比是 $-\frac{e}{2m}$,因而自旋磁旋比等于轨道运动磁旋比的两倍.

§7.2 电子的自旋算符和自旋波函数

电子具有自旋角动量这一特性纯粹是量子特性,它不可能用经典力学来解释.自旋角动量也是一个力学量,但是它和其他力学量有根本的差别:一般力学量都可表示为坐标和动量的函数,自旋角动量则与电子的坐标和动量无关,它是电子内部状态的表征,是描写电子状态的第四个变量.

像量子力学中所有的力学量一样,自旋角动量也是用一个算符 $\boldsymbol{S}$ 来描写.由于它和坐标、动量无关,因而角动量的算符表示 $\hat{\boldsymbol{r}}\times\hat{\boldsymbol{p}}$ 对它不适用.另一方面,它又是角动量,和其他角动量之间应有共性,这个共性表现在角动量算符所满足的对易关系(3.6.7)式.因此,自旋角

动量算符也满足这样的对易关系：

$$\hat{\boldsymbol{S}} \times \hat{\boldsymbol{S}} = \mathrm{i}\hbar \hat{\boldsymbol{S}}, \tag{7.2.1}$$

写成分量形式：

$$\left.\begin{aligned} \hat{S}_x\hat{S}_y - \hat{S}_y\hat{S}_x &= \mathrm{i}\hbar\hat{S}_z \\ \hat{S}_y\hat{S}_z - \hat{S}_z\hat{S}_y &= \mathrm{i}\hbar\hat{S}_x \\ \hat{S}_z\hat{S}_x - \hat{S}_x\hat{S}_z &= \mathrm{i}\hbar\hat{S}_y \end{aligned}\right\}, \tag{7.2.2}$$

由于 $\hat{S}$ 在空间任意方向上的投影只能取两个数值$\pm\frac{\hbar}{2}$,所以 $\hat{S}_x$,$\hat{S}_y$ 和 $\hat{S}_z$ 三个算符的本征值都是$\pm\frac{\hbar}{2}$,它们的平方就都是$\frac{\hbar^2}{4}$:

$$S_x^2 = S_y^2 = S_z^2 = \frac{\hbar^2}{4}, \tag{7.2.3}$$

由此得到自旋角动量平方算符 $\hat{S}^2$ 的本征值是

$$S^2 = S_x^2 + S_y^2 + S_z^2 = \frac{3}{4}\hbar^2, \tag{7.2.4}$$

记

$$S^2 = s(s+1)\hbar^2, \tag{7.2.5}$$

则 $s=\frac{1}{2}$.将上式与轨道角动量平方算符的本征值 $L^2=l(l+1)\hbar^2$ 比较,可知 s 与角量子数 l 相当,我们称 s 为自旋量子数.但必须注意,我们这里对 s 只能取一个数值,即 $s=\frac{1}{2}$.

为简便起见,引进泡利(Pauli)算符 $\hat{\boldsymbol{\sigma}}$,它和 $\hat{\boldsymbol{S}}$ 的关系是

$$\hat{\boldsymbol{S}} = \frac{\hbar}{2}\hat{\boldsymbol{\sigma}} \tag{7.2.6}$$

或

$$\left.\begin{aligned} \hat{S}_x &= \frac{\hbar}{2}\hat{\sigma}_x \\ \hat{S}_y &= \frac{\hbar}{2}\hat{\sigma}_y \\ \hat{S}_z &= \frac{\hbar}{2}\hat{\sigma}_z \end{aligned}\right\}, \tag{7.2.7}$$

将(7.2.6)式代入(7.2.1)式,得到 $\hat{\sigma}$ 所满足的对易关系：

$$\hat{\boldsymbol{\sigma}} \times \hat{\boldsymbol{\sigma}} = 2\mathrm{i}\hat{\boldsymbol{\sigma}} \tag{7.2.8}$$

或

$$\left.\begin{aligned}\hat{\sigma}_x\hat{\sigma}_y-\hat{\sigma}_y\hat{\sigma}_x=2\mathrm{i}\hat{\sigma}_z\\\hat{\sigma}_y\hat{\sigma}_z-\hat{\sigma}_z\hat{\sigma}_y=2\mathrm{i}\hat{\sigma}_x\\\hat{\sigma}_z\hat{\sigma}_x-\hat{\sigma}_x\hat{\sigma}_z=2\mathrm{i}\hat{\sigma}_y\end{aligned}\right\},\tag{7.2.9}$$

由(7.2.7)式及 $\hat{S}_x,\hat{S}_y$ 和 $\hat{S}_z$ 的本征值都是 $\pm\frac{\hbar}{2}$,可知 $\hat{\sigma}_x,\hat{\sigma}_y$ 和 $\hat{\sigma}_z$ 的本征值都是±1.因此,$\hat{\sigma}_x^2$,$\hat{\sigma}_y^2$ 和 $\hat{\sigma}_z^2$ 的本征值都是 1,即

$$\sigma_x^2=\sigma_y^2=\sigma_z^2=1,\tag{7.2.10}$$

由(7.2.9)式和(7.2.10)式两式,可以证明 $\hat{\boldsymbol{\sigma}}$ 的分量之间满足反对易关系:

$$\begin{aligned}\hat{\sigma}_x\hat{\sigma}_y+\hat{\sigma}_y\hat{\sigma}_x&=\frac{1}{2\mathrm{i}}(\hat{\sigma}_y\hat{\sigma}_z-\hat{\sigma}_z\hat{\sigma}_y)\hat{\sigma}_y+\frac{1}{2\mathrm{i}}\hat{\sigma}_y(\hat{\sigma}_y\hat{\sigma}_z-\hat{\sigma}_z\hat{\sigma}_y)\\&=\frac{1}{2\mathrm{i}}(\hat{\sigma}_y\hat{\sigma}_z\hat{\sigma}_y-\hat{\sigma}_z\hat{\sigma}_y^2+\hat{\sigma}_y^2\hat{\sigma}_z-\hat{\sigma}_y\hat{\sigma}_z\hat{\sigma}_y)\\&=0.\end{aligned}\tag{7.2.11}$$

同样可证明

$$\hat{\sigma}_y\hat{\sigma}_z+\hat{\sigma}_z\hat{\sigma}_y=0,\tag{7.2.12}$$

$$\hat{\sigma}_z\hat{\sigma}_x+\hat{\sigma}_x\hat{\sigma}_z=0.\tag{7.2.13}$$

现在我们进一步讨论自旋算符的矩阵形式.为此首先考察电子的自旋如何在态函数中得到反映.在本节开始时曾提到,自旋角动量是与轨道运动无关的独立变量.因此,为了描写电子所处的状态,除像前几章那样用三个变量[例如 $\boldsymbol{r}=(x,y,z)$]来描写轨道运动之外,还需要用一个自旋变量(例如 s_z)来描写自旋态,所以电子的波函数写为

$$\Psi=\Psi(\boldsymbol{r},s_z,t),\tag{7.2.14}$$

由于 s_z 只能取两个数值 $\pm\frac{\hbar}{2}$,所以(7.2.14)式实际上可以写为两个分量:

$$\Psi_1(\boldsymbol{r},t)=\Psi\left(\boldsymbol{r},+\frac{\hbar}{2},t\right),$$

$$\Psi_2(\boldsymbol{r},t)=\Psi\left(\boldsymbol{r},-\frac{\hbar}{2},t\right),$$

我们可以把这两个分量排成一个两行一列的矩阵(称为旋量):

$$\Psi=\begin{pmatrix}\Psi_1(\boldsymbol{r},t)\\\Psi_2(\boldsymbol{r},t)\end{pmatrix},\tag{7.2.15}$$

并规定第一行对应于 $s_z=\frac{\hbar}{2}$,第二行对应于 $s_z=-\frac{\hbar}{2}$.按照这个规定,如果已知电子处于 $s_z=\frac{\hbar}{2}$ 的自旋态,则它的波函数写为

$$\Psi_{\frac{1}{2}}=\begin{pmatrix}\Psi_1(\boldsymbol{r},t)\\0\end{pmatrix}.\tag{7.2.16}$$

同样,如果已知电子的自旋是 $s_z=-\frac{\hbar}{2}$,则波函数为

$$\Psi_{-\frac{1}{2}}=\begin{pmatrix}0\\\Psi_2(\boldsymbol{r},t)\end{pmatrix}.\tag{7.2.17}$$

电子的自旋算符是作用在电子波函数上的,既然电子波函数写成两行一列的矩阵,因而自旋算符应该是两行两列的矩阵.这样,自旋算符作用在两行一列的矩阵上,仍得到两行一列的矩阵.设

$$\hat{S}_z=\frac{\hbar}{2}\begin{pmatrix}a&b\\c&d\end{pmatrix},\tag{7.2.18}$$

因为在(7.2.16)式所描写的态中,$\hat{S}_z$ 有确定值$\frac{\hbar}{2}$,所以(7.2.16)式是 $\hat{S}_z$ 的本征态,属于本征值$\frac{\hbar}{2}$:

$$\hat{S}_z\Psi_{\frac{1}{2}}=\frac{\hbar}{2}\Psi_{\frac{1}{2}}\tag{7.2.19}$$

或

$$\frac{\hbar}{2}\begin{pmatrix}a&b\\c&d\end{pmatrix}\begin{pmatrix}\Psi_1\\0\end{pmatrix}=\frac{\hbar}{2}\begin{pmatrix}\Psi_1\\0\end{pmatrix},$$

$$\begin{pmatrix}a\Psi_1\\c\Psi_1\end{pmatrix}=\begin{pmatrix}\Psi_1\\0\end{pmatrix},$$

由此有

$$a=1,\quad c=0.\tag{7.2.20}$$

同样,(7.2.17)式是 $\hat{S}_z$ 的本征函数,属于本征值$-\frac{\hbar}{2}$:

$$\hat{S}_z\Psi_{-\frac{1}{2}}=-\frac{\hbar}{2}\Psi_{-\frac{1}{2}},$$

$$\frac{\hbar}{2}\begin{pmatrix}a&b\\c&d\end{pmatrix}\begin{pmatrix}0\\\Psi_2\end{pmatrix}=-\frac{\hbar}{2}\begin{pmatrix}0\\\Psi_2\end{pmatrix},$$

$$\begin{pmatrix}b\Psi_2\\d\Psi_2\end{pmatrix}=\begin{pmatrix}0\\-\Psi_2\end{pmatrix},$$

由此有

$$b = 0, \quad d = -1. \tag{7.2.21}$$

将(7.2.20)式、(7.2.21)式代入(7.2.18)式中,得到 $\hat{S}_z$ 的具体形式:

$$\hat{S}_z = \frac{\hbar}{2}\begin{pmatrix} 1 & 0 \\ 0 & -1 \end{pmatrix}, \tag{7.2.22}$$

由对易关系(7.2.2)式及(7.2.3)式,可以求得[见附录(Ⅳ)]

$$\hat{S}_x = \frac{\hbar}{2}\begin{pmatrix} 0 & 1 \\ 1 & 0 \end{pmatrix}, \qquad \hat{S}_y = \frac{\hbar}{2}\begin{pmatrix} 0 & -\mathrm{i} \\ \mathrm{i} & 0 \end{pmatrix}, \tag{7.2.23}$$

由(7.2.7)式,有

$$\hat{\sigma}_x = \begin{pmatrix} 0 & 1 \\ 1 & 0 \end{pmatrix}, \qquad \hat{\sigma}_y = \begin{pmatrix} 0 & -\mathrm{i} \\ \mathrm{i} & 0 \end{pmatrix}, \qquad \hat{\sigma}_z = \begin{pmatrix} 1 & 0 \\ 0 & -1 \end{pmatrix}. \tag{7.2.24}$$

$\hat{\sigma}_x$,$\hat{\sigma}_y$ 和 $\hat{\sigma}_z$ 这三个矩阵称为**泡利矩阵**.

电子的波函数写成(7.2.15)式的形式后,对 Ψ 进行归一化时,必须同时对自旋求和及对空间坐标积分,即

$$\int \Psi^{\dagger}\Psi \mathrm{d}V = \int (\Psi_1^* \quad \Psi_2^*)\begin{pmatrix} \Psi_1 \\ \Psi_2 \end{pmatrix} \mathrm{d}V$$

$$= \int (|\Psi_1|^2 + |\Psi_2|^2)\,\mathrm{d}V = 1,$$

式中 $\Psi^{\dagger}$ 是 Ψ 的**厄米共轭矩阵**.

由波函数 Ψ 所定义的概率密度是

$$w(\boldsymbol{r},t) = \Psi^{\dagger}\Psi = |\Psi_1|^2 + |\Psi_2|^2,$$

它表示 t 时刻在(x,y,z)点周围单位体积内找到电子的概率.w 是两项之和,其中:

$$w_1(\boldsymbol{r},t) = |\Psi_1|^2,$$

$$w_2(\boldsymbol{r},t) = |\Psi_2|^2,$$

分别表示 t 时刻在 $\boldsymbol{r}$ 周围单位体积内找到自旋 $s_z = \frac{\hbar}{2}$ 和自旋 $s_z = -\frac{\hbar}{2}$ 的电子的概率.将 w_1 或 w_2 对整个空间积分后,就得到在空间找到自旋 $s_z = \frac{\hbar}{2}$ 或 $s_z = -\frac{\hbar}{2}$ 的电子的概率.

在一般情况下,自旋和轨道运动之间有相互作用,因而电子的自旋状态对轨道运动有影响,这通过 Ψ 中的 Ψ_1 和 Ψ_2 是 $\boldsymbol{r}$ 的不同函数表示出来.当电子的自旋和轨道运动相互作用小到可以略去时,电子的自旋状态不影响轨道运动,这时 Ψ_1 和 Ψ_2 对 $\boldsymbol{r}$ 的依赖关系是一样的,我们可以把 Ψ 写成如下形式:

$$\Psi(\boldsymbol{r},s_z,t) = \Psi_1(\boldsymbol{r},t)\chi(s_z), \tag{7.2.25}$$

式中 $\chi(s_z)$ 是描写电子自旋状态的**自旋波函数**.自旋算符仅对波函数中的自旋波函数 $\chi(s_z)$ 有作用.由(7.2.16)式,(7.2.19)式及(7.2.25)式三式可知,自旋波函数

$$\chi_{\frac{1}{2}} = \begin{pmatrix} 1 \\ 0 \end{pmatrix} \tag{7.2.26}$$

是 $\hat{S}_z$ 的本征函数，属于本征值$\frac{\hbar}{2}$.同理，

$$\chi_{-\frac{1}{2}} = \begin{pmatrix} 0 \\ 1 \end{pmatrix} \tag{7.2.27}$$

是 $\hat{S}_z$ 属于本征值$-\frac{\hbar}{2}$的本征函数.这两个本征函数是彼此正交的：

$$\chi_{\frac{1}{2}}^{\dagger}\chi_{-\frac{1}{2}} = (1 \quad 0)\begin{pmatrix} 0 \\ 1 \end{pmatrix} = 0.$$

§7.3　塞曼效应

考虑氢原子或类氢原子在均匀外磁场中的情况.由于电子的轨道磁矩和自旋磁矩受到磁场的作用，电子除了在原子中所具有的动能和势能外，还有磁场引起的附加能量.另外，电子的自旋和轨道运动之间也有相互作用能量.我们假设外磁场足够大，以致自旋和轨道运动相互作用能量和外磁场引起的附加能量比较起来可以略去.

取磁场方向为 z 轴，则磁场 $\boldsymbol{B}=B\hat{z}$引起的附加能量是

$$\begin{aligned} U &= -(\hat{\boldsymbol{M}}_L + \hat{\boldsymbol{M}}_S)\cdot\boldsymbol{B} \\ &= \frac{e}{2m_e}(\hat{\boldsymbol{L}} + 2\hat{\boldsymbol{S}})\cdot\boldsymbol{B} \\ &= \frac{e}{2m_e}(\hat{L}_z + 2\hat{S}_z)B. \end{aligned}$$

于是，体系的定态薛定谔方程写为

$$-\frac{\hbar^2}{2m_e}\nabla^2\psi + U(r)\psi + \frac{eB}{2m_e}(\hat{L}_z + 2\hat{S}_z)\psi = E\psi, \tag{7.3.1}$$

这方程左边有自旋算符 $\hat{S}_z$，但无自旋轨道相互作用项，所以 ψ 的形式应当是

$$\psi = \begin{pmatrix} \psi_1 \\ \psi_2 \end{pmatrix}. \tag{7.3.2}$$

代入(7.3.1)式，得到 ψ_1 和 ψ_2 所满足的方程：

$$-\frac{\hbar^2}{2m_e}\nabla^2\psi_1 + U(r)\psi_1 + \frac{eB}{2m_e}(\hat{L}_z + \hbar)\psi_1 = E\psi_1, \tag{7.3.3}$$

$$-\frac{\hbar^2}{2m_e}\nabla^2\psi_2 + U(r)\psi_2 + \frac{eB}{2m_e}(\hat{L}_z - \hbar)\psi_2 = E\psi_2. \tag{7.3.4}$$

当外磁场不存在时,方程(7.3.3)和(7.3.4)式的解是

$$\psi_1 = \psi_2 = \psi_{nlm} = R_{nl}(r)\mathrm{Y}_{lm}(\theta,\varphi). \tag{7.3.5}$$

在氢原子的情况下,$U(r)$是库仑势,ψ_{nlm}所属的能级 E_n 仅与总量子数 n 有关;在碱金属原子(如 Li,Na,…)的情况下,核外电子对核的库仑场有屏蔽作用,这时 ψ_{nlm}所属的能级 E_{nl}不仅与 n 有关,而且与角量子数 l 也有关:

$$-\frac{\hbar^2}{2m_e}\nabla^2\psi_{nlm} + U(r)\psi_{nlm} = E_{nl}\psi_{nlm}. \tag{7.3.6}$$

当有外磁场时,由于 ψ_{nlm}是 $\hat{L}_z$ 的本征函数:

$$\hat{L}_z\psi_{nlm} = m\hbar\psi_{nlm}, \tag{7.3.7}$$

所以 ψ_{nlm}仍是方程(7.3.3)和(7.3.4)式的解.将(7.3.5)式代入(7.3.3)和(7.3.4)两个方程中,得到

$$\left.\begin{aligned} s_z = \frac{\hbar}{2}\text{时}, \quad E_{nlm} = E_{nl} + \hbar\frac{eB}{2m_e}(m+1) \\ s_z = -\frac{\hbar}{2}\text{时}, \quad E_{nlm} = E_{nl} + \hbar\frac{eB}{2m_e}(m-1) \end{aligned}\right\}. \tag{7.3.8}$$

由此可见,在外磁场中,能级与 m 有关,原来 m 不同而能量相同的简并现象被外磁场消除.其次,由于外磁场的存在,能量与自旋有关.当原子处于 s 态时,$l=m=0$,因而原来的能级 E_{nl}分裂为两个,正如施特恩-格拉赫实验中所观察到的.图 7.2 表示 1s 和 2p 两能级在外磁场中的分裂情形.

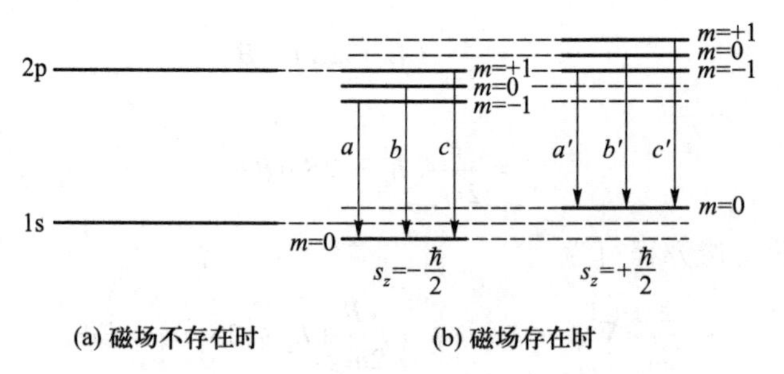

图 7.2 在强磁场中 s 项和 p 项的分裂

由(7.3.8)式,在外磁场中电子由能级 E_{nlm}跃迁到 $E_{n'l'm'}$时,谱线频率为

$$\omega = \frac{E_{nlm} - E_{n'l'm'}}{\hbar} = \omega_0 + \frac{eB}{2m_e}\Delta m,$$

式中,$\omega_0 = \frac{E_{nl} - E_{n'l'}}{\hbar}$是没有外磁场时的跃迁频率,$\Delta m = m - m'$是跃迁中磁量子数的改变.由§5.9 的(5.9.8)式选择定则知

$$\Delta m = 0, \ \pm 1,$$

所以 ω 可以取三个值：

$$\omega=\omega_0,\quad \omega=\omega_0\pm\frac{eB}{2m_e},$$

即在没有外磁场时的一条谱线在外磁场中将分裂为三条.这就是塞曼(Zeeman)效应,它是在外磁场较强的情况下观察到的.如果外磁场很弱,电子自旋与轨道相互作用不能略去,则光谱线分裂为偶数条.

§ 7.4 两个角动量的耦合

我们已经分别讨论了粒子具有轨道角动量或自旋角动量的情况,还需讨论粒子既有轨道角动量又有自旋角动量的情况.换句话说,我们需要讨论轨道角动量与自旋角动量相耦合的问题.为此,我们在这一节中普遍地讨论两个角动量的耦合.这两个角动量可以是一个粒子的轨道角动量和自旋角动量,也可以是两个粒子的轨道角动量或两个粒子的自旋角动量,等等.角动量耦合的理论被广泛地应用在原子和原子核的结构问题中.

以 $\hat{\boldsymbol{J}}_1,\hat{\boldsymbol{J}}_2$ 表示体系的两个角动量算符,它们满足角动量的一般对易关系：

$$\hat{\boldsymbol{J}}_1\times\hat{\boldsymbol{J}}_1=\mathrm{i}\hbar\hat{\boldsymbol{J}}_1, \tag{7.4.1}$$

$$\hat{\boldsymbol{J}}_2\times\hat{\boldsymbol{J}}_2=\mathrm{i}\hbar\hat{\boldsymbol{J}}_2, \tag{7.4.2}$$

$\hat{\boldsymbol{J}}_1$ 和 $\hat{\boldsymbol{J}}_2$ 是相互独立的,因而 $\hat{\boldsymbol{J}}_1$ 的分量和 $\hat{\boldsymbol{J}}_2$ 的分量都是可对易的：

$$[\hat{\boldsymbol{J}}_1,\hat{\boldsymbol{J}}_2]=0. \tag{7.4.3}$$

以 $\hat{\boldsymbol{J}}$ 表示 $\hat{\boldsymbol{J}}_1$ 与 $\hat{\boldsymbol{J}}_2$ 之和：

$$\hat{\boldsymbol{J}}=\hat{\boldsymbol{J}}_1+\hat{\boldsymbol{J}}_2, \tag{7.4.4}$$

$\hat{\boldsymbol{J}}$ 称为**体系的总角动量**,它满足角动量的一般对易关系：

$$\hat{\boldsymbol{J}}\times\hat{\boldsymbol{J}}=\mathrm{i}\hbar\hat{\boldsymbol{J}}. \tag{7.4.5}$$

证明如下：由(7.4.4)式有

$$\hat{J}_x\hat{J}_y-\hat{J}_y\hat{J}_x=(\hat{J}_{1x}+\hat{J}_{2x})(\hat{J}_{1y}+\hat{J}_{2y})-(\hat{J}_{1y}+\hat{J}_{2y})(\hat{J}_{1x}+\hat{J}_{2x})$$

将上式右边括号展开,再利用(7.4.1)式,(7.4.2)式和(7.4.3)式所表示的 $\hat{\boldsymbol{J}}_1$ 和 $\hat{\boldsymbol{J}}_2$ 分量之间的对易关系,即得

$$\hat{J}_x\hat{J}_y-\hat{J}_y\hat{J}_x=\mathrm{i}\hbar\hat{J}_z.$$

同理可证(7.4.5)式的其他分量也成立.所以 $\hat{\boldsymbol{J}}$ 满足角动量的一般对易关系.

此外还可以证明总角动量的平方 $\hat{J}^2=\hat{J}_x^2+\hat{J}_y^2+\hat{J}_z^2$ 与 $\hat{\boldsymbol{J}}$ 的三个分量都对易,即

$$[\hat{J}^2,\hat{\boldsymbol{J}}]=0. \tag{7.4.6}$$

另一方面，由于 $\hat{\boldsymbol{J}}_1$ 和 $\hat{\boldsymbol{J}}_2$ 对易，所以 $\hat{J}^2$ 又可写为

$$\hat{J}^2 = (\hat{\boldsymbol{J}}_1 + \hat{\boldsymbol{J}}_2)^2 = \hat{J}_1^2 + \hat{J}_2^2 + 2\hat{\boldsymbol{J}}_1 \cdot \hat{\boldsymbol{J}}_2, \tag{7.4.7}$$

利用这个形式，以及 $\hat{J}_1^2$ 与 $\hat{\boldsymbol{J}}_1$ 对易，$\hat{J}_2^2$ 与 $\hat{\boldsymbol{J}}_2$ 对易，很容易看出 $\hat{J}^2$ 与 $\hat{J}_1^2$ 和 $\hat{J}_2^2$ 都对易：

$$[\hat{J}^2, \hat{J}_1^2] = 0, \tag{7.4.8}$$

$$[\hat{J}^2, \hat{J}_2^2] = 0, \tag{7.4.9}$$

但 $\hat{J}^2$ 与 $\hat{\boldsymbol{J}}_1$ 或 $\hat{\boldsymbol{J}}_2$ 都不对易.这由(7.4.7)式中含有 $\hat{\boldsymbol{J}}_1 \cdot \hat{\boldsymbol{J}}_2 = \hat{J}_{1x}\hat{J}_{2x} + \hat{J}_{1y}\hat{J}_{2y} + \hat{J}_{1z}\hat{J}_{2z}$ 的项可以看出.

很容易证明 $\hat{J}_z$ 和 $\hat{J}_1^2$ 或 $\hat{J}_2^2$ 也是对易的：

$$[\hat{J}_z, \hat{J}_1^2] = 0, \tag{7.4.10}$$

$$[\hat{J}_z, \hat{J}_2^2] = 0. \tag{7.4.11}$$

下面我们讨论由 $\hat{\boldsymbol{J}}_1, \hat{\boldsymbol{J}}_2$ 的本征值和本征矢求 $\hat{\boldsymbol{J}}$ 的本征值和本征矢的问题.以 $|j_1, m_1\rangle$ 表示 $\hat{J}_1^2$ 和 $\hat{J}_{1z}$ 的共同本征矢：

$$\left.\begin{aligned} \hat{J}_1^2 |j_1, m_1\rangle &= j_1(j_1+1)\hbar^2 |j_1, m_1\rangle \\ \hat{J}_{1z} |j_1, m_1\rangle &= m_1\hbar |j_1, m_1\rangle \end{aligned}\right\}, \tag{7.4.12}$$

以 $|j_2, m_2\rangle$ 表示 $\hat{J}_2^2$ 和 $\hat{J}_{2z}$ 的共同本征矢：

$$\left.\begin{aligned} \hat{J}_2^2 |j_2, m_2\rangle &= j_2(j_2+1)\hbar^2 |j_2, m_2\rangle \\ \hat{J}_{2z} |j_2, m_2\rangle &= m_2\hbar |j_2, m_2\rangle \end{aligned}\right\}, \tag{7.4.13}$$

因为 $\hat{J}_1^2, \hat{J}_{1z}, \hat{J}_2^2, \hat{J}_{2z}$ 相互对易，所以它们的共同本征矢

$$|j_1, m_1\rangle |j_2, m_2\rangle \equiv |j_1, m_1, j_2, m_2\rangle \tag{7.4.14}$$

组成正交归一的完全系.以这些本征矢作为基矢的表象称为无耦合表象，在这个表象中，$\hat{J}_1^2$，$\hat{J}_{1z}, \hat{J}_2^2, \hat{J}_{2z}$ 都是对角矩阵.

另一方面算符 $\hat{J}^2, \hat{J}_z, \hat{J}_1^2, \hat{J}_2^2$ 也是相互对易的，所以它们有共同本征矢 $|j_1, j_2, j, m\rangle$.j 和 m 表明 $\hat{J}^2$ 和 $\hat{J}_z$ 的对应本征值依次为 $j(j+1)\hbar^2$ 和 $m\hbar$：

$$\left.\begin{aligned} \hat{J}^2 |j_1, j_2, j, m\rangle &= j(j+1)\hbar^2 |j_1, j_2, j, m\rangle \\ \hat{J}_z |j_1, j_2, j, m\rangle &= m\hbar |j_1, j_2, j, m\rangle \end{aligned}\right\}. \tag{7.4.15}$$

$|j_1, j_2, j, m\rangle$ 组成正交归一完全系，以它们为基矢的表象称为**耦合表象**，在这表象中，$\hat{J}_1^2, \hat{J}_2^2$，$\hat{J}^2, \hat{J}_z$ 都是对角矩阵.将 $|j_1, j_2, j, m\rangle$ 按完全系(7.4.14)式展开：

$$|j_1, j_2, j, m\rangle = \sum_{m_1, m_2} |j_1, m_1, j_2, m_2\rangle \langle j_1, m_1, j_2, m_2 | j_1, j_2, j, m\rangle, \tag{7.4.16}$$

式中的系数$\langle j_1,m_1,j_2,m_2|j_1,j_2,j,m\rangle$称为矢量耦合系数或克来布希-高登(Clebsch-Gordan)系数.由$\hat{J}_z=\hat{J}_{1z}+\hat{J}_{2z}$可知$m$的可能值是

$$m=m_1+m_2, \tag{7.4.17}$$

所以(7.4.16)式中的求和实际上只需对m_2进行,而m_1则以$m_1=m-m_2$代入,即

$$|j_1,j_2,j,m\rangle=\sum_{m_2}|j_1,m-m_2,j_2,m_2\rangle\langle j_1,m-m_2,j_2,m_2|j_1,j_2,j,m\rangle \tag{7.4.18}$$

现在来求量子数j和j_1,j_2的关系.因为m,m_1,m_2的最大值依次是j,j_1,j_2,而且$m=m_1+m_2$,所以j的最大值是

$$j_{\max}=j_1+j_2. \tag{7.4.19}$$

再求在j_1和j_2给定时,j可能取的最小值.当j_1给定时,m_1可取$2j_1+1$个值:$-j_1,-j_1+1,-j_1+2,\cdots,j_1-2,j_1-1,j_1$;因而$|j_1,m_1\rangle$有$2j_1+1$个.同样,当$j_2$给定时,$|j_2,m_2\rangle$有$2j_2+1$个,它们对应于不同的$m_2$.所以在$j_1$和$j_2$给定时,$|j_1,m_1,j_2,m_2\rangle$共有$(2j_1+1)(2j_2+1)$个.由(7.4.16)式或(7.4.18)式可知,$|j_1,j_2,j,m\rangle$是各种$|j_1,m_1,j_2,m_2\rangle$的线性叠加,所以j_1和j_2确定时,相互独立的$|j_1,j_2,j,m\rangle$的数目也是$(2j_1+1)(2j_2+1)$个.这些$|j_1,j_2,j,m\rangle$对应于不同的j或m.另一方面,对应于一个j,m可以取$2j+1$个值:

$$-j,\ -j+1,\ -j+2,\cdots,j-2,j-1,j.$$

以$j_{\min}$表示j可取的最小值,则$|j_1,j_2,j,m\rangle$的数目可以表示为

$$\sum_{j=j_{\min}}^{j_{\max}}(2j+1),$$

由此有

$$\sum_{j=j_{\min}}^{j_{\max}}(2j+1)=(2j_1+1)(2j_2+1), \tag{7.4.20}$$

这个等式左边的求和可以用等差级数求和的公式算出:

$$\sum_{j=j_{\min}}^{j_{\max}}(2j+1)=j_{\max}(2+j_{\max})-(j_{\min}^2-1), \tag{7.4.21}$$

把这结果和$j_{\max}=j_1+j_2$代入(7.4.21)式即得

$$j_{\min}=|j_1-j_2|, \tag{7.4.22}$$

由此可知,当j_1和j_2给定时,j可能取的值是

$$j=j_1+j_2,j_1+j_2-1,j_1+j_2-2,\cdots,|j_1-j_2|. \tag{7.4.23}$$

这结果与旧量子论中角动量的求和规则(即两角动量矢量之和可以由两角动量数值之和变到它们的数值之差,每一步的改变是1)相符合.j_1,j_2和j所满足的关系(7.4.23)式称为三角形关系,通常以$\triangle(j_1,j_2,j)$表示(图7.3).

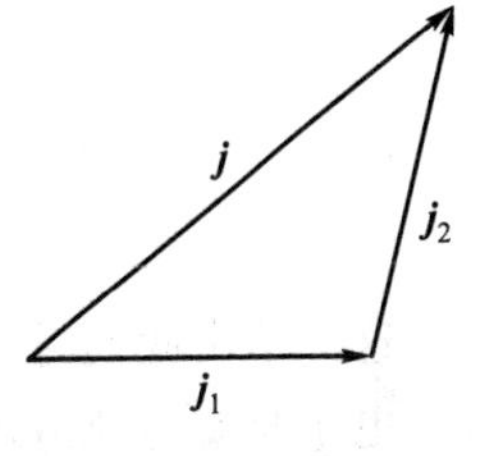

图7.3　两个角动量的耦合

求得j和m后,我们就解决了求$\hat{J}^2$和$\hat{J}_z$的本征值问题.至于它们

的本征矢 $|j_1,j_2,j,m\rangle$，由(7.4.18)式可知，需要知道矢量耦合系数后才能确定.矢量耦合系数的明显表示式的推导比较复杂，这里就不叙述了，需用时可以从专用表中查出.下表列出第二个角动量为电子自旋角动量$\left(j=\frac{1}{2}\right)$时的几个矢量耦合系数：

$$\langle j_1,m-m_2,\frac{1}{2},m_2|j_1,\frac{1}{2},j,m\rangle \quad (j_1>0).$$

j	$m_2=\frac{1}{2}$	$m_2=-\frac{1}{2}$
$j_1+\frac{1}{2}$	$\left[\frac{j_1+m+\frac{1}{2}}{2j_1+1}\right]^{\frac{1}{2}}$	$\left[\frac{j_1-m+\frac{1}{2}}{2j_1+1}\right]^{\frac{1}{2}}$
$j_1-\frac{1}{2}$	$-\left[\frac{j_1-m+\frac{1}{2}}{2j_1+1}\right]^{\frac{1}{2}}$	$\left[\frac{j_1+m+\frac{1}{2}}{2j_1+1}\right]^{\frac{1}{2}}$

把这些系数代入(7.4.18)式可得

$$\left.\begin{aligned}
|j_1,\frac{1}{2},j_1+\frac{1}{2},m\rangle &= \left[\frac{j_1+m+\frac{1}{2}}{2j_1+1}\right]^{\frac{1}{2}}|j_1,m-\frac{1}{2},\frac{1}{2},\frac{1}{2}\rangle + \\
&\quad \left[\frac{j_1-m+\frac{1}{2}}{2j_1+1}\right]^{\frac{1}{2}}|j_1,m+\frac{1}{2},\frac{1}{2},-\frac{1}{2}\rangle \\
|j_1,\frac{1}{2},j_1-\frac{1}{2},m\rangle &= -\left[\frac{j_1-m+\frac{1}{2}}{2j_1+1}\right]^{\frac{1}{2}}|j_1,m-\frac{1}{2},\frac{1}{2},\frac{1}{2}\rangle + \\
&\quad \left[\frac{j_1+m+\frac{1}{2}}{2j_1+1}\right]^{\frac{1}{2}}|j_1,m+\frac{1}{2},\frac{1}{2},-\frac{1}{2}\rangle
\end{aligned}\right\}. \tag{7.4.24}$$

§ 7.5　光谱的精细结构

这一节中我们讨论在没有外场的情况下，电子自旋对类氢原子的能级和谱线的影响.

电子自旋与轨道运动之间有相互作用，这一相互作用的能量和电子的动能，以及电子在核的力场中的势能相比是很小的.如果不考虑电子自旋与轨道相互作用的能量，则类氢原子的哈密顿算符为

$$\hat{H}_0 = -\frac{\hbar^2}{2m_e}\nabla^2 + U(r),$$

对于类氢原子,如不考虑核外电子对核的屏蔽,则

$$U(r) = -\frac{Ze^2}{4\pi\varepsilon_0 r},$$

$\hat{H}_0,\hat{L}^2,\hat{L}_z$ 以及 $\hat{S}_z$ 都相互对易,它们有共同本征函数(无耦合表象中的基矢):

$$\varphi_{nlm_lm_s}(r,\theta,\varphi,s_z) = R_{nl}(r)\,\mathrm{Y}_{lm_l}(\theta,\varphi)\chi_{m_s}, \tag{7.5.1}$$

其中 $m_s = \pm\frac{1}{2}$,$m_s\hbar$ 是自旋 $\hat{S}_z$ 的本征值,m_l 是磁量子数.(7.5.1)式描写的电子态由四个量子数 n,l,m_l,m_s 来确定.电子的能级(H_0 的本征值)E_n 只与 n 有关,不计及电子自旋,这个能级是 n^2 度简并的(见§3.3).现在考虑到电子自旋,m_s 可取两个值,由于无外磁场,因而能级 E_n 是 $2n^2$ 度简并.

以 $\hat{\boldsymbol{J}} = \hat{\boldsymbol{L}} + \hat{\boldsymbol{S}}$ 表示电子的总角动量算符.因为 $\hat{L}^2$, $\hat{J}^2$, $\hat{J}_z$ 和 $\hat{H}_0$ 都相互对易$\left(\hat{S}^2 = \frac{3}{4}\hbar^2\right.$ 是常量,它与任何算符都对易$\left.\right)$,所以体系的定态也可用 $\hat{H}_0,\hat{L}^2,\hat{J}^2,\hat{J}_z$ 的共同本征函数

$$\psi_{nljm}(r,\theta,\varphi,s_z) = R_{nl}(r)u_{ljm}(\theta,\varphi,s_z) \tag{7.5.2}$$

来描写.这些波函数是耦合表象中的基矢.这时电子的态由 n,l,j,m 四个量子数确定.ψ_{nljm} 和 $\psi_{nlm_lm_s}$ 的关系由方程(7.4.24)给出.

现在我们把自旋和轨道运动之间的相互作用能量考虑进去.这个相互作用能量是①

$$\frac{1}{2m_e^{\ 2}c^2}\frac{1}{r}\frac{\mathrm{d}U}{\mathrm{d}r}\hat{\boldsymbol{L}}\cdot\hat{\boldsymbol{S}}, \tag{7.5.3}$$

于是,体系的哈密顿算符写为

$$\hat{H} = -\frac{\hbar^2}{2m_e}\nabla^2 + U(r) + \xi(r)\hat{\boldsymbol{L}}\cdot\hat{\boldsymbol{S}} = \hat{H}_0 + \hat{H}', \tag{7.5.4}$$

式中:

$$\left.\begin{aligned} \xi(r) &= \frac{1}{2m_e^{\ 2}c^2}\frac{1}{r}\frac{\mathrm{d}U}{\mathrm{d}r} \\ \hat{H}' &= \xi(r)\hat{\boldsymbol{L}}\cdot\hat{\boldsymbol{S}} \end{aligned}\right\}. \tag{7.5.5}$$

哈密顿算符中的 $\xi(r)\hat{\boldsymbol{L}}\cdot\hat{\boldsymbol{S}}$ 项称为自旋轨道耦合项,由于这个项的存在,$\hat{L}_z$ 和 $\hat{S}_z$ 都不和 $\hat{H}$ 对易,所以这时电子的态不能用量子数 m_l 和 m_s 来描写,或者说 m_l 和 m_s 在现在情况下不是好量子数.另一方面,由

① 参看:大卫·格里菲斯.量子力学概论.北京:机械工业出版社,2020:§6.3.2.

$$\hat{J}^2 = (\hat{\boldsymbol{L}} + \hat{\boldsymbol{S}})^2 = \hat{L}^2 + \hat{S}^2 + 2\hat{\boldsymbol{L}} \cdot \hat{\boldsymbol{S}}, \quad \hat{S}^2 = \frac{3}{4}\hbar^2,$$

有

$$\hat{\boldsymbol{L}} \cdot \hat{\boldsymbol{S}} = \frac{1}{2}\left[\hat{J}^2 - \hat{L}^2 - \frac{3}{4}\hbar^2\right], \tag{7.5.6}$$

所以 $\hat{J}^2,\hat{J}_z,\hat{L}^2$ 都和 $\hat{H}$ 对易，j,m 和 l 都是好量子数.

然而我们不能由此得出结论说 $\hat{H}_0$ 的本征函数 ψ_{nljm} 就是 $\hat{H}$ 的本征函数，因为虽然 $\hat{\boldsymbol{L}} \cdot \hat{\boldsymbol{S}}$ 和 $\hat{H}_0$ 对易，但是 $\xi(r)$ 和 H_0 不对易，所以 $\hat{H}$ 和 $\hat{H}_0$ 也不对易. $\hat{H}$ 的本征值和本征函数由方程

$$(\hat{H}_0 + \hat{H}')\psi = E\psi \tag{7.5.7}$$

解出. 由于 $\hat{H}_0$ 的本征值是简并的，可用简并情况下的微扰理论来解方程(7.5.7). 按照 §5.2 中所给出的步骤，把 $\hat{H}_0$ 属于本征值 E_n^0 的本征函数叠加起来作为零级近似波函数，解久期方程(5.2.5)，便可求得 $\hat{H}$ 本征值 E_n 的第一级近似和对应本征函数的零级近似. $\hat{H}_0$ 属于 E_n^0 的本征函数，可以选用无耦合表象的基矢(7.5.1)式，也可以选用耦合表象的基矢(7.5.2)式. 选用后面一种比较方便，因为解久期方程(5.2.5)相当于把 $\hat{H}'$ 在所选用的表象中的矩阵对角化；前面我们已经看到 $\hat{H}'$(或 $\hat{\boldsymbol{L}} \cdot \hat{\boldsymbol{S}}$)在耦合表象中是对角的，所以用本征函数(7.5.2)的叠加作为 $\hat{H}$ 的零级近似本征函数时，可以省去解久期方程的步骤.

令

$$\psi = \sum_{ljm} c_{ljm}\psi_{nljm}, \tag{7.5.8}$$

由公式(5.2.3)有

$$\sum_{ljm}\left[(H')_{l'j'm',ljm} - E_n^{(1)}\delta_{l'l}\delta_{j'j}\delta_{m'm}\right]c_{ljm} = 0, \tag{7.5.9}$$

矩阵元 $(H')_{l'j'm',ljm}$ 可写为

$$\begin{aligned}(H')_{l'j'm',ljm} &= \langle n,l',j',m' \mid \hat{H}' \mid n,l,j,m\rangle \\ &= \int_0^\infty R_{nl}^2(r)\xi(r)r^2\mathrm{d}r\langle l',j',m' \mid \hat{\boldsymbol{L}} \cdot \hat{\boldsymbol{S}} \mid l,j,m\rangle,\end{aligned} \tag{7.5.10}$$

(7.5.10)式中 $\hat{\boldsymbol{L}} \cdot \hat{\boldsymbol{S}}$ 的矩阵元可由(7.5.6)式直接求出：

$$\begin{aligned}&\langle l',j',m' \mid \hat{\boldsymbol{L}} \cdot \hat{\boldsymbol{S}} \mid l,j,m\rangle \\ &= \langle l',j',m' \mid \frac{1}{2}\left(\hat{J}^2 - \hat{L}^2 - \frac{3}{4}\hbar^2\right) \mid l,j,m\rangle \\ &= \frac{\hbar^2}{2}\left[j(j+1) - l(l+1) - \frac{3}{4}\right]\delta_{l'l}\delta_{j'j}\delta_{m'm}.\end{aligned}$$

令

$$H'_{nlj}=\frac{\hbar^2}{2}\left[j(j+1)-l(l+1)-\frac{3}{4}\right]\int_0^\infty R_{nl}^2(r)\xi(r)r^2\mathrm{d}r,\tag{7.5.11}$$

则(7.5.10)式写为

$$(H')_{l'j'm',ljm}=H'_{nlj}\delta_{l'l}\delta_{j'j}\delta_{m'm},$$

代入(7.5.9)式中,得到

$$[H'_{nlj}-E_n^{(1)}]c_{ljm}=0,$$

上式中我们把 l',j',m'改写为 l,j,m,由此得到能量的一级修正值 $E_n^{(1)}$,它与量子数 l,j 有关:

$$E_n^{(1)}=E_{nlj}^{(1)}=\frac{\hbar^2}{2}\left[j(j+1)-l(l+1)-\frac{3}{4}\right]\int_0^\infty R_{nl}^2(r)\xi(r)r^2\mathrm{d}r.\tag{7.5.12}$$

由此可见,自旋轨道耦合使原来简并的能级分裂开来,即简并被消除.但是这简并的消除只是部分的,因为 $E_{nlj}^{(1)}$ 中不含量子数 m.m 可以取 $2j+1$ 个值,所以还有 $2j+1$ 度简并保留下来.

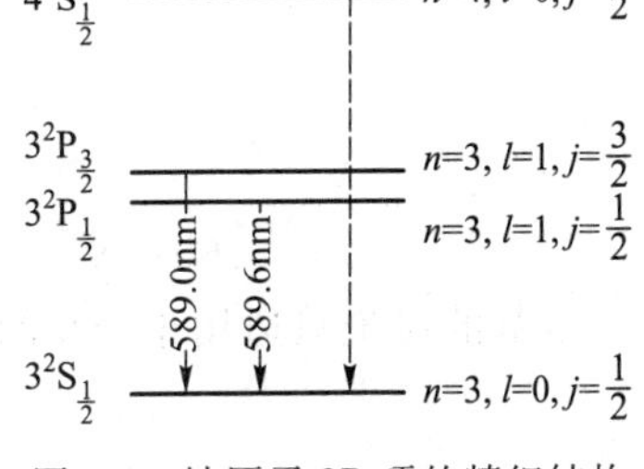

图 7.4　钠原子 3P 项的精细结构

当 n 和 l 给定后,j 可取两个值:$j=l\pm\frac{1}{2}$($l=0$ 除外),即具有相同的量子数 n,l 的能级有两个,它们之间的差别很小,这就是产生光谱线精细结构的原因.一般以 $3^2P_{\frac{3}{2}}$表示 $n=3,l=1$(P 项),$j=\frac{3}{2}$的能级,P 的左上角的 2 表示 $3^2P_{\frac{3}{2}}$是属于二重线的项.

图 7.4 表示钠原子 3P 项的精细结构.

以 $U(r)=-\frac{Ze^2}{4\pi\varepsilon_0 r}$代入(7.5.5)式中,可以算出(7.5.11)式中的积分:

$$\begin{aligned}\int_0^\infty R_{nl}^2(r)\xi(r)r^2\mathrm{d}r&=\frac{Ze^2}{8\pi\varepsilon_0m^2c^2}\int_0^\infty\frac{R_{nl}^2}{r}\mathrm{d}r\\&=\frac{e^2}{8\pi\varepsilon_0m^2c^2a_0^3}\frac{Z^4}{n^3l\left(l+\frac{1}{2}\right)(l+1)},\end{aligned}\tag{7.5.13}$$

式中 $a_0=\frac{4\pi\varepsilon_0\hbar^2}{me^2}$,为玻尔半径.

由此我们得到量子数为 $n,l,j=l+\frac{1}{2}$和 $n,l,j=l-\frac{1}{2}$的两个态的能量为

$$\left.\begin{aligned}E_{n,l,j=l+\frac{1}{2}}&=E_n^0+\frac{mc^2}{2}\left(\frac{\alpha Z}{n}\right)^4\frac{n}{(2l+1)(l+1)}\\E_{n,l,j=l-\frac{1}{2}}&=E_n^0-\frac{mc^2}{2}\left(\frac{\alpha Z}{n}\right)^4\frac{n}{l(2l+1)}\end{aligned}\right\},\tag{7.5.14}$$

式中 $\alpha=\dfrac{e^2}{4\pi\varepsilon_0\hbar c}=\dfrac{1}{137}$是精细结构常数.

波函数的零级近似可以是 ψ_{nljm},也可以是 ψ_{nljm}对不同 m 的线性组合.ψ_{nljm}用 $\varphi_{nlm_lm_s}$表示的式子已在(7.4.24)式中给出.以坐标表象和 s_z 表象的基矢$\langle r,\theta,\varphi,s_z|$乘这两方程的两边,得

$$\psi_{n,l,l+\frac{1}{2},m}(r,\theta,\varphi,s_z)=\left(\frac{l+m+\frac{1}{2}}{2l+1}\right)^{\frac{1}{2}}R_{nl}(r)\mathrm{Y}_{lm-\frac{1}{2}}(\theta,\varphi)\chi_{\frac{1}{2}}+$$
$$\left(\frac{l-m+\frac{1}{2}}{2l+1}\right)^{\frac{1}{2}}R_{nl}(r)\mathrm{Y}_{lm+\frac{1}{2}}(\theta,\varphi)\chi_{-\frac{1}{2}},$$

$$\psi_{n,l,l-\frac{1}{2},m}(r,\theta,\varphi,s_z)=-\left(\frac{l-m+\frac{1}{2}}{2l+1}\right)^{\frac{1}{2}}R_{nl}(r)\mathrm{Y}_{lm-\frac{1}{2}}(\theta,\varphi)\chi_{\frac{1}{2}}+$$
$$\left(\frac{l+m+\frac{1}{2}}{2l+1}\right)^{\frac{1}{2}}R_{nl}(r)\mathrm{Y}_{lm+\frac{1}{2}}(\theta,\varphi)\chi_{-\frac{1}{2}}.$$

本节的讨论只适用于 $l>0$ 的情况.$l=0$ 时,没有自旋轨道耦合,因而能级也没有移动.

小　　结

电子的自旋

(1) 自旋算符

$$\hat{\boldsymbol{S}}=\frac{\hbar}{2}\hat{\boldsymbol{\sigma}}.$$

对易关系:

$$\hat{\boldsymbol{S}}\times\hat{\boldsymbol{S}}=\mathrm{i}\hbar\hat{\boldsymbol{S}},\quad \hat{\boldsymbol{\sigma}}\times\hat{\boldsymbol{\sigma}}=2\mathrm{i}\hat{\boldsymbol{\sigma}},$$
$$\hat{S}_x\hat{S}_y+\hat{S}_y\hat{S}_x=0\ 等,\quad \hat{\sigma}_x\hat{\sigma}_y+\hat{\sigma}_y\hat{\sigma}_x=0\ 等.$$

平方算符是普通数量:

$$\hat{S}_x^2=\hat{S}_y^2=\hat{S}_z^2=\frac{\hbar^2}{4},\quad \hat{\sigma}_x^2=\hat{\sigma}_y^2=\hat{\sigma}_z^2=1.$$

泡利矩阵:

$$\hat{\sigma}_x=\begin{pmatrix}0&1\\1&0\end{pmatrix},\quad \hat{\sigma}_y=\begin{pmatrix}0&-\mathrm{i}\\\mathrm{i}&0\end{pmatrix},\quad \hat{\sigma}_z=\begin{pmatrix}1&0\\0&-1\end{pmatrix}.$$

(2) 自旋波函数　考虑电子的自旋后，电子的波函数是两行一列矩阵：

$$\boldsymbol{\Psi}=\begin{pmatrix}\Psi_1\\ \Psi_2\end{pmatrix},$$

当电子的自旋与轨道相互作用可以略去时，电子的波函数可写为

$$\Psi(\boldsymbol{r},s_z,t)=\Psi_1(\boldsymbol{r},t)\chi(s_z).$$

S_z 的本征函数：

$$\chi_+=\begin{pmatrix}1\\0\end{pmatrix},\quad \chi_-=\begin{pmatrix}0\\1\end{pmatrix}.$$

两电子体系的自旋波函数：

$$|1,1\rangle=\chi_S^{(1)}=\chi_+(s_{1z})\chi_+(s_{2z}),$$

$$|1,-1\rangle=\chi_S^{(2)}=\chi_-(s_{1z})\chi_-(s_{2z}),$$

$$|1,0\rangle=\chi_S^{(3)}=\frac{1}{\sqrt{2}}[\chi_+(s_{1z})\chi_-(s_{2z})+\chi_+(s_{2z})\chi_-(s_{1z})],$$

$$|0,0\rangle=\chi_A=\frac{1}{\sqrt{2}}[\chi_+(s_{1z})\chi_-(s_{2z})-\chi_+(s_{2z})\chi_-(s_{1z})].$$

算符 $\hat{S}^2=(\boldsymbol{S}_1+\boldsymbol{S}_2)^2$ 和 $\hat{S}_z=\hat{S}_{1z}+\hat{S}_{2z}$ 在 $\chi_S^{(1)}$，$\chi_S^{(2)}$，$\chi_S^{(3)}$ 及 χ_A 中的值：

	$\hat{S}^2$	$\hat{S}_z$
$\chi_S^{(1)}$	$2\hbar^2$	$\hbar$
$\chi_S^{(2)}$	$2\hbar^2$	$-\hbar$
$\chi_S^{(3)}$	$2\hbar^2$	0
χ_A	0	0

简单塞曼效应：

$$\omega=\omega_0,\quad \omega=\omega_0\pm\frac{eB}{2m}.$$

习　题

7.1　证明 $\hat{\sigma}_x\hat{\sigma}_y\hat{\sigma}_z=\mathrm{i}$.

7.2　求在自旋态 $\chi_{\frac{1}{2}}(s_z)$ 中，$\hat{S}_x$ 和 $\hat{S}_y$ 的不确定关系：

$$\overline{(\Delta S_x)^2}\;\overline{(\Delta S_y)^2}=?$$

7.3　求 $\hat{S}_x=\frac{\hbar}{2}\begin{pmatrix}0&1\\1&0\end{pmatrix}$ 及 $\hat{S}_j=\frac{\hbar}{2}\begin{pmatrix}0&-\mathrm{i}\\ \mathrm{i}&0\end{pmatrix}$ 的本征值和所属的本征函数.

7.4 求自旋角动量在($\cos\alpha,\cos\beta,\cos\gamma$)方向的投影

$$\hat{S}_n = \hat{S}_x\cos\alpha + \hat{S}_y\cos\beta + \hat{S}_z\cos\gamma$$

的本征值和所属的本征函数.

在这些本征态中,测量 $\hat{S}_z$ 有哪些可能值? 这些可能值各以多大的概率出现? $\hat{S}_z$ 的期望值是多少?

7.5 设氢原子的状态是

$$\psi = \begin{pmatrix} \frac{1}{2}R_{21}(r) \quad \mathrm{Y}_{11}(\theta,\varphi) \\ -\frac{\sqrt{3}}{2}R_{21}(r) \quad \mathrm{Y}_{10}(\theta,\varphi) \end{pmatrix}.$$

(1) 求轨道角动量 z 分量 $\hat{L}_z$ 和自旋角动量 z 分量 $\hat{S}_z$ 的期望值;

(2) 求总磁矩

$$\hat{\boldsymbol{M}} = -\frac{e}{2m}\hat{\boldsymbol{L}} - \frac{e}{m}\hat{\boldsymbol{S}}$$

的 z 分量的平均值(用玻尔磁子表示).

第八章　全同粒子

到目前为止我们只讨论了单粒子的问题.现在开始讨论有关多粒子体系的问题,首先研究由全同粒子组成的多粒子体系的特性.

我们称质量、电荷、自旋等固有性质完全相同的微观粒子为全同粒子.例如所有的电子都是全同粒子,所有的质子也都是全同粒子,等等.

在经典力学中,尽管两个粒子的固有性质完全相同,我们仍然可以区分这两个粒子.因为它们在运动过程中,都有自己确定的轨道,在任一时刻,都有确定的位置和速度.这样,我们就可以判断哪个是第一个粒子,哪个是第二个粒子,如图 8.1(a)所示.

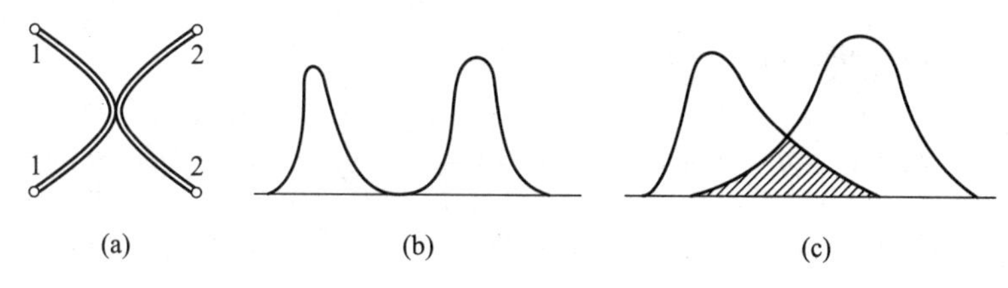

图 8.1　经典粒子的可区分性和全同粒子的不可区分性

在量子力学中,情况完全不是这样.设初始时刻,两全同粒子的位置可以用两个波函数来表示[图 8.1(b)].在运动过程中,两个波函数会在空间发生重叠[图 8.1(c)],由于两粒子固有性质完全相同,它们的位置和速度又不像经典粒子那样同时有确定值,因而在两波函数重叠的区域内,我们便无法区分哪个是第一个粒子,哪个是第二个粒子.由此可见,全同粒子只有当它们的波函数完全不重叠时,才是可以区分的,波函数发生重叠后,它们就不可区分了.

全同粒子的这种不可区分性是微观粒子所具有的特性.由于这一特性,全同粒子所组成的体系中,两全同粒子相互代换不引起物理状态的改变.这个论断被称为全同性原理,它是量子力学中的基本原理之一.

§8.1　全同粒子的特性

下面我们看看全同性原理对多粒子体系的性质会引出什么结论.假设有一由 N 个全同粒子组成的体系,以 q_i 表示第 i 个粒子的坐标和自旋 $q_i=(\boldsymbol{r}_i,s_i)$,$U(q_i,t)$表示第 i 个粒子在外场中的能量,$W(q_i,q_j)$表示第 i 个粒子和第 j 个粒子之间的相互作用能量,则体系的哈密

顿算符写为

$$
\begin{aligned}
&\hat{H}(q_1,q_2,\cdots,q_i,\cdots,q_j,\cdots,q_N,t)\\
&=\sum_{i=1}^{N}\left[-\frac{\hbar^2}{2m}\nabla_i^2+U(q_i,t)\right]+\sum_{i<j}^{N}W(q_i,q_j),
\end{aligned}
\tag{8.1.1}
$$

由此式可以看出,将两个粒子(例如第 i 个和第 j 个)相互调换后,体系的哈密顿算符保持不变:

$$
\begin{aligned}
&\hat{H}(q_1,q_2,\cdots,q_i,\cdots,q_j,\cdots,q_N,t)\\
&=\hat{H}(q_1,q_2,\cdots,q_j,\cdots,q_i,\cdots,q_N,t).
\end{aligned}
\tag{8.1.2}
$$

考虑全同粒子体系的薛定谔方程:

$$
\begin{aligned}
&\mathrm{i}\hbar\frac{\partial}{\partial t}\Phi(q_1,\cdots,q_i,\cdots,q_j,\cdots,q_N,t)\\
&=\hat{H}(q_1,\cdots,q_i,\cdots,q_j,\cdots,q_N,t)\Phi(q_1,\cdots,q_i,\cdots,q_j,\cdots,q_N,t),
\end{aligned}
\tag{8.1.3}
$$

在方程两边,将 q_i 和 q_j 相互调换,得到

$$
\begin{aligned}
&\mathrm{i}\hbar\frac{\partial}{\partial t}\Phi(q_1,\cdots,q_j,\cdots,q_i,\cdots,q_N,t)\\
&=\hat{H}(q_1,\cdots,q_j,\cdots,q_i,\cdots,q_N,t)\Phi(q_1,\cdots,q_j,\cdots,q_i,\cdots,q_N,t)\\
&=\hat{H}(q_1,\cdots,q_i,\cdots,q_j,\cdots,q_N,t)\Phi(q_1,\cdots,q_j,\cdots,q_i,\cdots,q_N,t),
\end{aligned}
\tag{8.1.4}
$$

这表示如果波函数 $\Phi(q_1,\cdots,q_i,\cdots,q_j,\cdots,q_N,t)$ 是体系的薛定谔方程的解,则在这波函数中将第 i 个和第 j 个粒子互换后得出的新函数 $\Phi(q_1,\cdots,q_j,\cdots,q_i,\cdots,q_N,t)$ 也是这个方程的解.

根据全同性原理,$\Phi(q_1,\cdots,q_j,\cdots,q_i,\cdots,q_N,t)$ 和 $\Phi(q_1,\cdots,q_i,\cdots,q_j,\cdots,q_N,t)$ 所描写的是同一个状态,因而它们之间只相差一常数因子,以 λ 表示这常数因子,则

$$
\begin{aligned}
&\Phi(q_1,\cdots,q_j,\cdots,q_i,\cdots,q_N,t)\\
&=\lambda\Phi(q_1,\cdots,q_i,\cdots,q_j,\cdots,q_N,t),
\end{aligned}
\tag{8.1.5}
$$

再在等式两边将 q_i 和 q_j 互换,则有

$$
\begin{aligned}
&\Phi(q_1,\cdots,q_i,\cdots,q_j,\cdots,q_N,t)\\
&=\lambda\Phi(q_1,\cdots,q_j,\cdots,q_i,\cdots,q_N,t)\\
&=\lambda^2\Phi(q_1,\cdots,q_i,\cdots,q_j,\cdots,q_N,t),
\end{aligned}
\tag{8.1.6}
$$

由此得到 $\lambda=\pm1$.

当 $\lambda=1$ 时,$\Phi(q_1,\cdots,q_j,\cdots,q_i,\cdots,q_N,t)=\Phi(q_1,\cdots,q_i,\cdots,q_j,\cdots,q_N,t)$,两粒子互换后波函数不变,所以 Φ 是 q 的**交换对称函数**.

当 $\lambda=-1$ 时,$\Phi(q_1,\cdots,q_j,\cdots,q_i,\cdots,q_N,t)=-\Phi(q_1,\cdots,q_i,\cdots,q_j,\cdots,q_N,t)$,两粒子互换后波函数变号,$\Phi$ 是 q 的**交换反对称函数**.

全同粒子体系波函数的这种对称性不随时间改变.证明如下:设体系波函数 Φ_S 在 t 时

刻是对称的,则 $\hat{H}\Phi_S$ 在 t 时刻也是对称的;由(8.1.3)式知$\frac{\partial \Phi_S}{\partial t}$在 t 时刻也是对称的,在下一时刻 $t+\mathrm{d}t$,波函数变为 $\Phi_S+\frac{\partial \Phi_S}{\partial t}\mathrm{d}t$,它是两对称函数之和,因而也是对称函数.以此类推,可知在以后任何时刻波函数都是对称的.同样可以证明,如果在某一时刻波函数是反对称的,则在以后任何时刻波函数都是反对称的.

由此得出结论:描写全同粒子体系状态的波函数只能是对称的或反对称的,它们的对称性不随时间改变.如果体系在某一时刻处于对称(反对称)的态,则它将永远处于对称(反对称)的态上.

实验证明,由电子、质子、中子这些自旋为$\frac{\hbar}{2}$的粒子以及其他自旋为$\frac{\hbar}{2}$的奇数倍的粒子所组成的全同粒子体系的波函数是反对称的,这类粒子服从费米-狄拉克(Fermi-Dirac)统计,因而被称为**费米子**;由光子(自旋为 1)、处于基态的氦原子(自旋为零)、α 粒子(自旋为零)以及其他自旋为零或为 $\hbar$ 的整数倍的粒子所组成的全同粒子体系的波函数是对称的.这类粒子服从玻色-爱因斯坦(Bose-Einstein)统计,因而被称为**玻色子**.

§ 8.2 全同粒子体系的波函数 泡利不相容原理

我们先讨论两个全同粒子组成的体系波函数对称性问题,然后再把它推广到 n 个全同粒子所组成的体系中去.

不考虑粒子间的相互作用时,两全同粒子组成的体系的哈密顿算符 $\hat{H}$ 写为

$$\hat{H}=\hat{H}_0(q_1)+\hat{H}_0(q_2), \tag{8.2.1}$$

$\hat{H}_0$ 是每一个粒子的哈密顿算符,假设它不显含时间.因为是全同粒子,所以在同一体系中两粒子的哈密顿算符是相同的.以 ϵ_i、ϕ_i 分别表示 $\hat{H}_0$ 的第 i 个本征值和本征函数:

$$\left.\begin{aligned}\hat{H}_0(q_1)\phi_i(q_1)=\epsilon_i\phi_i(q_1)\\ \hat{H}_0(q_2)\phi_j(q_2)=\epsilon_j\phi_j(q_2)\end{aligned}\right\}, \tag{8.2.2}$$

当第一个粒子处于第 i 态,第二个粒子处于第 j 态时,体系的能量为

$$E=\epsilon_i+\epsilon_j, \tag{8.2.3}$$

波函数为

$$\Phi(q_1,q_2)=\phi_i(q_1)\phi_j(q_2), \tag{8.2.4}$$

这可由(8.2.4)式满足下列本征值方程看出:

$$\hat{H}\Phi(q_1,q_2)=E\Phi(q_1,q_2). \tag{8.2.5}$$

如果第一个粒子处于第 j 态,第二个粒子处于第 i 态,则体系的波函数为

$$\Phi(q_2,q_1)=\phi_j(q_1)\phi_i(q_2), \tag{8.2.6}$$

对应的能量本征值仍为 $E=\epsilon_i+\epsilon_j$，表示体系的能量本征值 E 是简并的.由于波函数(8.2.6)可以由波函数(8.2.4)交换 q_1、q_2 后得出，所以称这种简并为交换简并.

如果两粒子所处的状态相同，即 $i=j$，则波函数(8.2.4)和(8.2.6)是同一个对称波函数.如果两粒子所处的状态不同，$i\neq j$，则波函数(8.2.4)和(8.2.6)既不是对称函数，又不是反对称函数，因而不满足全同粒子体系波函数的条件.但是，由这两函数的和或差可以构成对称函数 Φ_S 或反对称函数 Φ_A：

$$\begin{aligned}\Phi_S(q_1,q_2)&=\Phi(q_1,q_2)+\Phi(q_2,q_1),\\ \Phi_A(q_1,q_2)&=\Phi(q_1,q_2)-\Phi(q_2,q_1),\end{aligned}\tag{8.2.7}$$

显然，Φ_S 和 Φ_A 都是 $\hat{H}$ 的本征函数，并且都属于本征值

$$E=\epsilon_i+\epsilon_j.$$

两个费米子组成体系的波函数取(8.2.7)的第二式的形式.两费米子所处的状态相同，就不可能构成体系的反对称波函数.(8.2.7)式的 Φ_A 中，如两粒子状态相同，由(8.2.4)式和(8.2.6)式两式，就会得到 $\Phi_A=0$ 的结果.因此，体系中两费米子不能处于同一状态，这是泡利(Pauli)原理在两粒子组成的体系中的表述.

设 ϕ_i 是归一化波函数，这时波函数(8.2.4)和(8.2.6)都是归一化的.但对称波函数 Φ_S 和反对称波函数 Φ_A 都不是归一化的，因为

$$\iint|\Phi_S(q_1,q_2)|^2\mathrm{d}q_1\mathrm{d}q_2=\iint|\Phi_A(q_1,q_2)|^2\mathrm{d}q_1\mathrm{d}q_2=2,$$

式中 $\int\mathrm{d}q$ 表示对坐标积分并对自旋求和. 因此，当两粒子所处状态不同时，归一化的对称波函数和反对称波函数分别是

$$\begin{aligned}\Phi_S(q_1,q_2)&=\frac{1}{\sqrt{2}}[\Phi(q_1,q_2)+\Phi(q_2,q_1)],\\ \Phi_A(q_1,q_2)&=\frac{1}{\sqrt{2}}[\Phi(q_1,q_2)-\Phi(q_2,q_1)].\end{aligned}\tag{8.2.8}$$

如果两粒子间的相互作用不能略去，则体系的定态波函数 $\Phi(q_1,q_2)$ 不能写成单粒子波函数 ϕ_i 的乘积的形式，即不能写成(8.2.4)式和(8.2.6)式的形式，但(8.2.5)式仍然成立.在(8.2.5)式中将 q_1 和 q_2 互换，因为互换后哈密顿算符 $\hat{H}$ 保持不变，所以有

$$\hat{H}\Phi(q_2,q_1)=E\Phi(q_2,q_1),$$

即交换简并仍然存在，体系波函数仍可按(8.2.8)式对称化.

上面的讨论可以推广到含 N 个全同粒子的体系中去.设粒子间的相互作用可以忽略，单粒子的哈密顿算符 $\hat{H}_0$ 不显含时间，则体系的哈密顿算符写为

$$\hat{H}=\hat{H}_0(q_1)+\hat{H}_0(q_2)+\cdots+\hat{H}_0(q_N)=\sum_{i=1}^{N}\hat{H}_0(q_i),\tag{8.2.9}$$

以 ϵ_i 和 ϕ_i 表示 $\hat{H}_0$ 的本征值和本征函数：

$$\left.\begin{aligned}\hat{H}_0(q_1)\phi_i(q_1) &= \epsilon_i\phi_i(q_1)\\ \hat{H}_0(q_2)\phi_j(q_2) &= \epsilon_j\phi_j(q_2)\\ &\cdots\cdots\cdots\cdots\end{aligned}\right\}, \tag{8.2.10}$$

则体系的薛定谔方程

$$\hat{H}\Phi = E\Phi \tag{8.2.11}$$

的解是

$$E = \epsilon_i + \epsilon_j + \cdots + \epsilon_N, \tag{8.2.12}$$

$$\Phi(q_1,q_2,\cdots,q_N) = \phi_i(q_1)\phi_j(q_2)\cdots\phi_k(q_N). \tag{8.2.13}$$

这只需把(8.2.9)式,(8.2.12)式和(8.2.13)式三式代入(8.2.11)式中,并注意算符$\hat{H}_0(q_i)$只对单粒子波函数 $\phi_m(q_i)$有作用,就可看出:

$$\begin{aligned}\hat{H}\Phi &= \left[\sum_{i=1}^{N}\hat{H}_0(q_i)\right]\phi_i(q_1)\phi_j(q_2)\cdots\phi_k(q_N)\\ &= \phi_j(q_2)\cdots\phi_k(q_N)\hat{H}_0(q_1)\phi_i(q_1) +\\ &\quad\ \phi_i(q_1)\phi_l(q_3)\cdots\phi_k(q_N)\hat{H}_0(q_2)\phi_j(q_2) + \cdots +\\ &\quad\ \phi_i(q_1)\phi_j(q_2)\cdots\hat{H}_0(q_N)\phi_k(q_N)\\ &= (\epsilon_i + \epsilon_j + \cdots + \epsilon_k)\phi_i(q_1)\phi_j(q_2)\cdots\phi_k(q_N) = E\Phi.\end{aligned}$$

这证明了:由无相互作用全同粒子所组成的体系的哈密顿算符,其本征函数等于各单粒子哈密顿算符的本征函数之积,本征能量则等于各粒子本征能量之和.这样,解多粒子体系薛定谔方程(8.2.11)的问题,就归结为解单粒子薛定谔方程(8.2.10).

如果所讨论的是由玻色子组成的全同粒子体系,则体系的波函数应是对称函数,它可以由(8.2.13)式按下列方式构成:

$$\Phi_{\mathrm{S}}(q_1,q_2,\cdots,q_N) = C\sum_{P}P\phi_i(q_1)\phi_j(q_2)\cdots\phi_k(q_N), \tag{8.2.14}$$

式中 P 表示 N 个粒子在波函数中的某一种排列,$\sum\limits_{P}$ 表示对所有可能的排列求和,而 C 是归一化因子.

如果所讨论的全同粒子体系由费米子组成,则体系的波函数应是反对称函数,它也要由(8.2.13)式构成.可由下列方式得到:

$$\Phi_{\mathrm{A}}(q_1,q_2,\cdots,q_N) = \frac{1}{\sqrt{N!}}\begin{vmatrix}\phi_i(q_1) & \phi_i(q_2) & \cdots & \phi_i(q_N)\\ \phi_j(q_1) & \phi_j(q_2) & \cdots & \phi_j(q_N)\\ \vdots & \vdots & & \vdots\\ \phi_k(q_1) & \phi_k(q_2) & \cdots & \phi_k(q_N)\end{vmatrix}. \tag{8.2.15}$$

(8.2.15)式称为斯莱特(Slater)行列式,每项都具有(8.2.13)式的形式,因而它是(8.2.11)式的解.交换任何两粒子,在行列式中就是两列相互调换,这使行列式改变符号,所以(8.2.15)式是反对称的.

如果 N 个单粒子态 $\phi_i,\phi_j,\cdots,\phi_k$ 中有两个单粒子态相同,则(8.2.15)行列式中有两行相同,因而行列式等于零.这表示不能有两个或两个以上的费米子处于同一状态.这结果称为泡利不相容原理.

在不考虑粒子自旋和轨道相互作用的情况下,按照(8.2.13)式,体系的波函数可以写成坐标函数和自旋函数之积.把坐标和自旋变量明显写出,有

$$\Phi(\boldsymbol{r}_1s_1,\boldsymbol{r}_2s_2,\cdots,\boldsymbol{r}_Ns_N)=\phi(\boldsymbol{r}_1,\boldsymbol{r}_2,\cdots,\boldsymbol{r}_N)\chi(s_1,s_2,\cdots,s_N),$$

如果粒子是费米子,则 Φ 是反对称的,在两个粒子的情况下,这条件可由下面两种方式来满足:

(1) ϕ 是对称的,χ 是反对称的;

(2) ϕ 是反对称的,χ 是对称的.

这是因为一个对称函数与一个反对称函数相乘,所得的积是反对称函数.

§8.3　两个电子的自旋波函数

这一节中我们具体讨论两个电子的自旋波函数.这种自旋函数在讨论含有两个电子的体系(如氦原子、氢分子等)的态时都要用到.

在体系哈密顿算符不含电子自旋相互作用项时,两电子自旋波函数 $\chi(s_{1z},s_{2z})$ 是每个电子自旋波函数 $\chi_\alpha(s_z)$ 之积:

$$\chi(s_{1z},s_{2z})=\chi_{\alpha_1}(s_{1z})\chi_{\alpha_2}(s_{2z})\quad(\alpha_1,\alpha_2=\pm),\tag{8.3.1}$$

式中 s_{1z},s_{2z} 依次是第一个电子和第二个电子的自旋 z 分量.用 $\chi(s_{1z},s_{2z})$ 可以构成两电子的对称自旋波函数 χ_{S} 和反对称自旋波函数 χ_{A},它们是 (s^2,s_z) 共同本征函数:

$$|1,1\rangle=\chi_{\mathrm{S}}^{(1)}=\chi_+(s_{1z})\chi_+(s_{2z}),\tag{8.3.2}$$

$$|1,-1\rangle=\chi_{\mathrm{S}}^{(2)}=\chi_-(s_{1z})\chi_-(s_{2z}),\tag{8.3.3}$$

$$|1,0\rangle=\chi_{\mathrm{S}}^{(3)}=\frac{1}{\sqrt{2}}[\chi_+(s_{1z})\chi_-(s_{2z})+\chi_+(s_{2z})\chi_-(s_{1z})],\tag{8.3.4}$$

$$|0,0\rangle=\chi_{\mathrm{A}}=\frac{1}{\sqrt{2}}[\chi_+(s_{1z})\chi_-(s_{2z})-\chi_+(s_{2z})\chi_-(s_{1z})].\tag{8.3.5}$$

在交换两电子时,$\chi_{\mathrm{S}}^{(1)},\chi_{\mathrm{S}}^{(2)},\chi_{\mathrm{S}}^{(3)}$ 均不改变,而 χ_{A} 变号.除了这四个函数外,由(8.3.1)式再不能构成其他独立的对称或反对称自旋波函数,因为(8.3.1)型的自旋波函数只有四个,由这四个自旋波函数只能构成四个独立的有确定对称性的自旋波函数,它们就是 $\chi_{\mathrm{S}}^{(1)},\chi_{\mathrm{S}}^{(2)},\chi_{\mathrm{S}}^{(3)}$ 和 χ_{A}.方程左侧右矢 $|S,m_s\rangle$ 中标出总自旋量子数 S 和 S_z 量子数 m_s.

现在讨论体系的总自旋角动量平方算符 $\hat{S}^2=(\hat{\boldsymbol{S}}_1+\hat{\boldsymbol{S}}_2)^2$ 和总自旋角动量在 z 轴上的投影

算符 $\hat{S}_z=\hat{S}_{1z}+\hat{S}_{2z}$在这些态中的本征值.$\hat{\boldsymbol{S}}_1(\hat{\boldsymbol{S}}_2)$是第一个(第二个)电子的自旋算符,它只作用在第一个(第二个)电子的自旋波函数上.

首先注意由(7.2.4)式 $S_1^2=S_2^2=\frac{3}{4}\hbar^2$,所以

$$
\begin{aligned}
\hat{S}^2 &= (\hat{\boldsymbol{S}}_1+\hat{\boldsymbol{S}}_2)^2=\hat{S}_1^2+\hat{S}_2^2+2(\hat{S}_{1x}\hat{S}_{2x}+\hat{S}_{1y}\hat{S}_{2y}+\hat{S}_{1z}\hat{S}_{2z}) \\
&= \frac{3}{2}\hbar^2+2(\hat{S}_{1x}\hat{S}_{2x}+\hat{S}_{1y}\hat{S}_{2y}+\hat{S}_{1z}\hat{S}_{2z}),
\end{aligned}
\tag{8.3.6}
$$

其次,由(7.2.22)式,(7.2.23)式和(7.2.26)式,(7.2.27)式等式,有

$$
\left.
\begin{aligned}
&\hat{S}_x\chi_+=\frac{\hbar}{2}\begin{pmatrix}0&1\\1&0\end{pmatrix}\begin{pmatrix}1\\0\end{pmatrix}=\frac{\hbar}{2}\begin{pmatrix}0\\1\end{pmatrix}=\frac{\hbar}{2}\chi_- \\
&\hat{S}_x\chi_-=\frac{\hbar}{2}\begin{pmatrix}0&1\\1&0\end{pmatrix}\begin{pmatrix}0\\1\end{pmatrix}=\frac{\hbar}{2}\begin{pmatrix}1\\0\end{pmatrix}=\frac{\hbar}{2}\chi_+ \\
&\hat{S}_y\chi_+=\frac{\hbar}{2}\begin{pmatrix}0&-\mathrm{i}\\\mathrm{i}&0\end{pmatrix}\begin{pmatrix}1\\0\end{pmatrix}=\frac{\mathrm{i}\hbar}{2}\begin{pmatrix}0\\1\end{pmatrix}=\frac{\mathrm{i}\hbar}{2}\chi_- \\
&\hat{S}_y\chi_-=\frac{\hbar}{2}\begin{pmatrix}0&-\mathrm{i}\\\mathrm{i}&0\end{pmatrix}\begin{pmatrix}0\\1\end{pmatrix}=-\frac{\mathrm{i}\hbar}{2}\begin{pmatrix}1\\0\end{pmatrix}=-\frac{\mathrm{i}\hbar}{2}\chi_+ \\
&\hat{S}_z\chi_+=\frac{\hbar}{2}\chi_+ \\
&\hat{S}_z\chi_-=-\frac{\hbar}{2}\chi_-
\end{aligned}
\right\}.
\tag{8.3.7}
$$

(8.3.7)式中没有标明第一个电子或第二个电子,它们对于每一个电子的算符作用在自己的自旋波函数上时都成立.

利用(8.3.6)式和(8.3.7)式,很容易求出 $\hat{S}^2,\hat{S}_z$ 在$\chi_S^{(1)},\chi_S^{(2)},\chi_S^{(3)}$ 和χ_A 中的本征值.例如:

$$
\begin{aligned}
\hat{S}^2\chi_S^{(1)} &= \frac{3}{2}\hbar^2\chi_S^{(1)}+2[\hat{S}_{1x}\chi_+(s_{1z})\hat{S}_{2x}\chi_+(s_{2z})+ \\
&\quad \hat{S}_{1y}\chi_+(s_{1z})\hat{S}_{2y}\chi_+(s_{2z})+\hat{S}_{1z}\chi_+(s_{1z})\hat{S}_{2z}\chi_+(s_{2z})] \\
&= \frac{3}{2}\hbar^2\chi_S^{(1)}+2\times\frac{\hbar^2}{4}\chi_S^{(1)} \\
&= 2\hbar^2\chi_S^{(1)},
\end{aligned}
$$

$$
\begin{aligned}
S_z\chi_S^{(1)} &= \hat{S}_{1z}\chi_+(s_{1z})\chi_+(s_{2z})+\chi_+(s_{1z})\hat{S}_{2z}\chi_+(s_{2z}) \\
&= \frac{\hbar}{2}\chi_+(s_{1z})\chi_+(s_{2z})+\frac{\hbar}{2}\chi_+(s_{1z})\chi_+(s_{2z}) \\
&= \hbar\chi_S^{(1)},
\end{aligned}
$$

同样可求得

$$\hat{S}^2\chi_S^{(2)} = 2\hbar^2\chi_S^{(2)},$$

$$\hat{S}_z\chi_S^{(2)} = -\hbar\chi_S^{(2)},$$

$$\hat{S}^2\chi_S^{(3)} = 2\hbar^2\chi_S^{(3)},$$

$$\hat{S}_z\chi_S^{(3)} = 0,$$

以及

$$\hat{S}^2\chi_A = 0,$$

$$\hat{S}_z\chi_A = 0.$$

由上述结果可知,在三个对称自旋态$\chi_S^{(1)}$,$\chi_S^{(2)}$,$\chi_S^{(3)}$中,$\hat{S}^2$的本征值都是$2\hbar^2$,故$S=1$;$\hat{S}_z$的本征值则依次为$\hbar,-\hbar,0$,这表明在$\chi_S^{(1)}$态中两个电子的自旋平行,分量沿正z方向,在$\chi_S^{(2)}$态中两个电子的自旋z分量都与z轴反方向,在$\chi_S^{(3)}$态中两个电子自旋z分量相互反平行,但垂直于z轴的分量则相互平行.在反对称自旋态χ_A中,$\hat{S}^2$和$\hat{S}_z$的本征值都是零.故$S=0$,$m_s=0$.这表明在这个态中两电子的自旋反平行,因而总自旋为零.

图8.2是两电子自旋角动量相加的示意图.图中用沿一锥面旋转的一个矢量表示一个电子$\hat{S}_z$算符的本征态,矢量沿z轴的投影等于定值,沿x轴,y轴的投影则不固定,这对应于$\hat{S}_z$有确定值,$\hat{S}_x$,$\hat{S}_y$则没有确定值.用这种表示方法,可以把$\hat{S}_x$,$\hat{S}_y$和$\hat{S}_z$的不对易性表达出来.图中的(a),(b),(c),(d)依次对应于(8.3.2)式—(8.3.5)式四式;(a),(b),(c)为自旋平行的三重态,(d)为自旋反平行的单态.

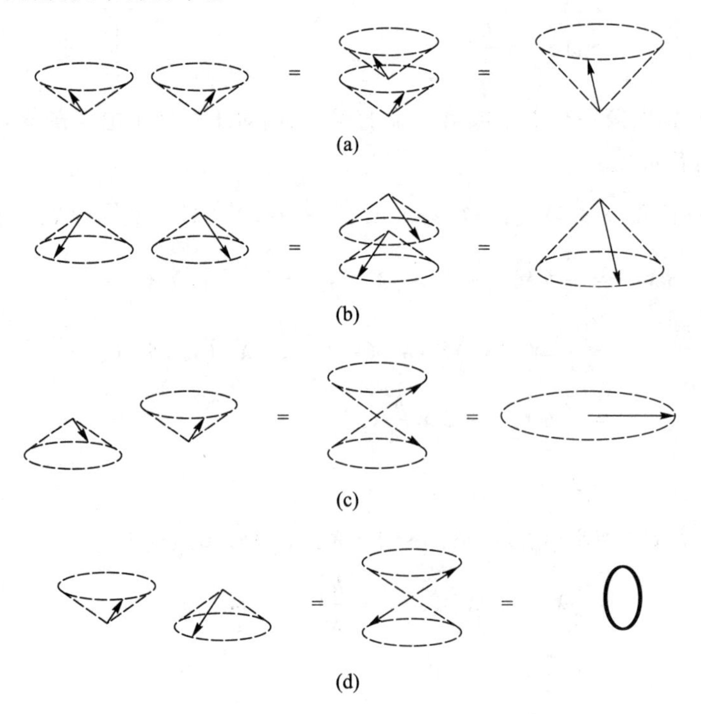

图8.2　两个电子的自旋组合的四种可能态

由上面的讨论可知，两电子自旋相互反平行的态是单一的，我们称这种态为**单态**（$|0,0\rangle$）；两电子自旋相互平行的能级是三重简并的，对应于这些能级的态称为**三重态**（$|1,1\rangle,|1,-1\rangle,|1,0\rangle$）.

具有自旋相互作用的体系，其能级、散射截面和跃迁概率等各种物理性质都将受自旋相互作用影响.

例　宽度为 a 的一维无限深方势阱中，两电子间排斥势 $V(|x_1-x_2|)$ 可视为微扰.试求体系基态和第一激发态的能级（至微扰一级）.

解　取方势阱左端点为 x 轴原点.一维无限深方势阱具有能量本征值和相应的能量本征函数为

$$E_n=\frac{\hbar^2\pi^2}{2ma^2}n^2,\quad \psi_n(x)=\sqrt{\frac{2}{a}}\sin\left(\frac{n\pi x}{a}\right),\quad n=1,2,\cdots,$$

作为费米子，两电子体系的总波函数具交换反对称性：

$$\psi_{\mathrm{A}}(x,s_z)=\varphi(x)\chi(s_z).$$

在两电子体系基态，两电子自旋相反，都处在阱的基态 E_1.反对称的空间波函数为 0（量子数相同），其空间波函数必为对称的，因而自旋为反对称单态（$s=0$）.

$$\varphi(x_1,x_2)=\frac{2}{a}\sin\left(\frac{\pi x_1}{a}\right)\sin\left(\frac{\pi x_2}{a}\right),$$

$$E_1^{(1)}=\frac{4}{a^2}\iint_0^a\sin^2\left(\frac{\pi x_1}{a}\right)\sin^2\left(\frac{\pi x_2}{a}\right)V(|x_1-x_2|)\mathrm{d}x_1\mathrm{d}x_2,$$

基态能量

$$E_{1,\mathrm{s}}=2E_1+E_1^{(1)},$$

脚标 s 代表 $E_{1,\mathrm{s}}$ 为单态.电子间排斥势使体系基态能量从 $2E_1$ 移动到 $E_{1,\mathrm{s}}$.

第一激发态电子分布有四种组态.图 8.3 右边自旋相反两个态可构成一个三重态、一个单态.

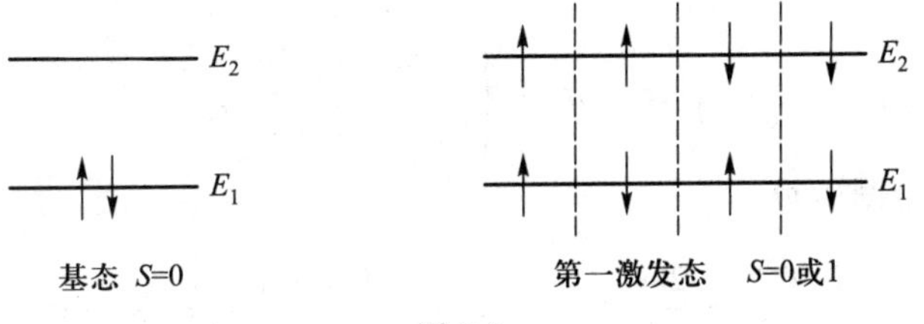

图 8.3

三重态：χ 对称，φ 反对称，

$$\varphi_{\mathrm{A}}(x_1,x_2)=\frac{2}{a\sqrt{2}}\left\{\sin\left(\frac{\pi x_1}{a}\right)\sin\left(\frac{2\pi x_2}{a}\right)-\sin\left(\frac{2\pi x_1}{a}\right)\sin\left(\frac{\pi x_2}{a}\right)\right\},$$

$$E_{2,\mathrm{t}}^{(1)}=\iint_0^a\frac{2}{a^2}\left(\sin\frac{\pi x_1}{a}\sin\frac{2\pi x_2}{a}-\sin\frac{2\pi x_1}{a}\sin\frac{\pi x_2}{a}\right)^2V(|x_1-x_2|)\mathrm{d}x_1\mathrm{d}x_2,$$

三重态能级 $E_{2,t}=E_1+E_2+E_{2,t}^{(1)}$，脚标 t 代表 $E_{2,t}$ 为三重态.

单态：χ 反对称，φ 对称，

$$\varphi_S(x_1,x_2)=\frac{2}{a\sqrt{2}}\left\{\sin\left(\frac{\pi x_1}{a}\right)\sin\left(\frac{2\pi x_2}{a}\right)+\sin\left(\frac{2\pi x_1}{a}\right)\sin\left(\frac{\pi x_2}{a}\right)\right\},$$

$$E_{2,s}^{(1)}=\iint_0^a\frac{2}{a^2}\left(\sin\frac{\pi x_1}{a}\sin\frac{2\pi x_2}{a}+\sin\frac{2\pi x_1}{a}\sin\frac{\pi x_2}{a}\right)^2V(|x_1-x_2|)\,dx_1dx_2,$$

单态能级 $E_{2,s}=E_1+E_2+E_{2,s}^{(1)}$.

总之，原来四重简并的第一激发态，加入电子间相互排斥势之后，分裂为两个能级：三重态 $E_{2,t}$ 和单态 $E_{2,s}$.

例 计算中子-中子低能散射截面(只考虑 s 波).中子间相互作用势为

$$V(r)=\begin{cases}V_0\boldsymbol{\sigma}_1\cdot\boldsymbol{\sigma}_2, & r\leqslant a\\ 0, & r>a\end{cases}$$

其中常量 $V_0>0$，$\boldsymbol{\sigma}_1$ 和 $\boldsymbol{\sigma}_2$ 是两中子的泡利自旋算符.入射中子与靶中子均未极化.

解 中子自旋$\frac{1}{2}$，是费米子，中子体系总波函数是交换反对称的.s 波($l=0$)空间波函数是对称的，所以总自旋波函数必须反对称，即自旋单态，体系总自旋为 0.处理势能含自旋相互作用，特别是总自旋确定的问题，采用耦合表象较方便.

$$\boldsymbol{S}^2=(\boldsymbol{S}_1+\boldsymbol{S}_2)^2=S_1^2+S_2^2+2\boldsymbol{S}_1\cdot\boldsymbol{S}_2=\frac{3}{2}\hbar^2+2\boldsymbol{S}_1\cdot\boldsymbol{S}_2.$$

在耦合表象：

$$\boldsymbol{S}_1\cdot\boldsymbol{S}_2=\frac{1}{2}\left[s(s+1)-\frac{3}{2}\right]\hbar^2=\begin{cases}-\frac{3}{4}\hbar^2, & s=0\\ \frac{\hbar^2}{4}, & s=1\end{cases},$$

$$\boldsymbol{\sigma}_1\cdot\boldsymbol{\sigma}_2=\begin{cases}-3, & s=0\\ 1, & s=1\end{cases},$$

中心场问题径向薛定谔方程：

$$\left\{\frac{1}{r}\frac{d^2}{dr^2}r+\frac{2m}{\hbar^2}(E-V(r))-\frac{l(l+1)}{r^2}\right\}R(r)=0. \tag{8.3.8}$$

低能($E\to0$)散射，只考虑 s 波，$l=0$.空间波函数对称，自旋波函数必反对称，为自旋单态 $s=0$.中心势场可写为

$$V(r)=\begin{cases}-3V_0, & r\leqslant a\\ 0, & r>a\end{cases}.$$

引入 $x(r)=rR(r)$，由(8.3.8)式可得

$$x'' - \frac{2m}{\hbar^2}V(r)x = 0.$$

中心势场中

$$\begin{cases} x'' + \dfrac{6V_0 m}{\hbar^2}x = 0, & r \leqslant a \\ x'' = 0, & r > a \end{cases},$$

记 $k_0 \equiv \sqrt{\dfrac{6mV_0}{\hbar^2}} = \sqrt{\dfrac{3m'V_0}{\hbar^2}}$，$m = \dfrac{1}{2}m'$ 为中子折合质量.

$$\begin{cases} x'' + k_0^2 x = 0, & r \leqslant a \\ x'' = 0, & r > a \end{cases} \qquad x\big|_{r=0} = 0, \tag{8.3.9}$$

可得解为

$$x = \begin{cases} A\sin k_0 r, & r \leqslant a \\ c_0 + c_1 r, & r > a \end{cases}.$$

在 $r=a$ 处，$(\ln x)'$ 连续，$k_0\cot k_0 a = \dfrac{c_1}{c_0 + c_1 a}$，$\dfrac{\tan k_0 a}{k_0} = a + \dfrac{c_0}{c_1}$，

$$\frac{c_0}{c_1} = \left(\frac{\tan k_0 a}{k_0 a} - 1\right)a, \tag{8.3.10}$$

$$\psi = R_0(r)Y_{00}(\theta) = \frac{x_0 Y_{00}}{r} \overset{r>a}{=\!=\!=} \frac{c_0 + c_1 r}{\sqrt{4\pi}\, r}$$

$$= \frac{c_1}{\sqrt{4\pi}}\left(1 + \frac{c_0}{c_1}\frac{1}{r}\right) \xrightarrow{r\to\infty} e^{ikz} + f(\theta)\frac{e^{ikr}}{r} \overset{k\to 0}{=\!=\!=} 1 + f(\theta)\frac{1}{r}.$$

比较系数

$$\frac{c_0}{c_1} = f(\theta) = \left(\frac{\tan k_0 a}{k_0 a} - 1\right)a.$$

由于 s 波的空间波函数对称化：

$$\sigma(\theta) = |f(\theta) + f(\pi - \theta)|^2 = 4|f(\theta)|^2 = 4a^2\left(\frac{\tan k_0 a}{k_0 a} - 1\right)^2$$

$$\sigma_t = \int d\Omega\sigma(\theta) = 4\pi\sigma = 16\pi a^2\left(\frac{\tan k_0 a}{k_0 a} - 1\right)^2,$$

由于入射中子与靶中子皆未极化各态概率相等，$s=0$ 概率为 $\dfrac{1}{4}$.

$$\sigma_{\text{总有效}} = \frac{1}{4}\sigma_t = 4\pi a^2\left(\frac{\tan k_0 a}{k_0 a} - 1\right)^2 \xrightarrow[\text{刚球}]{V_0\to\infty} 4\pi a^2,$$

恰为半径 a 的刚球表面积.

低能极限下($k\to 0,\lambda\to\infty$),入射波可发生衍射,s 波是各向同性的,因此刚球表面各处都对散射有同等的贡献.这是量子效应,经典截面仅为 πa^2.

§8.4　氦原子(微扰法)

在绪论中我们曾提及,尽管氦原子的结构在简单程度上仅次于氢原子,但是对氦原子能级的解释是玻尔理论所遇到的严重困难之一.本节中我们将看到,量子力学中,在薛定谔方程的基础上,把电子的自旋和泡利不相容原理考虑进去,就可以得出与实验符合得很好的结果.

氦原子的核带电荷 $2e$,核外有两个电子.取氦核为坐标原点,以 $\boldsymbol{r}_1,\boldsymbol{s}_1$ 和 $\boldsymbol{r}_2,\boldsymbol{s}_2$ 表示两电子的坐标和自旋.氦原子的哈密顿算符是

$$\hat{H}=-\frac{\hbar^2}{2m}\nabla_1^2-\frac{\hbar^2}{2m}\nabla_2^2-\frac{2e^2}{4\pi\varepsilon_0 r_1}-\frac{2e^2}{4\pi\varepsilon_0 r_2}+\frac{e^2}{4\pi\varepsilon_0 r_{12}},\tag{8.4.1}$$

等号右边第一项和第二项依次表示第一个和第二个电子的动能算符,r_1 和 r_2 是第一个和第二个电子到核的距离,r_{12}是两电子间的距离.$\hat{H}$ 中不含自旋变量,所以氦原子的定态波函数可以写为

$$\Phi(\boldsymbol{r}_1,\boldsymbol{r}_2,s_{1z},s_{2z})=\psi(\boldsymbol{r}_1,\boldsymbol{r}_2)\chi(s_{1z},s_{2z}),\tag{8.4.2}$$

其中坐标波函数 $\psi(\boldsymbol{r}_1,\boldsymbol{r}_2)$是哈密顿算符 $\hat{H}$ 的本征函数:

$$\hat{H}\psi(\boldsymbol{r}_1,\boldsymbol{r}_2)=E\psi(\boldsymbol{r}_1,\boldsymbol{r}_2).\tag{8.4.3}$$

现在用微扰法求氦原子的能级.将 $\hat{H}$ 写为 $\hat{H}=\hat{H}^{(0)}+\hat{H}'$,以两电子间的库仑相互作用作为微扰,则

$$\hat{H}^{(0)}=-\frac{\hbar^2}{2m}\nabla_1^2-\frac{2e^2}{4\pi\varepsilon_0 r_1}-\frac{\hbar^2}{2m}\nabla_2^2-\frac{2e^2}{4\pi\varepsilon_0 r_2},\tag{8.4.4}$$

$$\hat{H}'=\frac{e^2}{4\pi\varepsilon_0 r_{12}},\tag{8.4.5}$$

算符 $\hat{H}^{(0)}$ 具有(8.2.1)式的形式,它是两个类氢原子($Z=2$)哈密顿算符之和,因而它的本征值是两个类氢原子中电子能量之和,本征函数是两个类氢原子波函数之积.以 ϵ_i 和 ψ_i 表示类氢原子的能级和波函数:

$$\left(-\frac{\hbar^2}{2m}\nabla^2-\frac{2e^2}{4\pi\varepsilon_0 r}\right)\psi_i=\epsilon_i\psi_i,\tag{8.4.6}$$

则属于 $\hat{H}^{(0)}$ 的本征值(当一个电子处在 ϵ_n 态,另一个电子处在 ϵ_m 态)

$$E_0 = \epsilon_n + \epsilon_m \tag{8.4.7}$$

的对称本征函数是

$$\psi_S^{(0)}(\boldsymbol{r}_1,\boldsymbol{r}_2) = \psi_n(\boldsymbol{r}_1)\psi_n(\boldsymbol{r}_2), \tag{8.4.8}$$

$$\psi_S^{(0)}(\boldsymbol{r}_1,\boldsymbol{r}_2) = \frac{1}{\sqrt{2}}\{\psi_n(\boldsymbol{r}_1)\psi_m(\boldsymbol{r}_2) + \psi_m(\boldsymbol{r}_1)\psi_n(\boldsymbol{r}_2)\} \quad (n \neq m), \tag{8.4.9}$$

反对称本征函数是

$$\psi_A^{(0)}(\boldsymbol{r}_1,\boldsymbol{r}_2) = \frac{1}{\sqrt{2}}\{\psi_n(\boldsymbol{r}_1)\psi_m(\boldsymbol{r}_2) - \psi_m(\boldsymbol{r}_1)\psi_n(\boldsymbol{r}_2)\} \quad (n \neq m). \tag{8.4.10}$$

(8.4.8)式—(8.4.10)式三式表示 $\hat{H}$ 的零级近似本征函数.由它们可以求出能量的一级修正.对于基态:

$$\psi_S^{(0)}(\boldsymbol{r}_1,\boldsymbol{r}_2) = \psi_{100}(\boldsymbol{r}_1)\psi_{100}(\boldsymbol{r}_2) = \frac{8}{\pi a_0^3}\mathrm{e}^{-\frac{2}{a_0}(r_1+r_2)}, \tag{8.4.11}$$

能量的一级修正是

$$\begin{aligned} E_0^{(1)} &= \iint \psi_S^{(0)*}\frac{e^2}{4\pi\varepsilon_0 r_{12}}\psi_s^{(0)}\mathrm{d}V_1\mathrm{d}V_2 \\ &= \frac{e^2}{4\pi\varepsilon_0}\left(\frac{8}{\pi a_0^3}\right)^2\iint\frac{\exp\left[-\frac{4}{a_0}(r_1+r_2)\right]}{|\boldsymbol{r}_1-\boldsymbol{r}_2|}\mathrm{d}V_1\mathrm{d}V_2. \end{aligned}$$

为了计算积分,把 $E_0^{(1)}$ 写成

$$E_0^{(1)} = \left(\frac{8}{\pi a_0^3}\right)^2 e\int U(r_1)\exp\left(-\frac{4}{a_0}r_1\right)\mathrm{d}V_1, \tag{8.4.12}$$

式中:

$$U(r_1) = \frac{e}{4\pi\varepsilon_0}\int\frac{\exp\left(-\frac{4}{a_0}r_2\right)\mathrm{d}V_2}{|\boldsymbol{r}_1-\boldsymbol{r}_2|}.$$

$U(r_1)$恰好是密度为 $e\exp\left(-\frac{4}{a_0}r_2\right)$ 的球对称电荷分布在与原点距离为 r_1 的 P 点所产生的静电势.以原点为中心把这个电荷分布分成许多同心球壳.如果 P 点在球壳外(图 8.4),则球壳在 P 点所产生的势与球壳的电荷集中在中心时在 P 点所产生的势相同;如果 P 点在球壳内部,则球壳在 P 点所产生的势与 r_1 无关;而在球壳上,势是连续的.设球壳的半径为 r_2,厚度为 $\mathrm{d}r_2$,则这球壳在 P 点所产生的势是

$$
dU(r_1)=\begin{cases}\dfrac{4\pi r_2^2 e\exp\left(-\dfrac{4}{a_0}r_2\right)\mathrm{d}r_2}{4\pi\varepsilon_0 r_1}, & r_2\leqslant r_1\\[2ex] \dfrac{4\pi r_2^2 e\exp\left(-\dfrac{4}{a_0}r_2\right)\mathrm{d}r_2}{4\pi\varepsilon_0 r_2}, & r_2\geqslant r_1\end{cases},
$$

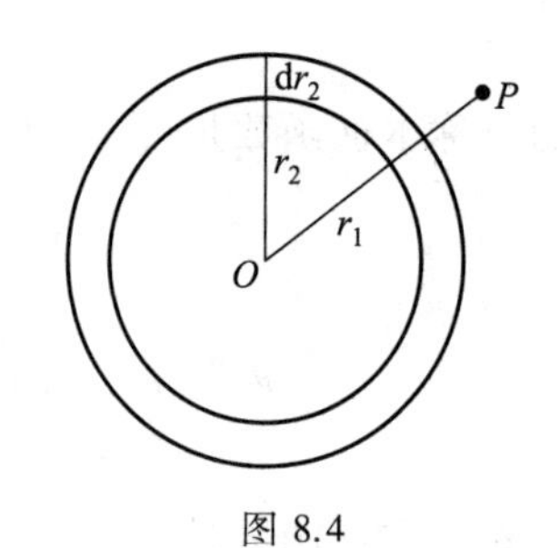

图 8.4

由此有

$$
\begin{aligned}
U(r_1)&=\frac{e}{\varepsilon_0}\left[\frac{1}{r_1}\int_0^{r_1}r_2^2\exp\left(-\frac{4}{a_0}r_2\right)\mathrm{d}r_2+\right.\\
&\left.\int_{r_1}^{\infty}r_2\exp\left(-\frac{4}{a_0}r_2\right)\mathrm{d}r_2\right]\\
&=\frac{ea_0^3}{32\varepsilon_0 r_1}\left[1-\left(1+\frac{2}{a_0}r_1\right)\exp\left(-\frac{4}{a_0}r_1\right)\right],
\end{aligned}
$$

代入(8.4.12)式中,得到基态能量的一级修正[参见(5.5.10)式]:

$$
\begin{aligned}
E_0^{(1)}&=\frac{2e^2}{\pi^2\varepsilon_0 a_0^3}\int_0^{\infty}\frac{1}{r_1}\exp\left(-\frac{4}{a_0}r_1\right)\times\\
&\left[1-\left(1+\frac{2r_1}{a_0}\right)\exp\left(-\frac{4}{a_0}r_1\right)\right]4\pi r_1^2\mathrm{d}r_1\\
&=\frac{5e^2}{16\pi\varepsilon_0 a_0}.
\end{aligned}
$$

因此,氦原子的基态能量为

$$
\begin{aligned}
E_0&=E_0^{(0)}+E_0^{(1)}=-\frac{4m}{\hbar^2}\left(\frac{e^2}{4\pi\varepsilon_0}\right)^2+\frac{5}{4}\frac{m}{\hbar^2}\left(\frac{e^2}{4\pi\varepsilon_0}\right)^2=-\frac{11m}{4\hbar^2}\left(\frac{e^2}{4\pi\varepsilon_0}\right)^2\\
&=-74.83\ \mathrm{eV},
\end{aligned}\tag{8.4.13}
$$

与实验值

$$
E_0=-78.98\ \mathrm{eV}
$$

比较,一级微扰理论的计算值(8.4.13)式的误差为 5.3%.计算结果不够好的原因是哈密顿算符(8.4.1)中微扰项$\dfrac{e^2}{4\pi\varepsilon_0 r_{12}}$与其他势能项相比并不太小.

对于激发态,设两电子处于不同的能级($n\neq m$),用(8.4.9)式和(8.4.10)式两式求能量一级修正:

$$E^{(1)}=\frac{1}{2}\iint\{\psi_n^*(\boldsymbol{r}_1)\psi_m^*(\boldsymbol{r}_2)\pm\psi_m^*(\boldsymbol{r}_1)\psi_n^*(\boldsymbol{r}_2)\}\frac{e^2}{4\pi\varepsilon_0 r_{12}}\{\psi_n(\boldsymbol{r}_1)\psi_m(\boldsymbol{r}_2)\pm\psi_m(\boldsymbol{r}_1)\psi_n(\boldsymbol{r}_2)\}\mathrm{d}V_1\mathrm{d}V_2=K\pm J,\tag{8.4.14}$$

式中:

$$\begin{aligned}K&=\frac{e^2}{4\pi\varepsilon_0}\iint\frac{|\psi_n(\boldsymbol{r}_1)|^2|\psi_m(\boldsymbol{r}_2)|^2}{r_{12}}\mathrm{d}V_1\mathrm{d}V_2\\&=\frac{e^2}{4\pi\varepsilon_0}\iint\frac{|\psi_m(\boldsymbol{r}_1)|^2|\psi_n(\boldsymbol{r}_2)|^2}{r_{12}}\mathrm{d}V_1\mathrm{d}V_2,\end{aligned}\tag{8.4.15}$$

$$\begin{aligned}J&=\frac{e^2}{4\pi\varepsilon_0}\iint\frac{\psi_n^*(\boldsymbol{r}_1)\psi_m^*(\boldsymbol{r}_2)\psi_m(\boldsymbol{r}_1)\psi_n(\boldsymbol{r}_2)}{r_{12}}\mathrm{d}V_1\mathrm{d}V_2\\&=\frac{e^2}{4\pi\varepsilon_0}\iint\frac{\psi_m^*(\boldsymbol{r}_1)\psi_n^*(\boldsymbol{r}_2)\psi_n(\boldsymbol{r}_1)\psi_m(\boldsymbol{r}_2)}{r_{12}}\mathrm{d}V_1\mathrm{d}V_2.\end{aligned}\tag{8.4.16}$$

这两个式子的第二个等号都是由两电子互换时积分结果不变而来的.因此,和波函数(8.4.9)和(8.4.10)式两式相应的本征能量分别是

$$\left.\begin{aligned}E_{\mathrm{S}}&=\epsilon_n+\epsilon_m+K+J\\E_{\mathrm{A}}&=\epsilon_n+\epsilon_m+K-J\end{aligned}\right\}\quad(n\neq m).\tag{8.4.17}$$

(8.4.8)式—(8.4.10)式三式中,$\psi_{\mathrm{S}}^{(0)}$ 是对称态,$\psi_{\mathrm{A}}^{(0)}$ 是反对称态.氦原子波函数(8.4.2)描写两个电子的状态,电子是费米子,所以 Φ 必须是反对称波函数.因此,与 $\psi_{\mathrm{S}}^{(0)}$ 相乘的自旋波函数应是反对称的 χ_{A},与 $\psi_{\mathrm{A}}^{(0)}$ 相乘的应是对称的 χ_{S},即 Φ 的形式是

$$\Phi_{\mathrm{I}}=\psi_{\mathrm{S}}^{(0)}(r_1,r_2)\chi_{\mathrm{A}}(s_{1z},s_{2z}),\tag{8.4.18}$$

$$\Phi_{\mathrm{II}}=\psi_{\mathrm{A}}^{(0)}(r_1,r_2)\chi_{\mathrm{S}}(s_{1z},s_{2z}).\tag{8.4.19}$$

χ_{A}, χ_{S} 的表示式由(8.3.5)式,(8.3.2)式,(8.3.3)式,(8.3.4)式等式给出.由§8.3可知,Φ_{I} 是单态,Φ_{II} 是三重态.处于三重态的氦称为正氦,处于单态的氦称为仲氦.氦原子的基态是单态,或者说基态的氦是仲氦.

图8.5是氦原子能级的示意图.Ⅰ是不考虑电子相互作用时的能级,Ⅱ是考虑电子相互作用时仲氦的能级,Ⅲ是考虑电子相互作用时正氦的能级.

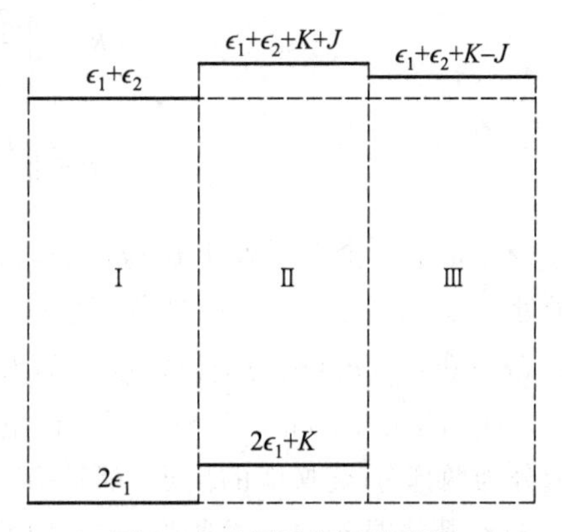

图8.5 氦原子能级示意图

图8.6给出仲氦和正氦的具体能级,其中较粗的虚线表示跃迁概率较大,较细的虚线表示跃迁概率很小.

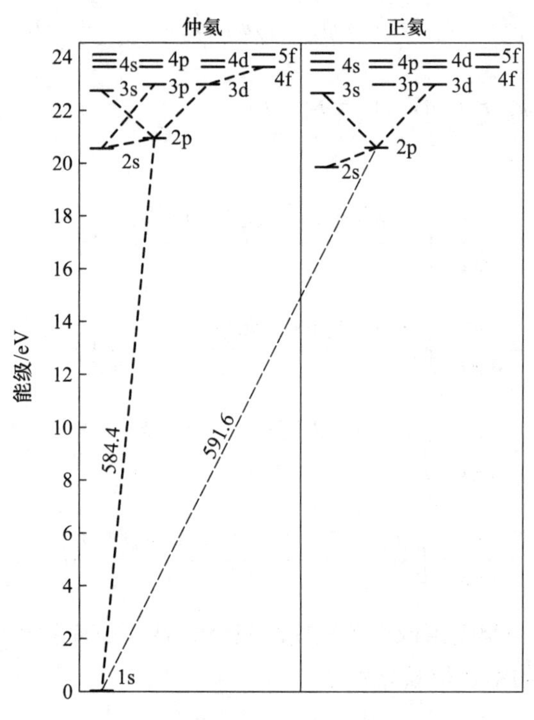

图 8.6　仲氦和正氦的能级

下面我们讨论微扰能量的两部分——K 和 J 的物理意义.为此,我们引进新的符号:

$$\rho_{nn}(\boldsymbol{r}_1)=-e\psi_n^*(\boldsymbol{r}_1)\psi_n(\boldsymbol{r}_1),$$

$$\rho_{mm}(\boldsymbol{r}_2)=-e\psi_m^*(\boldsymbol{r}_2)\psi_m(\boldsymbol{r}_2),$$

$$\rho_{mn}(\boldsymbol{r}_1)=-e\psi_m^*(\boldsymbol{r}_1)\psi_n(\boldsymbol{r}_1),$$

$$\rho_{mn}^*(\boldsymbol{r}_2)=-e\psi_m(\boldsymbol{r}_2)\psi_n^*(\boldsymbol{r}_2),$$

利用这些符号,K 和 J 可以改写为

$$K=\iint\frac{\rho_{nn}(\boldsymbol{r}_1)\rho_{mm}(\boldsymbol{r}_2)}{4\pi\varepsilon_0 r_{12}}\mathrm{d}V_1\mathrm{d}V_2,\tag{8.4.20}$$

$$J=\iint\frac{\rho_{mn}(\boldsymbol{r}_1)\rho_{mn}(\boldsymbol{r}_2)}{4\pi\varepsilon_0 r_{12}}\mathrm{d}V_1\mathrm{d}V_2.\tag{8.4.21}$$

$\rho_{nn}(\boldsymbol{r}_1)$是第一个电子处于 $\psi_n(\boldsymbol{r}_1)$态时,在 $\boldsymbol{r}_1$ 处所产生的平均电荷密度;$\rho_{mm}(\boldsymbol{r}_2)$是第二个电子处于 $\psi_m(\boldsymbol{r}_2)$态时,在 r_2 处所产生的平均电荷密度.因此,K 表示两电子相互作用的**库仑能**. $\rho_{mn}(\boldsymbol{r}_1)$和 $\rho_{mn}^*(\boldsymbol{r}_2)$称为**交换密度**.$J$ 称为两电子的**交换能**.

应当指出,实际上 K 和 J 都是由电子的库仑作用而来的.由(8.4.14)式可以看出,微扰能量分为两部分.交换能的出现,都是描写全同粒子的波函数必须是对称或反对称波函数的缘故.这个要求是经典力学所没有的,因此交换能的出现是量子力学中特有的结果.

由于交换能 J 与交换密度 $\rho_{mn}(\boldsymbol{r})=-e\psi_m^*(\boldsymbol{r})\psi_n(\boldsymbol{r})$有关,所以它的大小取决于波函数

$\psi_m(\boldsymbol{r})$和$\psi_n(\boldsymbol{r})$的重合程度.如果$|\psi_m|^2$和$|\psi_n|^2$分别集中在空间的两个不同区域,使ψ_m大的地方,ψ_n很小,ψ_n大的地方,ψ_m很小,则交换能就很小.

交换能不仅在计算原子能级、阐明原子谱线时很重要;而且在化学中,如果不考虑交换能,两原子间的同极键就根本无法理解.

* § 8.5 氢分子(海特勒-伦敦法) 化学键

多原子分子的问题是很复杂的,即使是最简单的双原子分子——氢分子,它的定态能级和波函数也只能用近似的方法求得.

双原子分子中,有两个原子核和一些电子,它们都在运动.由于原子核的质量大,核的运动比起电子的运动来要慢得多,所以在讨论电子能级时,我们可以近似地把核看成是固定的,而把核的运动另行讨论,称为绝热近似.两个核组成的体系的运动可以分为振动和转动两种;振动能级已在§2.7中讨论过,转动能级见第三章习题.下面我们用海特勒-伦敦(Heitler-London)法讨论氢分子的结合能.

假定氢分子的原子核A和B固定不动.在略去电子自旋和轨道相互作用以及自旋之间的相互作用后,氢分子的哈密顿算符是

$$\hat{H}=-\frac{\hbar^2}{2m}(\nabla_1^2+\nabla_2^2)+\frac{e^2}{4\pi\varepsilon_0}\left(-\frac{1}{r_{A1}}-\frac{1}{r_{B1}}-\frac{1}{r_{A2}}-\frac{1}{r_{B2}}+\frac{1}{r_{12}}+\frac{1}{R_{AB}}\right), \tag{8.5.1}$$

式中,r_{A1}表示核A和第一个电子之间的距离,r_{12}表示两电子之间的距离,R_{AB}表示两原子核之间的距离,等等(图8.7).

海特勒-伦敦法的要点在于,选择适当的近似波函数Φ,然后由公式

$$E=\int\Phi^*\hat{H}\Phi\mathrm{d}V \tag{8.5.2}$$

计算能量.将两氢原子间的相互作用看成微扰,用两氢原子的基态波函数在满足对称要求下构成近似波函数Φ.第一个电子和核A以及第二个电子和核B组成的原子基态波函数分别是

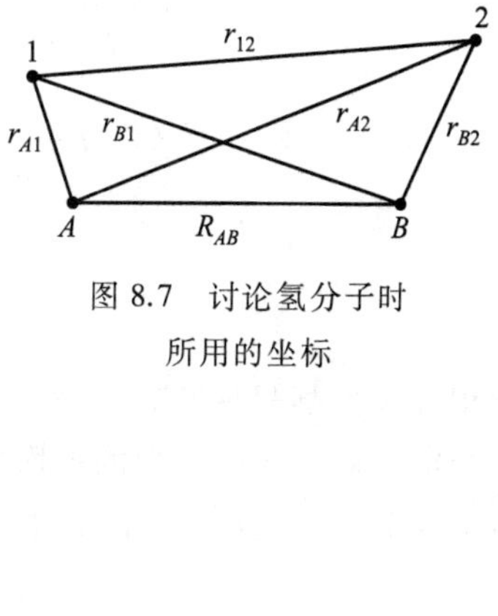

图 8.7 讨论氢分子时所用的坐标

$$\begin{aligned}\psi(r_{A1})&=\frac{1}{\sqrt{\pi a_0^3}}\mathrm{e}^{-\frac{r_{A1}}{a_0}},\\ \psi(r_{B2})&=\frac{1}{\sqrt{\pi a_0^3}}\mathrm{e}^{-\frac{r_{B2}}{a_0}},\end{aligned} \tag{8.5.3}$$

由它们可以构成下列两个反对称近似波函数:

$$\Phi_1=C_1[\psi(r_{A1})\psi(r_{B2})-\psi(r_{A2})\psi(r_{B1})]\chi_S(s_{1z},s_{2z}), \tag{8.5.4}$$

$$\Phi_{\mathrm{II}} = C_2[\psi(r_{A1})\psi(r_{B2}) + \psi(r_{A2})\psi(r_{B1})]\chi_{\mathrm{A}}(s_{1z},s_{2z}), \tag{8.5.5}$$

式中，C_1, C_2 是归一化因子，χ_{A} 和 χ_{S} 依次是体系的反对称和对称自旋波函数. 由归一化条件可以证明：

$$C_1^2 = \frac{1}{2(1+\Delta^2)},$$

$$C_2^2 = \frac{1}{2(1-\Delta^2)},$$

式中：

$$\Delta = \int \psi(r_{A1})\psi(r_{B1})\,\mathrm{d}V_1.$$

Φ_{I} 是三重态，Φ_{II} 是单态. 将(8.5.4)式、(8.5.5)式分别代入(8.5.2)式，可以求出三重态的能量 E_1 和单态的能量 E_2 为

$$E_1 = 2E_{\mathrm{H}} + \frac{e^2}{4\pi\varepsilon_0 R_{AB}} + \frac{K-J}{1-\Delta^2}, \tag{8.5.6}$$

$$E_2 = 2E_{\mathrm{H}} + \frac{e^2}{4\pi\varepsilon_0 R_{AB}} + \frac{K+J}{1+\Delta^2}, \tag{8.5.7}$$

式中 E_{H} 是氢原子基态能量. K 和 J 表示下列积分：

$$K = \frac{e^2}{4\pi\varepsilon_0}\iint \psi^2(r_{A1})\psi^2(r_{B2})\left(\frac{1}{r_{12}} - \frac{1}{r_{A2}} - \frac{1}{r_{B1}}\right)\mathrm{d}V_1\mathrm{d}V_2, \tag{8.5.8}$$

$$J = \frac{e^2}{8\pi\varepsilon_0}\iint \psi(r_{A1})\psi(r_{B2})\psi(r_{B1})\psi(r_{A2}) \times \left\{\frac{2}{r_{12}} - \frac{1}{r_{A1}} - \frac{1}{r_{A2}} - \frac{1}{r_{B1}} - \frac{1}{r_{B2}}\right\}\mathrm{d}V_1\mathrm{d}V_2. \tag{8.5.9}$$

把积分 K 的括号展开后，得到三个积分：第一项表示两电子间的库仑相互作用，第二项是第二个电子在核 A 的场中的平均势能，第三项是第一个电子在核 B 的场中的平均势能. 积分 J 是交换能，与上节中一样，它也是波函数具有对称性的必然结果，它的意义可以像上节中一样解释.

K 和 J 的具体计算很复杂，不在这里列出，我们只把(8.5.6)式和(8.5.7)式两式的计算结果用图 8.8（能量以 13.6 eV 为单位）表示出来. 图中还画出了实验得到的曲线，用以比较. 由图可以看出，E_1 随 R_{AB} 的增加而单调地减小，这说明在三重态中，原子间相互排斥，不能组成稳定的氢分子. 在单态中，体系的能量 E_2 在 $R_{AB}=1.518a_0=0.80$ nm 处有一极小值. 当 R_{AB} 大于这个数值时，两原子相互吸引，而当 R_{AB} 小于这个数值时，两原子相互排斥，这表示两原子组成的氢分子是稳定的. 由此可见，只有当两电子自旋反平行，即两电子的自旋相互抵消时才能组成氢分子.

由 E_2 的极小值可以算得氢分子的结合能(或离解能)为 3.14 eV,与实验值 4.48 eV 数量级符合.这说明海特勒-伦敦法的近似程度.用更精确的计算方法可以得到与实验值符合得非常好的结果.

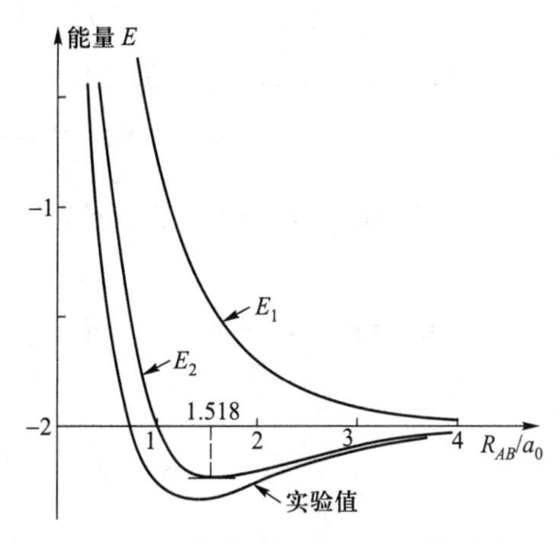

图 8.8　氢分子能量对 R_{AB} 的函数关系

上述氢分子的理论为共价键提供了解释.在量子力学出现前,共价键的理解一直是物理学和化学中的一个困难问题.

化学中由原子形成分子的键有两种:(1) 离子键,这种键存在于形成分子的正负离子之间,例如 Na^+ 和 Cl^- 之间.由于正负离子相互吸引,对这种键的理解没有什么困难.(2) 共价键,这种键存在于形成分子的两种中性原子之间,例如 H_2 分子中的两 H 原子之间.共价键有饱和性,价的概念就是由这种性质而来的.H 原子是一价的,因为形成 H_2 分子的 H 原子只和另一个 H 原子结合,而不能同时和两个 H 原子结合.

由(8.5.6)式和(8.5.7)式两式看出,E_1 和 E_2 的差别仅在于交换能 J 前面的符号,所以共价键是由量子力学中的交换现象而来的.这就是经典理论无法解释共价键的原因所在.H_2 分子形成于两 H 原子的电子自旋相互抵消时,所以 H_2 分子既经形成后,第三个 H 原子的电子自旋就不能为 H_2 分子所抵消,因而 H_2 分子不再与第三个 H 原子结合.详细计算也表明,H_2 分子与第三个 H 原子之间不产生交换能.这样,共价键的饱和性也可以从量子力学得到解释.

小　　结

全同粒子体系

(1) 全同粒子不可区分性,全同性原理→波函数的对称性.

玻色子体系波函数是对称波函数

$$\Phi_S(q_1,q_2,\cdots,q_N)=C\sum_P P\phi_i(q_1)\phi_j(q_2)\cdots\phi_k(q_N),$$

费米子体系波函数是反对称波函数.可写为斯莱特行列式

$$\Phi_A(q_1,q_2,\cdots,q_N)=\frac{1}{\sqrt{N!}}\begin{vmatrix}\phi_i(q_1) & \phi_i(q_2) & \cdots & \phi_i(q_N)\\ \phi_j(q_1) & \phi_j(q_2) & \cdots & \phi_j(q_N)\\ \vdots & \vdots & & \vdots\\ \phi_k(q_1) & \phi_k(q_2) & \cdots & \phi_k(q_N)\end{vmatrix}.$$

当自旋与轨道相互作用可以忽略时,体系波函数可以写为

$$\Phi(q_1,q_2,\cdots,q_N,t)=\phi(\boldsymbol{r}_1,\boldsymbol{r}_2,\cdots,\boldsymbol{r}_N,t)\chi(s_1,s_2,\cdots,s_N).$$

（2）氦原子　定态能量和波函数：

$$E_{\mathrm{S}}=2\epsilon_n+K,\quad \Phi_{\mathrm{I}}=\psi_n(\boldsymbol{r}_1)\psi_n(\boldsymbol{r}_2)\chi_{\mathrm{A}}\quad (n=m),$$

$$\left.\begin{aligned}E_{\mathrm{S}}=\epsilon_n+\epsilon_m+K+J,\quad \Phi_{\mathrm{I}}&=\frac{1}{\sqrt{2}}\{\psi_n(\boldsymbol{r}_1)\psi_m(\boldsymbol{r}_2)+\psi_m(\boldsymbol{r}_1)\psi_n(\boldsymbol{r}_2)\}\chi_{\mathrm{A}}\\ E_{\mathrm{A}}=\epsilon_n+\epsilon_m+K-J,\quad \Phi_{\mathrm{II}}&=\frac{1}{\sqrt{2}}\{\psi_n(\boldsymbol{r}_1)\psi_m(\boldsymbol{r}_2)-\psi_m(\boldsymbol{r}_1)\psi_n(\boldsymbol{r}_2)\}\chi_{\mathrm{S}}\end{aligned}\right\}$$

$$(n\neq m),$$

K—— 库仑能，　　J—— 交换能.

Φ_{I}—— 仲氦(单态)，　Φ_{II}—— 正氦(三重态)

*（3）氢分子　结合能.共价键的形成及其饱和性.

习　题

8.1　一体系由三个全同的玻色子组成，玻色子之间无相互作用.玻色子只有两个可能的单粒子态.问体系可能的状态有几个？它们的波函数怎样用单粒子波函数构成？

8.2　证明$\chi_{\mathrm{S}}^{(1)}$，$\chi_{\mathrm{S}}^{(2)}$，$\chi_{\mathrm{S}}^{(3)}$和χ_{A}组成正交归一系.

8.3　设两电子在弹性中心力场中运动，每个电子的势能是$U(r)=\frac{1}{2}m_e\omega^2r^2$.如果电子之间的库仑能和$U(r)$相比可以忽略，当一个电子处在基态，另一个电子处于沿x方向运动的第一激发态时，求两个电子组成体系的波函数.

第九章　量子力学若干进展

前面讨论了量子力学的基本概念、理论公式和应用.20 世纪后半叶以来,量子力学理论和应用都有了长足的进展.本章通过几个例子,对此稍加介绍.其中有与量子霍尔(Hall)效应有关的朗道(Landau)能级问题,以及两种相位:与电磁场矢势有关的阿哈罗诺夫-玻姆(Aharonov-Bohm,简称 AB)相位和含时缓变场中的贝利(Berry)相位.

§9.1　朗 道 能 级

电子在均匀外磁场 $\boldsymbol{B}$(沿 z 方向)中,取朗道规范(属于库仑规范 $\nabla \cdot \boldsymbol{A}=0$):

$$A_x=-By,\quad A_y=A_z=0\quad(\text{或}\ A_y=Bx,\quad A_x=A_z=0),\tag{9.1.1}$$

满足 $\nabla\times\boldsymbol{A}=B\hat{z}=\boldsymbol{B}$.

定态薛定谔方程

$$\hat{H}\psi=\frac{1}{2m}[(\hat{p}_x-|e|By)^2+\hat{p}_y^2+\hat{p}_z^2]\psi=E\psi,\tag{9.1.2}$$

$\hat{H}$ 不含 x,z,$[\hat{p}_x,\hat{H}]=[\hat{p}_z,\hat{H}]=0$,力学量$(\hat{H},\hat{p}_x,\hat{p}_z)$互相对易.相应本征态

$$\psi(x,y,z)=\mathrm{e}^{\mathrm{i}(p_xx+p_zz)/\hbar}\chi(y),\quad -\infty<p_x,p_z<+\infty.\tag{9.1.3}$$

代入方程(9.1.2),整理得

$$-\frac{\hbar^2}{2m}\frac{\mathrm{d}^2}{\mathrm{d}y^2}\chi(y)+\frac{m}{2}\left(\frac{eB}{m}\right)^2(y-y_0)^2\chi=\left(E-\frac{p_z^2}{2m}\right)\chi(y),\tag{9.1.4}$$

其中 $y_0=\dfrac{p_x}{|e|B}=k_xl^2$,$l^2=\dfrac{\hbar}{|e|B}=\dfrac{\hbar}{m\omega_c}=\dfrac{1}{\alpha^2}$,$l$ 称为磁长度.电子回旋频率 $\omega_c\equiv|e|B/m=2\omega_{\mathrm{L}}$,$\omega_{\mathrm{L}}$ 称为拉莫尔(Larmor)频率.

(9.1.4) 式是一维谐振子能量本征值方程(平衡位置在 y_0 处):

$$E-\frac{p_z^2}{2m}=\left(n+\frac{1}{2}\right)\hbar\omega_c,\quad n=0,1,\cdots,$$

朗道能级

$$E_{p_z,n}=\frac{p_z^2}{2m}+\left(n+\frac{1}{2}\right)\hbar\omega_c.\tag{9.1.5}$$

经典观点：电子沿磁场方向做螺旋运动.

量子观点：电子沿磁场方向自由运动，又在 Oxy 平面内绕 z 轴旋转.其本征函数 $\chi_n(y-y_0)=N_n\mathrm{e}^{-\frac{(y-y_0)^2}{2l^2}}H_n\left(\frac{y-y_0}{l}\right)$，

$$N_n=(\sqrt{\pi}2^n n!\ l)^{-1/2}. \tag{9.1.6}$$

由(9.1.5)式磁场对体系能量的贡献：

$$\left(n+\frac{1}{2}\right)\frac{|e|\hbar}{m}B=-\mu_z B,$$

$\mu_z=-\left(n+\frac{1}{2}\right)\frac{|e|\hbar}{m}<0$，称为朗道抗磁性.抗磁性与电荷正负无关，是自由带电粒子在磁场中的一种量子效应.

设二维电子气局限于长宽分别为 L_x，L_y 的矩形内.本征函数 $\chi_n(y-y_0)$ 含 y_0，本征值 $E_{p_z,n}$ 不含 y_0，所以每个朗道能级的简并度 G 是 y_0 的可能取值数目.由箱归一化条件，x 方向周期性边条件：

$$\mathrm{e}^{\mathrm{i}k_x(x+L_x)}=\mathrm{e}^{\mathrm{i}k_x x},\quad \mathrm{e}^{\mathrm{i}k_x L_x}=1,\quad k_x L_x=2n_x\pi,$$

$$\Delta k_x=\frac{2\pi}{L_x}\Delta n_x=\frac{2\pi}{L_x},\quad \Delta y_0=\frac{\hbar}{|e|B}\Delta k_x=\frac{2\pi\hbar}{|e|BL_x}=\frac{h}{|e|BL_x},$$

Δy_0 是允许的 y_0 的间距，得

$$G=\frac{L_y}{\Delta y_0}=\frac{|e|BL_xL_y}{h}=\frac{\Phi}{\Phi_0},$$

其中 $\Phi_0=\frac{h}{|e|}$ 称为元磁通量子.可见，朗道能级简并度是外磁场 Φ 中含元磁通量子数目.

§9.2　阿哈罗诺夫-玻姆效应

量子力学揭示了微观粒子的波动性，因而波函数相位是个重要物理量.首先通过带电粒子在磁场中运动阐明波函数相位重要性的就是 AB 效应，它还揭示了矢势 $\boldsymbol{A}$ 的重要性.

1959 年阿哈罗诺夫(Y.Aharonov)和玻姆(D.Bohm)建议做如下实验.

如图 9.1 所示，从电子枪 S 出射的电子束流经双缝和两条路径 P_1，P_2 到达屏上，在两条路径中放置一个很长的电流螺线管，垂直纸面，管内磁场强度 $\boldsymbol{B}$ 垂直纸面向外(取为 z 轴).屏上干涉条纹证明了电子的波动性.

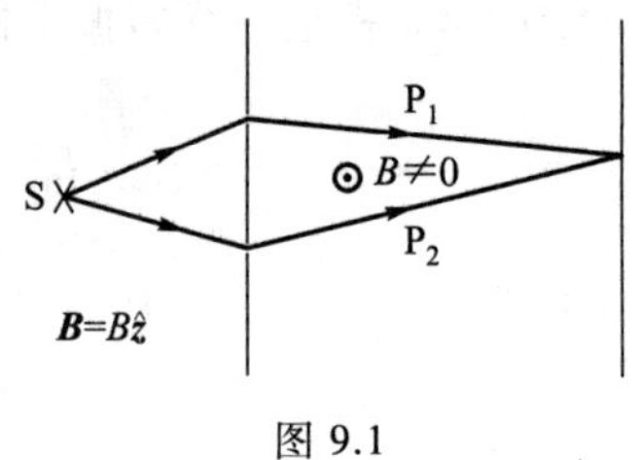

图 9.1

采用柱坐标(r,φ,z)，矢势 $\boldsymbol{A}$ 沿 $\hat{\varphi}$ 方向：

$$
\boldsymbol{A}=\begin{cases}\dfrac{1}{2}Br\hat{\varphi} & (r<R)\\[2ex] \dfrac{1}{2}B\dfrac{R^2}{r}\hat{\varphi}=\dfrac{\Phi}{2\pi r}\hat{\varphi} & (r>R)\end{cases}, \tag{9.2.1}
$$

R 为螺线管半径,$\Phi=\pi R^2B$ 是管内磁通量.管壁用超导材料绝磁,使管外 $\boldsymbol{B}=\boldsymbol{0}$,但是 $\boldsymbol{A}\neq\boldsymbol{0}$(因为管外绕管一周 $\boldsymbol{A}$ 的线积分等于 $\Phi\neq 0$).

$$
\boldsymbol{B}=\nabla\times\boldsymbol{A}=\hat{z}\frac{1}{r}\frac{\partial}{\partial r}(rA_\varphi)=\begin{cases}B\hat{z}, & (r<R)\\ 0, & (r>R)\end{cases}. \tag{9.2.2}
$$

(9.2.2)式推导利用柱坐标矢量公式 $(\nabla\times\boldsymbol{A})_z=\dfrac{1}{r}\left[\dfrac{\partial}{\partial r}(A_\varphi r)-\dfrac{\partial}{\partial\varphi}A_r\right]$,其中 $A_r=0$.定态薛定谔方程可写为

$$
\frac{1}{2m}(-\mathrm{i}\hbar\nabla+e\boldsymbol{A}(\boldsymbol{x}))^2\psi(\boldsymbol{x})+V(\boldsymbol{x})\psi(\boldsymbol{x})=E\psi(\boldsymbol{x}), \tag{9.2.3}
$$

其中 $\boldsymbol{A}(\boldsymbol{x})$ 和 $V(\boldsymbol{x})$ 都不含时间 t.方程(9.2.3)的解为

$$
\psi(\boldsymbol{x})=\psi^{(0)}(\boldsymbol{x})\exp\left(\frac{-\mathrm{i}e}{\hbar}\int^{S(\boldsymbol{x})}\boldsymbol{A}(\boldsymbol{x}')\cdot\mathrm{d}\boldsymbol{x}'\right), \tag{9.2.4}
$$

其中 $\psi^{(0)}(\boldsymbol{x})$ 满足 $\boldsymbol{A}=\boldsymbol{0}$ 的薛定谔方程:

$$
\frac{1}{2m}(-\mathrm{i}\hbar\nabla)^2\psi^{(0)}(\boldsymbol{x})+V(\boldsymbol{x})\psi^{(0)}(\boldsymbol{x})=E\psi^{(0)}(\boldsymbol{x}). \tag{9.2.5}
$$

下面通过代入法对(9.2.4)式加以验证.

$$
\begin{aligned}
(-\mathrm{i}\hbar\nabla+e\boldsymbol{A})\psi(\boldsymbol{x})&=(-\mathrm{i}\hbar\nabla+e\boldsymbol{A})\left\{\psi^{(0)}(\boldsymbol{x})\exp\left(\frac{-\mathrm{i}e}{\hbar}\int^{S(\boldsymbol{x})}\boldsymbol{A}(\boldsymbol{x}')\cdot\mathrm{d}\boldsymbol{x}'\right)\right.\\
&=\exp\left(\frac{-\mathrm{i}e}{\hbar}\int^{S(\boldsymbol{x})}\boldsymbol{A}(\boldsymbol{x}')\cdot\mathrm{d}\boldsymbol{x}'\right)\{(-\mathrm{i}\hbar\nabla+e\boldsymbol{A})\psi^{(0)}(\boldsymbol{x})-\\
&\quad e\boldsymbol{A}(\boldsymbol{x})\psi^{(0)}(\boldsymbol{x})\}\\
&=\exp\left(\frac{-\mathrm{i}e}{\hbar}\int^{S(\boldsymbol{x})}\boldsymbol{A}(\boldsymbol{x}')\cdot\mathrm{d}\boldsymbol{x}'\right)(-\mathrm{i}\hbar\nabla)\psi^{(0)}(\boldsymbol{x}),
\end{aligned}
$$

$$
(-\mathrm{i}\hbar\nabla+e\boldsymbol{A})^2\psi(\boldsymbol{x})=\exp\left(\frac{-\mathrm{i}e}{\hbar}\int^{S(\boldsymbol{x})}\boldsymbol{A}(\boldsymbol{x}')\cdot\mathrm{d}\boldsymbol{x}'\right)(-\mathrm{i}\hbar\nabla)^2\psi^{(0)}(\boldsymbol{x}), \tag{9.2.6}
$$

把(9.2.6)式代入(9.2.3)式,并利用(9.2.5)式,就完成了验证.

屏上一点,电子波函数应为经由 P_1 和 P_2 到达的两波函数的线性叠加

$$
\psi(\boldsymbol{x})=\psi_1^{(0)}(\boldsymbol{x})\exp\left(\frac{-\mathrm{i}e}{\hbar}\int_{\mathrm{P}_1}\boldsymbol{A}(\boldsymbol{x}')\cdot\mathrm{d}\boldsymbol{x}'\right)+
$$

$$\psi_2^{(0)}(\boldsymbol{x})\exp\left(\frac{-\mathrm{i}e}{\hbar}\int_{\mathrm{P}_2}\boldsymbol{A}(\boldsymbol{x}')\cdot\mathrm{d}\boldsymbol{x}'\right)$$

$$=\exp\left(\frac{-\mathrm{i}e}{\hbar}\int_{\mathrm{P}_1}\boldsymbol{A}(\boldsymbol{x}')\cdot\mathrm{d}\boldsymbol{x}'\right)\left\{\psi_1^{(0)}(\boldsymbol{x})+\right.$$

$$\left.\psi_2^{(0)}(\boldsymbol{x})\exp\left[\frac{-\mathrm{i}e}{\hbar}\left(\int_{\mathrm{P}_2}\boldsymbol{A}(\boldsymbol{x}')\cdot\mathrm{d}\boldsymbol{x}'-\int_{\mathrm{P}_1}\boldsymbol{A}(\boldsymbol{x}')\cdot\mathrm{d}\boldsymbol{x}'\right)\right]\right\}$$

$$=\mathrm{e}^{\mathrm{i}\beta}(\psi_1^{(0)}(\boldsymbol{x})+\psi_2^{(0)}(\boldsymbol{x})\mathrm{e}^{\mathrm{i}\delta}),$$

与 $\boldsymbol{A}$ 无关的相位含在 $\psi_1^{(0)}(\boldsymbol{x})$ 和 $\psi_2^{(0)}(\boldsymbol{x})$ 中.

$$\delta=\frac{-e}{\hbar}\left(\int_{\mathrm{P}_2}\boldsymbol{A}(\boldsymbol{x}')\cdot\mathrm{d}\boldsymbol{x}'-\int_{\mathrm{P}_1}\boldsymbol{A}(\boldsymbol{x}')\cdot\mathrm{d}\boldsymbol{x}'\right)$$

$$=\frac{-e}{\hbar}\oint\boldsymbol{A}(\boldsymbol{x})'\cdot\mathrm{d}\boldsymbol{x}'=\frac{-e}{\hbar}\int_S\nabla\times\boldsymbol{A}\cdot\mathrm{d}\boldsymbol{S}$$

$$=-\frac{e}{\hbar}\int_S\boldsymbol{B}\cdot\mathrm{d}\boldsymbol{S}=-\frac{e\Phi}{\hbar}. \tag{9.2.7}$$

其中由高等数学中斯托克斯(Stokes)定理,从线积分变为闭合路径包围面 S 上的积分.Φ 是螺线管内总磁通量.

实验中,电子在螺线管外的区域运动,$\boldsymbol{B}=\boldsymbol{0}$.但是由于 Φ 存在,$\boldsymbol{A}\neq\boldsymbol{0}$.从经典物理看来,电子并没有受到洛伦兹(Lorentz)力作用.但是,上述量子力学的推导证明 $|\psi|^2$ 在屏上会显示 Φ 或 $\boldsymbol{A}$ 引起的干涉条纹,也表明矢势 $\boldsymbol{A}$ 是具有实质性的物理意义的.

§9.3　贝利相位[①]

设体系哈密顿量是 n 维含时间变量 $\boldsymbol{R}(t)=(R_1(t),R_2(t),\cdots,R_n(t))$ 的函数:

$$H(\boldsymbol{R}(t)), \tag{9.3.1}$$

$\boldsymbol{R}(t)$ 可以是矢势 $\boldsymbol{A}$,那么 $k=3$.这里,我们讨论更一般的情况,$\boldsymbol{R}(t)$ 可以是任何时间 t 的慢变参量,如原子核的坐标等,而且满足绝热近似条件:

$$\left|\frac{\mathrm{d}\boldsymbol{R}}{\mathrm{d}t}\right|\Big/|\boldsymbol{R}|\ll\omega_{nm}=(E_n-E_m)/\hbar, \tag{9.3.2}$$

于是可以忽略从 m 态到 n 态的跃迁.这样,若 t_1 时刻体系处在瞬时本征态 $\psi_m(\boldsymbol{r},t_1)$,则在 t_2 时刻,体系仍然处在本征态 $\psi_m(\boldsymbol{r},t_2)$.

含时间薛定谔方程:

① 参见:W.Dittrich, M. Reuter. Classical and Quantum Dynamics from Classical Paths to Path Integrals. 2nd ed. Berlin: Springer-Verlag, 1996.

$$i\hbar\frac{\partial}{\partial t}|\psi(t)\rangle = H(\boldsymbol{R}(t))|\psi(t)\rangle, \tag{9.3.3}$$

当参量 $\boldsymbol{R}$ 与时间无关时，有本征值方程：

$$H(\boldsymbol{R})|n(\boldsymbol{R})\rangle = E_n(\boldsymbol{R})|n(\boldsymbol{R})\rangle, \tag{9.3.4}$$

当 $\boldsymbol{R}(t)$ 缓变时，对于某一瞬间 t，仍可写出瞬时本征方程：

$$H(\boldsymbol{R}(t))|n(\boldsymbol{R}(t))\rangle = E_n(\boldsymbol{R}(t))|n(\boldsymbol{R}(t))\rangle, \tag{9.3.5}$$

基矢满足正交归一化条件：

$$\langle n(\boldsymbol{R}(t))|m(\boldsymbol{R}(t))\rangle = \delta_{m,n}, \tag{9.3.6}$$

$|\psi(t)\rangle$ 可用 $|n(\boldsymbol{R}(t))\rangle$ 展开，写为

$$|\psi(t)\rangle = \sum_n a_n(t)e^{i\alpha_n(t)}|n(\boldsymbol{R}(t))\rangle, \tag{9.3.7}$$

其中：

$$\alpha_n(t) \equiv -\frac{1}{\hbar}\int_0^t dt' E_n(\boldsymbol{R}(t')) \tag{9.3.8}$$

称为动力学相位（dynamical phase）.

把(9.3.7)式代入(9.3.3)式，并利用(9.3.5)式得

$$i\hbar\sum_n \dot{a}_n(t)e^{i\alpha_n(t)}|n(\boldsymbol{R}(t))\rangle - \hbar\sum_n a_n(t)\dot{\alpha}_n(t)e^{i\alpha_n(t)}|n(\boldsymbol{R}(t))\rangle +$$

$$i\hbar\sum_n a_n(t)e^{i\alpha_n(t)}|\dot{n}\rangle$$

$$= \sum_n a_n(t)e^{i\alpha_n(t)}E_n(\boldsymbol{R}(t))|n(\boldsymbol{R}(t))\rangle,$$

由(9.3.8)式，

$$\dot{\alpha}_n(t) = -\frac{1}{\hbar}E_n(\boldsymbol{R}(t)). \tag{9.3.9}$$

于是有

$$\sum_n \dot{a}_n e^{i\alpha_n}|n\rangle + \sum_n a_n e^{i\alpha_n}|\dot{n}\rangle = 0, \tag{9.3.10}$$

以 $\langle m|$ 左乘(9.3.10)式（即取内积）：

$$\dot{a}_m(t) = -\sum_n a_n e^{i(\alpha_n-\alpha_m)}\langle m|\dot{n}\rangle. \tag{9.3.11}$$

下面采用绝热近似，即

$$\left\langle m(\boldsymbol{R}(t))\left|\frac{\partial}{\partial t}\right|n(\boldsymbol{R}(t))\right\rangle = 0 \quad (m \neq n), \tag{9.3.12}$$

(9.3.11)式简化为

$$\dot{a}_m(t) = -a_m(t)\langle m|\dot{m}\rangle, \tag{9.3.13}$$

积分可得

$$a_m(t)=a_m(0)\exp\left\{-\int_0^t \mathrm{d}t'\left\langle m(\boldsymbol{R}(t'))\left|\frac{\partial}{\partial t'}\right|m(\boldsymbol{R}(t'))\right\rangle\right\}, \tag{9.3.14}$$

其中初条件 $a_m(0)=1$.

(9.3.6)式对 t 求偏导：

$$\langle \dot{m}\mid m\rangle+\langle m\mid \dot{m}\rangle=0,$$

即

$$\mathrm{Re}(\langle m\mid \dot{m}\rangle)=0, \tag{9.3.15}$$

可见(9.3.14)式指数内被积函数是纯虚数,可记为

$$a_m(t)=\mathrm{e}^{\mathrm{i}\gamma_m(t)}, \tag{9.3.16}$$

其中 $\gamma_m(t)$ 是实数：

$$\gamma_m(t)=\mathrm{i}\int_0^t \mathrm{d}t'\left\langle m(\boldsymbol{R}(t'))\left|\frac{\partial}{\partial t'}\right|m(\boldsymbol{R}(t'))\right\rangle. \tag{9.3.17}$$

绝热近似下,方程(9.3.3)式的解(9.3.7)式可写为

$$|\psi(t)\rangle=\mathrm{e}^{\mathrm{i}\gamma_m(t)}\mathrm{e}^{\mathrm{i}\alpha_m(t)}\,|m(\boldsymbol{R}(t))\rangle. \tag{9.3.18}$$

初看之下,$\mathrm{e}^{\mathrm{i}\gamma_m(t)}$ 是绝对相因子.态矢 $|\psi\rangle$ 不是可观察量,可观察量 $\langle\psi\mid\psi\rangle$ 中 $\mathrm{e}^{\mathrm{i}\gamma_m(t)}$ 消去了.但是,1984 年贝利(Berry)指出,当(9.3.17)式积分路径是 $\boldsymbol{R}(t)$ 参数空间的闭合回路 C 时,$R(T)=R(0)$,

$$\begin{aligned}\gamma_m(C)&=\mathrm{i}\int_0^T \mathrm{d}t\langle m(\boldsymbol{R}(t))\mid\nabla_{\boldsymbol{R}}\mid m(\boldsymbol{R}(t))\rangle\cdot\frac{\mathrm{d}\boldsymbol{R}(t)}{\mathrm{d}t}\\&=\mathrm{i}\oint_C \mathrm{d}\boldsymbol{R}\cdot\langle m(\boldsymbol{R}(t))\mid\nabla_{\boldsymbol{R}}\mid m(\boldsymbol{R}(t))\rangle\end{aligned} \tag{9.3.19}$$

可以被观察到,具有物理意义.

引入 $\boldsymbol{R}$ 空间的“矢势”

$$\boldsymbol{A}_m(\boldsymbol{R})\equiv \mathrm{i}\langle m(\boldsymbol{R})\mid\nabla_{\boldsymbol{R}}\mid m(\boldsymbol{R})\rangle, \tag{9.3.20}$$

与 AB 效应类似,可得

$$\gamma_m(C)=\oint_C \mathrm{d}\boldsymbol{R}\cdot\boldsymbol{A}_m(\boldsymbol{R}) \tag{9.3.21}$$

$$=\int_S \mathrm{d}\boldsymbol{S}\cdot(\nabla\times\boldsymbol{A}_m(\boldsymbol{R})) \tag{9.3.22}$$

$$=-\int_S \mathrm{d}\boldsymbol{S}\cdot\boldsymbol{B}_m(\boldsymbol{R}), \tag{9.3.23}$$

其中 S 是闭合回路 C 所包围的面,以及：

$$\boldsymbol{B}_m(\boldsymbol{R})\equiv-\nabla\times\boldsymbol{A}_m(\boldsymbol{R}). \tag{9.3.24}$$

这里,对于三维问题可以引入旋量.$\gamma_m(C)$ 称为贝利相位,是可观察量.不难证明 $\gamma_m(C)$ 具有

规范不变性(超出本书范围).(9.3.24)式表明 $\gamma_m(C)$ 是参数空间"磁场强度"$\boldsymbol{B}_m(\boldsymbol{R})$ 的"磁通量"的负值. $\boldsymbol{B}_m=-\nabla\times\boldsymbol{A}_m=-\mathrm{i}\nabla_{\boldsymbol{R}}\times\langle m|\nabla_{\boldsymbol{R}}m\rangle$ 的值为实数,所以 $\langle m|\nabla_{\boldsymbol{R}}m\rangle$ 的值是纯虚数.

$$\begin{aligned}\boldsymbol{B}_m&=\mathrm{Im}\{\nabla_{\boldsymbol{R}}\times\langle m|\nabla_{\boldsymbol{R}}m\rangle\}=\mathrm{Im}\{\langle\nabla_{\boldsymbol{R}}m|\times|\nabla_{\boldsymbol{R}}m\rangle\}\\&=\mathrm{Im}\left\{\sum_{n\neq m}\langle\nabla_{\boldsymbol{R}}m|n\rangle\times\langle n|\nabla_{\boldsymbol{R}}m\rangle\right\}.\end{aligned}\tag{9.3.25}$$

上式中 $n=m$ 项贡献为 0,证明如下:

由(9.3.6)式,$\langle m(\boldsymbol{R}(t))|m(\boldsymbol{R}(t))\rangle=1$,求梯度得

$$(\nabla_{\boldsymbol{R}}\langle m|)|m\rangle+\langle m|\nabla_{\boldsymbol{R}}|m\rangle=\boldsymbol{0},\tag{9.3.26}$$

两个反平行的矢量叉乘为 $\boldsymbol{0}$,

$$(\nabla_{\boldsymbol{R}}\langle m|)|m\rangle\times\langle m|\nabla_{\boldsymbol{R}}|m\rangle=\boldsymbol{0},\tag{9.3.27}$$

由(9.3.5)式,

$$H|m\rangle=E_m(\boldsymbol{R})|m\rangle,$$

对上式取梯度:

$$\begin{aligned}&(\nabla_{\boldsymbol{R}}H)|m(\boldsymbol{R})\rangle+H\nabla_{\boldsymbol{R}}|m(\boldsymbol{R})\rangle\\&=(\nabla_{\boldsymbol{R}}E_m(\boldsymbol{R}))|m(\boldsymbol{R})\rangle+E_m(\boldsymbol{R})(\nabla_{\boldsymbol{R}}|m(\boldsymbol{R})\rangle),\end{aligned}$$

左乘 $\langle n(\boldsymbol{R})|$ 作内积,右边第一项 $\langle n|m\rangle=0\quad(n\neq m)$.

$$\begin{aligned}&\langle n(\boldsymbol{R})|\nabla_{\boldsymbol{R}}H|m(\boldsymbol{R})\rangle+E_n(\boldsymbol{R})\langle n(\boldsymbol{R})|\nabla_{\boldsymbol{R}}|m(\boldsymbol{R})\rangle\\&=E_m(\boldsymbol{R})\langle n(\boldsymbol{R})|\nabla_{\boldsymbol{R}}|m(\boldsymbol{R})\rangle\quad(n\neq m),\end{aligned}$$

得

$$\langle n(\boldsymbol{R})|\nabla_{\boldsymbol{R}}|m(\boldsymbol{R})\rangle=\frac{\langle n(\boldsymbol{R})|(\nabla_{\boldsymbol{R}}H)|m(\boldsymbol{R})\rangle}{E_m(\boldsymbol{R})-E_n(\boldsymbol{R})}\quad(n\neq m),\tag{9.3.28}$$

在(9.3.28)式中,n,m 互换得

$$\langle m(\boldsymbol{R})|\nabla_{\boldsymbol{R}}|n(\boldsymbol{R})\rangle=\frac{\langle m(\boldsymbol{R})|(\nabla_{\boldsymbol{R}}H)|n(\boldsymbol{R})\rangle}{E_n(\boldsymbol{R})-E_m(\boldsymbol{R})}.$$

与(9.3.26)式类似,$\langle m(\boldsymbol{R})|\nabla_{\boldsymbol{R}}|n(\boldsymbol{R})\rangle=-(\nabla_{\boldsymbol{R}}\langle m(\boldsymbol{R})|)|n(\boldsymbol{R})\rangle$.于是有

$$(\nabla_{\boldsymbol{R}}\langle m(\boldsymbol{R})|)|n(\boldsymbol{R})\rangle=\frac{\langle m(\boldsymbol{R})|(\nabla_{\boldsymbol{R}}H)|n(\boldsymbol{R})\rangle}{E_m(\boldsymbol{R})-E_n(\boldsymbol{R})}\quad(n\neq m).\tag{9.3.29}$$

把(9.3.28)式和(9.3.29)式两式代入(9.3.25)式得

$$\boldsymbol{B}_m(\boldsymbol{R})=\mathrm{Im}\sum_{n\neq m}\frac{\langle m(\boldsymbol{R})|(\nabla_{\boldsymbol{R}}H)|n(\boldsymbol{R})\rangle\times\langle n(\boldsymbol{R})|(\nabla_{\boldsymbol{R}}H)|m(\boldsymbol{R})\rangle}{(E_m(\boldsymbol{R})-E_n(\boldsymbol{R}))^2}.\tag{9.3.30}$$

例　自旋$\frac{1}{2}$的粒子在外磁场$\boldsymbol{R}(t)=(X(t),Y(t),Z(t))$中运动.设粒子磁矩为$\mu\boldsymbol{\sigma}$,哈密顿量为

$$H(\boldsymbol{R}(t))=-\mu\boldsymbol{\sigma}\cdot\boldsymbol{R}(t)$$
$$=-\mu\begin{pmatrix} Z(t) & X(t)-\mathrm{i}Y(t) \\ X(t)+\mathrm{i}Y(t) & -Z(t)\end{pmatrix}. \qquad (9.3.31)$$

相应的能量久期方程为(记$\tilde{E}=-E/\mu$)

$$\begin{vmatrix} Z-\tilde{E} & X-\mathrm{i}Y \\ X+\mathrm{i}Y & -Z-\tilde{E}\end{vmatrix}=0,$$

解得能量本征值

$$E_{\pm}(\boldsymbol{R})=\pm\mu\sqrt{X^2+Y^2+Z^2}=\pm\mu R, \qquad (9.3.32)$$

其中$R\equiv|\boldsymbol{R}|$.R参数空间能级简并发生在原点$R=0$.由(9.3.31)式,

$$\nabla_{\boldsymbol{R}}H(\boldsymbol{R})=-\mu\boldsymbol{\sigma}, \qquad (9.3.33)$$

下面为了简化推导,我们假设$\boldsymbol{R}$沿z轴方向.并设初态($t=0$)瞬时本征态为$|\downarrow\rangle$,即自旋与$\boldsymbol{R}(0)$方向相反($\sigma_z'=-1$),在(9.3.30)式中只有一项:

$$\boldsymbol{B}_-=\mathrm{Im}\frac{\langle\downarrow|(\nabla_{\boldsymbol{R}}H)|\uparrow\rangle\times\langle\uparrow|(\nabla_{\boldsymbol{R}}H)|\downarrow\rangle}{(E_--E_+)^2}, \qquad (9.3.34)$$

由(9.3.32)式,$E_--E_+=-2\mu R$,并利用(9.3.33)式得

$$\boldsymbol{B}_-=\mathrm{Im}\frac{\langle\downarrow|\boldsymbol{\sigma}|\uparrow\rangle\times\langle\uparrow|\boldsymbol{\sigma}|\downarrow\rangle}{4R^2}, \qquad (9.3.35)$$

由泡利矩阵性质,$\langle\downarrow|\sigma_x|\uparrow\rangle=\langle\downarrow|\downarrow\rangle=1$,$\langle\downarrow|\sigma_y|\uparrow\rangle=\mathrm{i}\langle\downarrow|\downarrow\rangle=\mathrm{i}$,$\langle\downarrow|\sigma_z|\uparrow\rangle=\langle\downarrow|\uparrow\rangle=0$,$\langle\uparrow|\sigma_x|\downarrow\rangle=1$,$\langle\uparrow|\sigma_y|\downarrow\rangle=-\mathrm{i}$,$\langle\uparrow|\sigma_z|\downarrow\rangle=0$,代入(9.3.35)式:

$$\boldsymbol{B}_-=\mathrm{Im}\frac{1}{4R^2}\begin{vmatrix}\boldsymbol{i} & \boldsymbol{j} & \boldsymbol{k} \\ 1 & \mathrm{i} & 0 \\ 1 & -\mathrm{i} & 0\end{vmatrix}=-\frac{\boldsymbol{k}}{2R^2}, \qquad (9.3.36)$$

将此结果推广到一般的$\boldsymbol{R}$,则有

$$\boldsymbol{B}_-(\boldsymbol{R})=-\frac{\boldsymbol{R}}{2R^3}. \qquad (9.3.37)$$

同理,当初态为$|\uparrow\rangle$时,有

$$\boldsymbol{B}_{+}(\boldsymbol{R})=\frac{\boldsymbol{R}}{2R^{3}},\tag{9.3.38}$$

代入(9.3.23)式得贝利相位：

$$\begin{aligned}\gamma_{\pm}(C)&=-\int_{S}\mathrm{d}\boldsymbol{S}\cdot\boldsymbol{B}_{\pm}(\boldsymbol{R})=\mp\int_{\Omega(C)}R^{2}\mathrm{d}\Omega\frac{1}{2R^{2}}\\&=\mp\frac{1}{2}\Omega(C).\end{aligned}\tag{9.3.39}$$

$\Omega(C)$是闭合曲线 C 对参数空间原点($R=0$)所张立体角.贝利指出上式表明在 $R=0$ 处有强度为$\pm\frac{1}{2}$单位的“磁单极”存在,这种奇性是由能级的简并引起:$E_{+}(0)=E_{-}(0)$.(9.3.39)式表示了贝利相位与闭曲线 C 所张立体角的关系,揭示其几何性.也称为几何相位.

结　束　语

1. 量子力学的基本假定

在本书结束前,简单回顾一下为叙述量子力学原理曾经引进的基本假定,这些基本假定归纳起来有下列五个:

(1) 微观体系的状态被一个波函数完全描述,从这个波函数可以得出体系的所有性质.波函数一般应满足连续性、有限性和单值性三个条件.

(2) 力学量用厄米算符表示.如果在经典力学中有相应的力学量,则在量子力学中表示这个力学量的算符,由经典表示式中将动量 $\boldsymbol{p}$ 换为算符 $-\mathrm{i}\hbar\nabla$ 得出.表示力学量的算符有组成完全系的本征函数.

(3) 将体系的状态波函数 Ψ 用算符 $\hat{F}$ 的本征函数 Φ 展开($\hat{F}\Phi_n=\lambda_n\Phi_n, \hat{F}\Phi_\lambda=\lambda\Phi_\lambda$):

$$\Psi=\sum_n c_n\Phi_n+\int c_\lambda\Phi_\lambda\mathrm{d}\lambda,$$

则在 Ψ 态中测量力学量 F 得到结果为 λ_n 的概率是 $|c_n|^2$,得到结果在 $\lambda\to\lambda+\mathrm{d}\lambda$ 范围内的概率是 $|c_\lambda|^2\mathrm{d}\lambda$.

(4) 体系的状态波函数满足薛定谔方程:

$$\mathrm{i}\hbar\frac{\partial\Psi}{\partial t}=\hat{H}\Psi,$$

$\hat{H}$ 是体系的哈密顿算符.

(5) 在全同粒子所组成的体系中,两全同粒子相互调换不改变体系的状态(全同性原理).

在上面的基本假定中,没有列出波函数的统计解释,因为它已包含在基本假定(3)内.这可由以下的讨论看出.坐标 $\boldsymbol{r}$ 的本征值方程是

$$\boldsymbol{r}\delta(\boldsymbol{r}-\boldsymbol{r}')=\boldsymbol{r}'\delta(\boldsymbol{r}-\boldsymbol{r}'),$$

将 Ψ 按 $\boldsymbol{r}$ 的本征函数展开,得

$$\Psi(\boldsymbol{r})=\int\Psi(\boldsymbol{r}')\delta(\boldsymbol{r}-\boldsymbol{r}')\mathrm{d}V'.$$

由此可见,$|\Psi(\boldsymbol{r}')|^2$ 是概率密度,这就是波函数的统计解释.

除了上面五个基本假定之外,在我们所讨论的非相对论量子力学中,电子的自旋也是作

为假定引进的.但是,自旋作为一个假定,是忽略了相对论效应的缘故;在相对论量子力学中,自旋像粒子的其他性质一样包含在狄拉克方程中,不需另作假定.

2. 量子力学原理和方法的发展

本书内容只包含了量子力学的最基本的原理和方法,如希望对这门学科有更全面更深入的理解和掌握,还必须进一步学习.下面简单地叙述当前量子力学的发展.

电子的相对论波动方程,在非相对论量子力学建立后不久(1928 年)就被提出来了.这个理论适用于电子速度接近光速的情况,并且,如上面所提到的,它把电子的自旋包含在理论中,这是它比非相对论量子力学理论优越的地方;然而,这个理论只能处理一个电子在外场中的运动,而不能处理多电子体系的问题.在宇宙射线和高能粒子的实验中发现,在相对论情况下($E \geqslant mc^2$),当粒子能量的改变与粒子的静止能量可相比拟时,粒子就转化为别种粒子,例如电子、正电子(电子对)能够转化为光子,光子也能转化为电子对,等等.因此,在高能的情况下,不可能像在非相对论情况中那样来区分粒子和场,所有的基本粒子(光子、电子、介子、核子等)必须用统一的方式处理,这样才能够把粒子之间的相互转化反映到理论中去.为满足这个要求,在量子力学的基础上,人们又进一步发展了场的量子理论(或称量子场论).在量子场论中,每一种基本粒子可用一个场 ψ 来描写,ψ 在保持洛伦兹协变性的条件下,通过量子化后变为能描写粒子产生和湮没的算符.根据实验总结出来的粒子的对称性质,可以用这些量子场 ψ 构成体系的哈密顿函数,作为讨论问题的出发点. §5.8 开始时提到的量子电动力学,就是讨论电子、正电子的场和光子场相互作用的量子场论.

量子场论在反映基本粒子的运动规律上虽然取得了很大的成就,但是,目前它还存在着一些困难,例如对于基本粒子之间的强相互作用,还未能建立起完整的理论,对于核力的性质,也还不能很好地加以阐明.当前关于基本粒子性质的实验研究正推动着这方面的理论进一步向前发展.

在非相对论量子力学中,多体问题是当前研究的中心问题之一.在氦原子和氢分子的讨论中,我们已看到,仅仅由两个粒子所组成的体系,考虑了粒子间相互作用后,薛定谔方程的求解问题已变得十分复杂,只能用近似方法求解.随着粒子数增加,问题的复杂程度也自然要加大.在这种情况下,选用适当的近似方法具有重要的意义.在讨论原子、分子、固体和原子核的结构中,所谓"自洽场法"被广泛地应用,并取得一些成功.这个方法的要点在于,把一个粒子受到其他粒子的作用,用一个平均场来代替.即使采用了近似方法,计算上的困难也是很大的.近年来计算技术的发展,大大促进了物质结构的理论研究.

处理多体问题的自洽场法的缺点,是忽略了粒子间的相互关联.近年来,处理多体问题的方法有了新的发展,特别是在量子场论中发展起来的一些计算方法,已成为处理多体问题的有力工具.

在快速发展的纳米科技和高温超导体等研究领域,量子力学的应用取得了很大的成功.而近年来兴起的量子计算机更是完全按照量子力学原理进行工作,目前已经奠定了发展的基础.

3. 关于量子力学理论的解释问题

对量子力学理论的解释,是这门学科中存在着的一个重大问题.自从量子力学产生以来,这个问题一直是物理学界中争论的中心问题之一.问题不在于目前量子力学理论是否正确,量子力学的正确性已为大量实验事实所验证.问题在于:量子力学理论是否是完备的;或者说,波函数 ψ 是精确地描写了单个体系的状态呢?还是只描写由许多相同体系组成的统计系综的状态?

以玻尔、海森伯(Heisenberg)为代表的哥本哈根学派认为量子力学对微观粒子状态的描述是完备的.波函数精确地描写了单个体系的状态.波函数之所以只提供统计的数据、不确定关系之所以存在,是因为粒子与测量仪器之间相互作用的不可控制性.粒子的行为和粒子与测量仪器间的相互作用是不能决然划分开来的.由此,他们得出结论:在空间、时间中发生的微观过程和经典的因果律不相容.

哥本哈根学派的观点虽然在物理学界中为许多人所接受,但也受到一些人如爱因斯坦、德布罗意、薛定谔等人的反对.爱因斯坦等认为:量子力学理论是不完备的[①]."波函数所描述的无论如何不能是单个体系的状态;它所涉及的是许多体系,从统计力学的意义来说,就是'系综'."[②]因此,爱因斯坦认为波函数对体系的统计描述只是一个中间阶段,应当寻求更完备的概念.

与爱因斯坦的这种看法相一致,已有一些人企图建立比现有理论更深入一层的理论.德布罗意[③]、玻姆(Bohm)[④]等人认为,粒子的波动性和粒子性同样是物理实在.德布罗意早在1927年就曾提出:粒子是波场中的一个奇异点,波引导着粒子运动.玻姆认为,目前量子理论之所以是一个统计理论,是因为还存在着未被发现的"隐变量"的缘故;个别体系的规律,正是由这些隐变量来确定的;如果能找出这些隐变量,就可以准确地决定对微观现象每一次测量的结果,而不只是决定各种可能出现的结果的概率.

在玻尔和爱因斯坦之间持续多年、没有结束的争论中,爱因斯坦设计了一系列思维实验,挑战玻尔的哥本哈根学派的量子力学主流观点.其中最著名的是爱因斯坦、波多尔斯基(Podolsky)、罗森(Rosen)三人提出的现在称为EPR佯谬的实验[⑤].正负电子对衰变成的双光子,尽管分离很远,处在非定域的量子关联态(纠缠态).如果测到一个光子的偏振态,就可以确定另一个光子的偏振态.这用经典观点是难以理解的,似乎存在某种超距的信息传递,却是量子力学的必然结果.1964年贝尔(Bell)[⑥]提出一个不等式,以便检验隐变量存在的可能性.近年来多个采用现代激光技术等方法做的精美实验,检验了EPR佯谬、贝尔不等式、薛定谔猫等问题,强烈支持量子力学的结论.这场争论增进了人们对量子力学的理解,还给我们指出了继续探索的方向.

---

①⑤ A.Einstein,B.Podolsky,N.Rosen.Can Quantum-Mechanical Description of Physical Reality Be Considered Complete? Phys. Rev.47,777(1935).

② A.Einstein.Journ.Franklin Inst.221,313(1936).中译文见:爱因斯坦论著选编[M].上海:上海人民出版社,1973:196.

③ L.De Broglie.La physique quantique restera-t-elle indeterministe? Paris:Gauthier-Villars,1953.

④ D.Bohm.Phys.Rev.85,166,180(1952).中译文载于:自然辩证法研究通讯[J].1959,3,42;1959,4,63.

⑥ J.S.Bell.Physics 1,105(1964);Rev.Mod.Phys.38,447(1966).

附　　录

I

讨论在势能突变到无限大的边界面上波函数应满足的边界条件.为此,先考虑有限突变的势能(图 I.1):

$$\left.\begin{aligned} U(x) &= 0, \quad x < 0 \\ U(x) &= U_0, \quad x > 0 \end{aligned}\right\}, \tag{I.1}$$

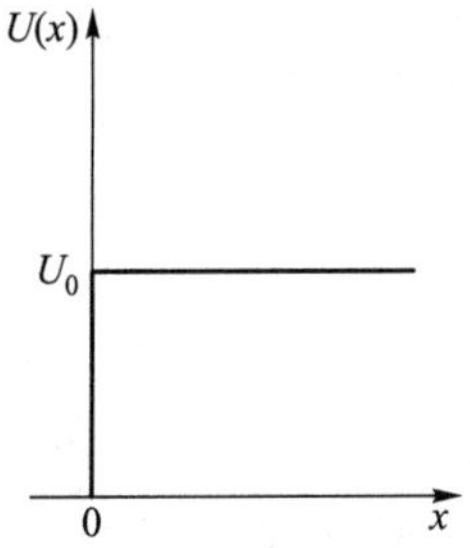

U_0 为常量,最后令 $U_0 \to \infty$.

粒子在这个势场中运动的薛定谔方程为

$$-\frac{\hbar^2}{2m}\frac{\mathrm{d}^2\psi}{\mathrm{d}x^2} + U(x)\psi = E\psi. \tag{I.2}$$

图 I.1

假定 $0 \leqslant E < U_0$,由于 U_0 最后趋于无限大,所以这个假定并不表示任何限制.引入符号

$$\alpha = \left(\frac{2mE}{\hbar^2}\right)^{\frac{1}{2}}, \quad \beta = \left[\frac{2m(U_0 - E)}{\hbar^2}\right]^{\frac{1}{2}},$$

并将(I.1)式代入(I.2)式后,有

$$\frac{\mathrm{d}^2\psi}{\mathrm{d}x^2} + \alpha^2\psi = 0, \quad x < 0,$$

$$\frac{\mathrm{d}^2\psi}{\mathrm{d}x^2} - \beta^2\psi = 0, \quad x > 0,$$

它们的解是

$$\psi(x) = A\sin \alpha x + B\cos \alpha x, \quad x < 0, \tag{I.3}$$

$$\psi(x) = C\mathrm{e}^{-\beta x} + D\mathrm{e}^{\beta x}, \quad x > 0. \tag{I.4}$$

上式的系数中,必须令 $D=0$,否则在 $x\to\infty$ 时,$\psi\to\infty$,这违反波函数的有限性条件.此外,由 ψ 和 $\frac{\mathrm{d}\psi}{\mathrm{d}x}$ 在 $x=0$ 处连续的条件得到:

$$B = C, \tag{I.5}$$

$$\alpha A = -\beta C. \tag{I.6}$$

现在令 $U_0 \to \infty$，则 $\beta \to \infty$。但由于 α 和 A 都是有限的，所以（Ⅰ.6）式中要求 $C=0$。因此，在势能为无限大的区域（$x>0$）内，$\psi=0$。

Ⅱ

解方程（2.7.6）

$$\frac{d^2H}{d\xi^2} - 2\xi\frac{dH}{d\xi} + (\lambda - 1)H = 0. \qquad (Ⅱ.1)$$

令

$$H(\xi) = \sum_{\nu=0}^{\infty} a_\nu \xi^\nu, \qquad (Ⅱ.2)$$

由（Ⅱ.2）式，有

$$\frac{dH}{d\xi} = a_1 + 2a_2\xi + \cdots + (\nu+1)a_{\nu+1}\xi^\nu + \cdots,$$

$$\frac{d^2H}{d\xi^2} = 2a_2 + 6a_3\xi + \cdots + (\nu+2)(\nu+1)a_{\nu+2}\xi^\nu + \cdots,$$

将这两式代入（Ⅱ.1）式中，经整理后，得到

$$\begin{aligned} & 2a_2 + 6a_3\xi + \cdots + (\nu+2)(\nu+1)a_{\nu+2}\xi^\nu + \cdots \\ & = (1-\lambda)a_0 + \cdots + (2\nu - \lambda + 1)a_\nu\xi^\nu + \cdots. \end{aligned}$$

这是一个恒等式，无论 ξ 取何值时都成立，因而等式两边 ξ 同次幂的项的系数必须相等。由 ξ^ν 的系数相等，有

$$a_{\nu+2} = \frac{2\nu - \lambda + 1}{(\nu+1)(\nu+2)}a_\nu, \qquad (Ⅱ.3)$$

利用这个公式，可以由 a_0 算出所有 ν 为偶数的 a_ν，由 a_1 算出所有 ν 为奇数的 a_ν。

现在研究当 ξ 很大时级数（Ⅱ.2）的行为。如果级数含无限多项，则由（Ⅱ.3）式，高次项的系数之比是

$$\frac{a_{\nu+2}}{a_\nu} \xrightarrow[\nu\to\infty]{} \frac{2}{\nu}.$$

将此式与 e^{ξ^2} 的级数展式比较：

$$e^{\xi^2} = 1 + \frac{\xi^2}{1!} + \frac{\xi^4}{2!} + \cdots + \frac{\xi^\nu}{\left(\frac{\nu}{2}\right)!} + \frac{\xi^{\nu+2}}{\left(\frac{\nu}{2}+1\right)!} + \cdots,$$

以 b_ν 表示这级数中 ξ^ν 的系数，则

$$\frac{b_{\nu+2}}{b_{\nu}}=\frac{\left(\frac{\nu}{2}\right)!}{\left(\frac{\nu}{2}+1\right)!}=\frac{1}{\frac{\nu}{2}+1}\xrightarrow{\nu\to\infty}\frac{2}{\nu}.$$

由此可见，当ξ很大时，级数(Ⅱ.2)的行为与e^{ξ^2}相同.由(2.7.5)式可知，此时$\psi(\xi)$在$\xi\to\pm\infty$时变为无限大，与波函数的有限性条件相抵触.因此，级数(Ⅱ.2)必须在某一项中断而变为多项式.由(Ⅱ.3)式可知，要使级数仅含有限项(多项式)，可以取

$$\lambda=2n+1, \tag{Ⅱ.4}$$

n为零或某一正整数.于是，$a_{n+2},a_{n+4},a_{n+6},\cdots$都等于零.同时，令$a_0$或$a_1$为零($n$为零或偶数时，令$a_1=0$；$n$为奇数时，令$a_0=0$).这样得到的多项式只含偶次项，或者只含奇次项.例如，$n=0$时，$\lambda_0=1,\mathrm{H}_0(\xi)=1$(取$a_0=1,a_1=0$)；$n=1$时，$\lambda_1=3,\mathrm{H}_1(\xi)=2\xi$(取$a_0=0,a_1=2$)；$n=2$时，$\lambda_2=5,\mathrm{H}_2(\xi)=4\xi^2-2$，等等.这些多项式$\mathrm{H}_n(\xi)$，称为厄米多项式.下角标$n$表示$\mathrm{H}_n(\xi)$的最高次幂.将(Ⅱ.4)式代入(Ⅱ.1)式，得到$\mathrm{H}_n(\xi)$所满足的方程：

$$\frac{\mathrm{d}^2\mathrm{H}_n}{\mathrm{d}\xi^2}-2\xi\frac{\mathrm{dH}_n}{\mathrm{d}\xi}+2n\mathrm{H}_n=0. \tag{Ⅱ.5}$$

厄米多项式的一般形式，可以用一个简单公式来表示.为了推导这个公式，令$u=\mathrm{e}^{-\xi^2}$，则

$$\frac{\mathrm{d}u}{\mathrm{d}\xi}=-2\xi u,$$

利用两函数乘积求微商的莱布尼茨(Leibnitz)公式，有

$$\frac{\mathrm{d}^{n+2}u}{\mathrm{d}\xi^{n+2}}=-2\xi\frac{\mathrm{d}^{n+1}u}{\mathrm{d}\xi^{n+1}}-2(n+1)\frac{\mathrm{d}^n u}{\mathrm{d}\xi^n}. \tag{Ⅱ.6}$$

以

$$\frac{\mathrm{d}^n u}{\mathrm{d}\xi^n}=(-1)^n\mathrm{e}^{-\xi^2}\mathrm{H}_n(\xi) \tag{Ⅱ.7}$$

代入(Ⅱ.6)式中，即得方程(Ⅱ.5).注意到$u=\mathrm{e}^{-\xi^2}$，由等式(Ⅱ.7)，得出$\mathrm{H}_n(\xi)$的表示式为

$$\mathrm{H}_n(\xi)=(-1)^n\mathrm{e}^{\xi^2}\frac{\mathrm{d}^n}{\mathrm{d}\xi^n}(\mathrm{e}^{-\xi^2}), \tag{Ⅱ.8}$$

由这个式子可以证明$\mathrm{H}_n(\xi)$满足递推公式：

$$\mathrm{H}_{n+1}(\xi)-2\xi\mathrm{H}_n(\xi)+2n\mathrm{H}_{n-1}(\xi)=0. \tag{Ⅱ.9}$$

现在来定(2.7.15)式中波函数ψ_n的归一化因子N_n.由归一化条件，有

$$\int_{-\infty}^{\infty}\psi_n^*(x)\psi_n(x)\,\mathrm{d}x=1.$$

将(2.7.15)式代入上式，并将积分变量x换为ξ，得到

$$\frac{1}{N_n^2}=\frac{1}{\alpha}\int_{-\infty}^{\infty}\mathrm{e}^{-\xi^2}\mathrm{H}_n^2(\xi)\,\mathrm{d}\xi=\frac{(-1)^n}{\alpha}\int_{-\infty}^{\infty}\mathrm{H}_n(\xi)\frac{\mathrm{d}^n(\mathrm{e}^{-\xi^2})}{\mathrm{d}\xi^n}\mathrm{d}\xi.$$

这里我们代入了 $H_n(\xi)$ 的表示式(Ⅱ.8).对上式后面的一个积分进行分部积分,得到

$$\frac{1}{N_n^2}=\frac{(-1)^n}{\alpha}H_n(\xi)\frac{d^{n-1}(e^{-\xi^2})}{d\xi^{n-1}}\bigg|_{\xi=-\infty}^{\xi=+\infty}+\frac{(-1)^{n+1}}{\alpha}\int_{-\infty}^{\infty}\frac{dH_n(\xi)}{d\xi}\frac{d^{n-1}(e^{-\xi^2})}{d\xi^{n-1}}d\xi.$$

上式中的第一项是 $e^{-\xi^2}$ 与一个多项式的乘积,所以把 $\xi=\pm\infty$ 代入后等于零.对第二项继续进行分部积分 $(n-1)$ 次,最后得到

$$\frac{1}{N_n^2}=\frac{1}{\alpha}\int_{-\infty}^{\infty}\frac{d^nH_n(\xi)}{d\xi^n}e^{-\xi^2}d\xi.$$

由(Ⅱ.8)式可知,$H_n(\xi)$ 中最高次项 ξ^n 的系数是 2^n,所以

$$\frac{1}{N_n^2}=\frac{2^nn!}{\alpha}\int_{-\infty}^{\infty}e^{-\xi^2}d\xi=2^nn!\ \frac{\sqrt{\pi}}{\alpha},$$

因而有

$$N_n=\left(\frac{\alpha}{\pi^{\frac{1}{2}}2^nn!}\right)^{\frac{1}{2}}. \qquad (Ⅱ.10)$$

Ⅲ[①]

合流超几何方程(见§3.3)

$$z\frac{d^2y(z)}{dz^2}+(c-z)\frac{dy(z)}{dz}-ay(z)=0, \qquad (Ⅲ.1)$$

有两个奇点:$z=0$ 为正则奇点,$z=\infty$ 为非正则奇点.

在 $z=0$ 邻域,解可以写为

$$y(z)=\sum_{n=0}^{\infty}c_nz^{n+s}\quad(c_0\neq0),$$

代入方程,得

$$z\sum_{n=0}^{\infty}c_n(n+s)(n+s-1)z^{n+s-2}+(c-z)\sum_{n=0}^{\infty}c_n(n+s)z^{n+s-1}$$
$$-a\sum_{n=0}^{\infty}c_nz^{n+s}=0. \qquad (Ⅲ.2)$$

由最低幂项 z^{s-1} 系数可得指标方程 $s(s-1)+cs=0$.它有两个根:

$$s_1=0,\quad s_2=1-c. \qquad (Ⅲ.3)$$

先考虑 $s=s_1=0$,由(Ⅲ.2)式得系数关系 $c_n=\dfrac{a+n-1}{n(n-1+c)}c_{n-1}$,递推得

① L.D.Landau, M.E.Lifshitz. Quantum Mechanics: Non-relativistic Theory. Oxford: Pergamon Press, 1977.

$$c_n = \frac{a(a+1)\cdots(a+n-1)}{n!\ c(c+1)\cdots(c+n-1)}c_0,$$

即所有系数都可用任意常数 c_0 表示,不妨取 $c_0=1$.方程(Ⅲ.1)特解可记为

$$y_1(z) = F(a,c,z) = 1 + \frac{a}{1!\ c}z + \frac{a(a+1)}{2!\ c(c+1)}z^2 + \cdots = \sum_{n=0}^{\infty} \frac{(a)_n}{n!\ (c)_n}z^n, \qquad (Ⅲ.4)$$

称为合流超几何级数.其中 $(a)_n=a(a+1)\cdots(a+n-1)$,$(c)_n=c(c+1)\cdots(c+n-1)$ 代表 n 个因子连乘积.

显然级数解 $y_1(z)=F(a,c,z)$ 仅当 $c\neq0$ 和负整数才有意义.

$s=s_2=1-c$ 的特解亦可类似地得之,令 $y(z)=z^{1-c}g(z)$.代入方程(Ⅲ.1)得

$$z\frac{\mathrm{d}^2g(z)}{\mathrm{d}z^2} + (2-c-z)\frac{\mathrm{d}g(z)}{\mathrm{d}z} - (a-c+1)g(z) = 0. \qquad (Ⅲ.5)$$

比照方程(Ⅲ.1),方程(Ⅲ.5)的解为 $F(a-c+1,2-c,z)$.这样,方程(Ⅲ.1)相应 $s=1-c$ 的特解为

$$y_2(z) = z^{1-c}F(a-c+1,2-c,z). \qquad (Ⅲ.6)$$

(1) 当 $c\neq$ 整数时,方程(Ⅲ.1)有两个线性独立解:$y_1(z)=F(a,c,z)$ 和 $y_2(z)=z^{1-c}F(a-c+1,2-c,z)$.

(2) $c=0$ 或负整数时,y_1 一般不存在,解为 y_2.

c 为大于等于 1 的正整数时,y_2 一般不存在,解为 y_1.

$c=1$ 时,$y_1(z)=y_2(z)=F(a,1,z)$.

特殊情况下 y_1(或 y_2)存在的条件与我们要求的解无关,不讨论.

由(Ⅲ.4)式,$\frac{c_n}{c_{n-1}}\xrightarrow[n\to\infty]{}\frac{1}{n}$,类同于 e^z,因而 $F(a,c,z)\xrightarrow[z\to\infty]{}\mathrm{e}^z$.

仅当 $a=0$ 或负整数($a=-n_r$,$n_r=0,1,2,\cdots$)时,$F(a,c,z)$ 截断为多项式.$F(-n_r,c,z)$ 为 n_r 次多项式,有 n_r 个零点,称为合流超几何多项式.

Ⅳ

矩阵简介

什么叫矩阵?矩阵就是把 $N\times M$ 个数 $A_{nm}(n=1,2,\cdots,N;m=1,2,\cdots,M)$ 按行和列排列起来:

$$\begin{pmatrix} A_{11} & A_{12} & \cdots & A_{1M} \\ A_{21} & A_{22} & \cdots & A_{2M} \\ \vdots & \vdots & & \vdots \\ A_{N1} & A_{N2} & \cdots & A_{NM} \end{pmatrix},$$

这就是矩阵.矩阵通常用一个符号来表示,如上面的矩阵可用符号 A 表示.矩阵 A 中每一个数

A_{nm}称为矩阵 A 的元素或简称 A 的矩阵元.

下面我们扼要地叙述矩阵的一些性质,这些性质是本书中用到的.

(1) 两矩阵相等

设有两个矩阵 A 和 B,我们说 A 和 B 相等,意思是 A 和 B 的行数和列数都相同并且它们相应的矩阵元全部相等,即

$$A_{mn} = B_{mn} \quad (m = 1,2,\cdots;n = 1,2,\cdots), \tag{Ⅳ.1}$$

用矩阵符号写为

$$A = B.$$

(2) 矩阵的加法

若矩阵 A 和矩阵 B 的行数和列数分别相同,则 A 和 B 可以相加,它们的和是另一矩阵 C,而 C 的元素就是矩阵 A 和 B 相应元素之和:

$$C_{mn} = A_{mn} + B_{mn}, \tag{Ⅳ.2}$$

用矩阵的符号写为

$$C = A + B,$$

即

$$\begin{pmatrix} C_{11} & C_{12} & \cdots \\ C_{21} & C_{22} & \cdots \\ \vdots & \vdots & \end{pmatrix} = \begin{pmatrix} A_{11} & A_{12} & \cdots \\ A_{21} & A_{22} & \cdots \\ \vdots & \vdots & \end{pmatrix} + \begin{pmatrix} B_{11} & B_{12} & \cdots \\ B_{21} & B_{22} & \cdots \\ \vdots & \vdots & \end{pmatrix}$$

$$= \begin{pmatrix} A_{11} + B_{11} & A_{12} + B_{12} & \cdots \\ A_{21} + B_{21} & A_{22} + B_{22} & \cdots \\ \vdots & \vdots & \end{pmatrix}.$$

矩阵的加法显然满足交换律:

$$A + B = B + A$$

及结合律

$$\begin{aligned} A + B + C &= (A + B) + C \\ &= (A + C) + B \\ &= A + (B + C). \end{aligned}$$

(3) 矩阵的乘法

一个 l 列的矩阵 A 和一个 l 行的矩阵 B 可以相乘,它们的积是另一矩阵 C,C 的矩阵元和 A、B 的矩阵元的关系是:

$$C_{mn} = \sum_{l} A_{ml}B_{ln}, \tag{Ⅳ.3}$$

用矩阵符号写为

$$C = AB,$$

即

$$\begin{pmatrix} C_{11} & C_{12} & \cdots \\ C_{21} & C_{22} & \cdots \\ \vdots & \vdots & \end{pmatrix} = \begin{pmatrix} A_{11}B_{11} + A_{12}B_{21} + \cdots + A_{1n}B_{n1} & \cdots \\ A_{21}B_{11} + A_{22}B_{21} + \cdots + A_{2n}B_{n1} & \cdots \\ \vdots & \end{pmatrix}.$$

注意一般情况下,AB 不等于 BA.即矩阵乘法一般不满足交换律.如果 $AB=BA$,则我们称矩阵 A 和 B 是可以对易的.按(Ⅳ.3)式的乘法规则可以定义两个以上矩阵的乘积:

$$ABC = (AB)C.$$

矩阵的乘积满足结合律:

$$(AB)C = A(BC).$$

(4) 对角矩阵与单位矩阵

如果在 $N\times N$ 矩阵 A 的元素中,除了 $m=n$ 的对角元之外,其余都等于零(对角元中也可以有等于零的),则这种矩阵称为对角矩阵:

$$A_{mn} = A_m \delta_{mn}. \tag{Ⅳ.4}$$

对角矩阵的形式如下:

$$A = \begin{pmatrix} A_{11} & 0 & 0 & \cdots & 0 \\ 0 & A_{22} & 0 & \cdots & 0 \\ 0 & 0 & A_{33} & \cdots & 0 \\ \vdots & \vdots & \vdots & \ddots & \vdots \\ 0 & 0 & 0 & \cdots & A_{NN} \end{pmatrix}.$$

如果对角矩阵的对角元都是 1,这种矩阵称为单位矩阵,用 I 表示:

$$I = \begin{pmatrix} 1 & 0 & 0 & \cdots & 0 \\ 0 & 1 & 0 & \cdots & 0 \\ 0 & 0 & 1 & \cdots & 0 \\ \vdots & \vdots & \vdots & \ddots & \vdots \\ 0 & 0 & 0 & \cdots & 1 \end{pmatrix},$$

即

$$I_{mn} = \delta_{mn}. \tag{Ⅳ.5}$$

单位矩阵与任何矩阵 A 的乘积仍为 A,并且单位矩阵与任何矩阵都是可以对易的,因为

$$(IA)_{mn} = \sum_l I_{ml}A_{ln} = \sum_l \delta_{ml}A_{ln} = A_{mn},$$

$$(AI)_{mn} = \sum_l A_{ml}I_{ln} = \sum_l A_{ml}\delta_{ln} = A_{mn},$$

$$IA = AI. \tag{Ⅳ.6}$$

（5）转置矩阵　共轭矩阵与厄米矩阵

把矩阵 A 的行和列互相调换，所得出的新矩阵称为矩阵 A 的转置矩阵，用符号 $\tilde{A}$ 表示，即

$$\tilde{A}_{mn}=A_{nm}. \tag{Ⅳ.7}$$

若在转置矩阵 $\tilde{A}$ 中，每个矩阵元素用它的共轭复数来代替，由此得出的新矩阵称为 A 的共轭矩阵，用符号 $A^\dagger$ 来表示，即

$$A^\dagger_{mn}=(\tilde{A})^*_{mn}=A^*_{nm}. \tag{Ⅳ.8}$$

如果一个矩阵 A 和它的共轭矩阵 $A^\dagger$ 相等：

$$A=A^\dagger, \tag{Ⅳ.9}$$

则矩阵 A 称为厄米矩阵.

量子力学中，表示力学量的矩阵都是厄米矩阵.这是因为厄米矩阵的本征值是实数.下面证明厄米矩阵的本征值确实是实数.以 λ 和 χ 分别表示 A 的本征值和本征矢：

$$A\chi=\lambda\chi, \tag{Ⅳ.10}$$

则

$$\chi^\dagger A^\dagger=\chi^\dagger\lambda^*.$$

由（Ⅳ.9）式，有

$$\chi^\dagger A=\chi^\dagger\lambda^*. \tag{Ⅳ.11}$$

以 $\chi^\dagger$ 左乘（Ⅳ.10）式两边，χ 右乘（Ⅳ.11）式两边，得

$$\chi^\dagger A\chi=\lambda\chi^\dagger\chi,$$

$$\chi^\dagger A\chi=\lambda^*\chi^\dagger\chi.$$

由此得到

$$\lambda=\lambda^*, \tag{Ⅳ.12}$$

即 λ 是实数.

（6）两个矩阵 A 与 B 乘积的共轭矩阵等于 B 的共轭矩阵乘 A 的共轭矩阵，即

$$(AB)^\dagger=B^\dagger A^\dagger. \tag{Ⅳ.13}$$

证明：由（Ⅳ.8）式

$$\begin{aligned}(AB)^\dagger_{nm}&=(AB)^*_{mn}\\&=\sum_l A^*_{ml}B^*_{ln}\\&=\sum_l B^\dagger_{nl}A^\dagger_{lm}\\&=(B^\dagger A^\dagger)_{nm},\end{aligned}$$

所以

$$(AB)^{\dagger} = B^{\dagger}A^{\dagger}. \tag{Ⅳ.14}$$

重复运用(Ⅳ.13)式,可以得到

$$(ABC)^{\dagger} = (BC)^{\dagger}A^{\dagger} = C^{\dagger}B^{\dagger}A^{\dagger};$$

$$(ABC\cdots D)^{\dagger} = D^{\dagger}\cdots C^{\dagger}B^{\dagger}A^{\dagger}. \tag{Ⅳ.15}$$

(7) 逆矩阵

如果用一个矩阵左乘矩阵 A 得到单位矩阵,用这个矩阵右乘矩阵 A 也得到单位矩阵,那么,我们就称这个矩阵为矩阵 A 的逆矩阵,用 A^{-1}表示,即

$$A^{-1}A = AA^{-1} = I. \tag{Ⅳ.16}$$

按照上面逆矩阵的定义,可以看到 A 也是 A^{-1}的逆矩阵:

$$(A^{-1})^{-1} = A, \tag{Ⅳ.17}$$

即 A 和 A^{-1}互为逆矩阵.

并不是所有的矩阵都有逆矩阵.如果一个矩阵有逆矩阵,我们称这个矩阵是**非奇异**的;如果一个矩阵没有逆矩阵,我们称这个矩阵是**奇异**的.

如果矩阵 A 和 B 都是非奇异的,那么

$$(AB)^{-1} = B^{-1}A^{-1}, \tag{Ⅳ.18}$$

这是因为

$$B^{-1}A^{-1}AB = B^{-1}B = I,$$

$$ABB^{-1}A^{-1} = AA^{-1} = I$$

的缘故.

(8) 矩阵的迹

矩阵 A 的**对角元素之和称为矩阵 A 的迹**,以 $\mathrm{Tr}(A)$表示:

$$\mathrm{Tr}(A) = \sum_{n} A_{nn}.$$

按照这个定义,可以证明在 Tr 符号下的几个矩阵的乘积中,矩阵的顺序可以轮换,如

$$\begin{aligned}\mathrm{Tr}(AB) &= \sum_{n}(AB)_{nn} \\ &= \sum_{nl} A_{nl}B_{ln} \\ &= \sum_{nl} B_{ln}A_{nl} \\ &= \sum_{l}(BA)_{ll} \\ &= \mathrm{Tr}(BA).\end{aligned} \tag{Ⅳ.19}$$

同样可证明几个矩阵乘积的迹满足关系式:

$$\mathrm{Tr}(AB\cdots CDE) = \mathrm{Tr}(EAB\cdots CD)$$

$$= \mathrm{Tr}(DEAB\cdots C)$$

$$= \cdots. \tag{Ⅳ.20}$$

Ⅴ

自旋角动量 $\hat{S}_x,\hat{S}_y,\hat{S}_z$ 是力学量,因而是厄米算符;$\hat{\sigma}_x,\hat{\sigma}_y,\hat{\sigma}_z$ 也是厄米算符.已知

$$\hat{\sigma}_z = \begin{pmatrix} 1 & 0 \\ 0 & -1 \end{pmatrix}, \tag{Ⅴ.1}$$

设

$$\hat{\sigma}_x = \begin{pmatrix} a & b \\ d & c \end{pmatrix},$$

根据厄米算符的定义,可知 a,c 必为实数,$b=d^*$,即

$$\hat{\sigma}_x = \begin{pmatrix} a & b \\ b^* & c \end{pmatrix}. \tag{Ⅴ.2}$$

将(Ⅴ.1)式,(Ⅴ.2)式两式代入(7.2.13)式,得

$$\begin{pmatrix} a & b \\ -b^* & -c \end{pmatrix} + \begin{pmatrix} a & -b \\ b^* & -c \end{pmatrix} = 0,$$

由此有 $a=c=0$,则

$$\hat{\sigma}_x = \begin{pmatrix} 0 & b \\ b^* & 0 \end{pmatrix}.$$

再由 $\hat{\sigma}_x^2=1$,得 $|b|^2=1$.取 $b=1$,于是有

$$\hat{\sigma}_x = \begin{pmatrix} 0 & 1 \\ 1 & 0 \end{pmatrix}. \tag{Ⅴ.3}$$

由(7.2.9)式的第三式,有

$$\begin{aligned}
\hat{\sigma}_y &= \frac{1}{2\mathrm{i}}(\hat{\sigma}_z\hat{\sigma}_x - \hat{\sigma}_x\hat{\sigma}_z) \\
&= \frac{1}{2\mathrm{i}}\begin{pmatrix} 1 & 0 \\ 0 & -1 \end{pmatrix}\begin{pmatrix} 0 & 1 \\ 1 & 0 \end{pmatrix} - \frac{1}{2\mathrm{i}}\begin{pmatrix} 0 & 1 \\ 1 & 0 \end{pmatrix}\begin{pmatrix} 1 & 0 \\ 0 & -1 \end{pmatrix} \\
&= \begin{pmatrix} 0 & -\mathrm{i} \\ \mathrm{i} & 0 \end{pmatrix}.
\end{aligned} \tag{Ⅴ.4}$$

(Ⅴ.1)式,(Ⅴ.3)式及(Ⅴ.4)式三式是泡利矩阵的标准形式.

常用物理常量表

物理量	符号	数值	单位	相对标准不确定度
真空中的光速	c	299 792 458	$m \cdot s^{-1}$	精确
普朗克常量	h	$6.626\ 070\ 15\times10^{-34}$	$J \cdot s$	精确
约化普朗克常量	$h/2\pi$	$1.054\ 571\ 817\cdots\times10^{-34}$	$J \cdot s$	精确
元电荷	e	$1.602\ 176\ 634\times10^{-19}$	C	精确
阿伏伽德罗常量	N_A	$6.022\ 140\ 76\times10^{23}$	mol^{-1}	精确
摩尔气体常量	R	$8.314\ 462\ 618\cdots$	$J \cdot mol^{-1} \cdot K^{-1}$	精确
玻耳兹曼常量	k	$1.380\ 649\times10^{-23}$	$J \cdot K^{-1}$	精确
理想气体的摩尔体积（标准状态下）	V_m	$22.413\ 969\ 54\cdots\times10^{-3}$	$m^3 \cdot mol^{-1}$	精确
斯特藩-玻耳兹曼常量	σ	$5.670\ 374\ 419\cdots\times10^{-8}$	$W \cdot m^{-2} \cdot K^{-4}$	精确
维恩位移定律常量	b	$2.897\ 771\ 955\times10^{-3}$	$m \cdot K$	精确
引力常量	G	$6.674\ 30(15)\times10^{-11}$	$m^3 \cdot kg^{-1} \cdot s^{-2}$	2.2×10^{-5}
真空磁导率	μ_0	$1.256\ 637\ 062\ 12(19)\times10^{-6}$	$N \cdot A^{-2}$	1.5×10^{-10}
真空电容率	ε_0	$8.854\ 187\ 812\ 8(13)\times10^{-12}$	$F \cdot m^{-1}$	1.5×10^{-10}
电子质量	m_e	$9.109\ 383\ 701\ 5(28)\times10^{-31}$	kg	3.0×10^{-10}
电子荷质比	$-e/m_e$	$-1.758\ 820\ 010\ 76(53)\times10^{11}$	$C \cdot kg^{-1}$	3.0×10^{-10}
质子质量	m_p	$1.672\ 621\ 923\ 69(51)\times10^{-27}$	kg	3.1×10^{-10}
中子质量	m_n	$1.674\ 927\ 498\ 04(95)\times10^{-27}$	kg	5.7×10^{-10}
里德伯常量	R_∞	$1.097\ 373\ 156\ 816\ 0(21)\times10^{7}$	m^{-1}	1.9×10^{-12}
精细结构常数	α	$7.297\ 352\ 569\ 3(11)\times10^{-3}$		1.5×10^{-10}
精细结构常数的倒数	α^{-1}	$137.035\ 999\ 084(21)$		1.5×10^{-10}
玻尔磁子	μ_B	$9.274\ 010\ 078\ 3(28)\times10^{-24}$	$J \cdot T^{-1}$	3.0×10^{-10}
核磁子	μ_N	$5.050\ 783\ 746\ 1(15)\times10^{-27}$	$J \cdot T^{-1}$	3.1×10^{-10}
玻尔半径	a_0	$5.291\ 772\ 109\ 03(80)\times10^{-11}$	m	1.5×10^{-10}
康普顿波长	λ_C	$2.426\ 310\ 238\ 67(73)\times10^{-12}$	m	3.0×10^{-10}
原子质量常量	m_u	$1.660\ 539\ 066\ 60(50)\times10^{-27}$	kg	3.0×10^{-10}

注：表中数据为国际科学联合会理事会科学技术数据委员会（CODATA）2018年的国际推荐值。